浙江省高等教育重点建设教材

测　量　学

（第二版）

主编　陈丽华

副主编　赵良荣　杜国标　汪孔政

ZHEJIANG UNIVERSITY PRESS
浙江大学出版社

图书在版编目(CIP)数据

测量学/陈丽华主编. —2 版. —杭州:浙江大学出版社.2018.8(2024.7 重印)
ISBN 978-7-308-18565-3

Ⅰ.①测… Ⅱ.①陈… Ⅲ.①测量学—教材 Ⅳ.①P2

中国版本图书馆 CIP 数据核字(2018)第 196016 号

内容提要

本书共分十四章,第一章为测量基础知识;第二至第四章为测量的基本工作,即水准测量、角度测量、距离测量;第五章为测量误差及测量平差;第六至第七章为定向测量及小地区控制测量;第八至第十章为地形图的基本知识、地形图的测绘、地理空间信息的应用;第十一章为施工测量基本工作;第十二章为建筑工程施工测量;第十三章为线路工程施工测量;第十四章为建筑物的变形监测。

本书可作为高等学校土木、交通、规划、水利、农林、资源环境等专业的教材,也可作为注册结构工程师、注册岩土工程师基础考试的学习用书,还可供有关工程技术人员参考。

测　量　学(第二版)

陈丽华　主编

责任编辑	沈国明
责任校对	冯其华
封面设计	刘依群
出版发行	浙江大学出版社
	(杭州市天目山路 148 号　邮政编码 310007)
	(网址:http://www.zjupress.com)
排　　版	浙江时代出版服务有限公司
印　　刷	浙江新华数码印务有限公司
开　　本	787mm×1092mm　1/16
印　　张	18.5
字　　数	450 千
版 印 次	2018 年 8 月第 2 版　2024 年 7 月第 6 次印刷
书　　号	ISBN 978-7-308-18565-3
定　　价	45.00 元

浙江大学出版社市场运营中心联系方式　(0571)88925591;http://zjdxcbs.tmall.com

前　言

党的二十大报告指出："加强基础学科、新兴学科、交叉学科建设，加快建设中国特色、世界一流的大学和优势学科。"本书根据高等学校测量学课程的教学大纲要求，本着培养高素质人才、提高教学质量的目的，结合新形势下高等教育的发展要求，由浙江省有关高校的测量教师多次学术交流、教学研讨、使用修改、反复实践，在第一版的基础上修订而成，并列入了浙江省高等教育重点建设教材。

本书强调了测量基本知识、基本理论和基本技能，也有测绘新技术、新仪器、新方法，紧密结合最新的工程测量发展方向，力求符合我国的工程实际，拓宽了专业知识面。本书专业覆盖面广，具有一定的包容性和选择性，可供各类非测量专业的测量学或工程测量课程使用。

本书由浙江大学陈丽华任主编，赵良荣、杜国标、汪孔政任副主编。参加编写的人员有：陈丽华（第一、二、三章）、浙江大学赵良荣（第五、六、七章）、浙江大学汪孔政（第八、九、十章）、浙江科技学院杜国标（第四、十一、十二章）、浙江科技学院徐华君（第十三、十四章）。本书由同济大学沈云中教授、潘国荣教授主审，在此表示感谢。

由于作者水平有限，书中难免存在缺点和错误，请使用本书的教师和读者提出宝贵的意见。

作　者

2023 年 12 月

目 录

第一章 测量基础知识

第一节 测绘学概述

测绘学是研究地理信息的获取、处理、描述和应用的学科,它主要研究测定、描述地球的形状、大小、重力场、地表形态以及它们的各种变化,确定自然和人造地物、人工设施的空间位置及属性,制成各种地图,建立有关信息系统。

测绘学是一门历史悠久的学科,近几十年来发展极为迅速,新的理论、方法、仪器和技术手段不断涌现。测绘领域早已从陆地扩展到海洋、空间,测绘技术已广泛走向数字化、自动化、信息化,测绘成果已从三维发展到四维、从静态发展到动态。

由于人类活动和各种自然因素的作用,作为测绘主要对象的地表部分始终处在不断变化之中,为了保证各种测绘资料的现势性,满足各方面应用测绘成果的需要,要经常对地球表面进行测绘。

一、测绘工作的作用

测绘工作是一种先行性的工作,它必须根据国家经济建设、国防建设和社会发展需要,提前提供有关地区的测绘资料。因此,在各项建设项目勘察设计或军事行动展开之前,测量人员必须先进入测区,克服各种困难,提前完成所担负的测绘任务,成为建设和开发的"先行"和"尖兵"。

测绘工作又是一种基础性的工作,关系着各项建设的效益,必须做到一丝不苟,从严要求。测量成果中一个数字的错误,图上一点微小的偏差,都可能给经济建设造成巨大损失,给军事活动带来严重后果。

随着社会经济和科学技术的发展,测绘的重要性日益增强,应用的领域不断扩大,不仅在经济和国防建设中,而且在科研、教育、行政管理以及日常生活中,都已成为不可缺少的工具。我国的社会主义现代化建设愈是向前发展,愈需要测绘工作及时为之提供准确和有效的资料。

在国民经济和社会发展规划中,测绘信息是最重要的基础信息之一,各种规划首先要有规划区的地形图。例如,城市规划要在地形图上开展各种规划设想;农业规划要以地形图为基础,补充农业专题调查资料,编制各种专题地图。我国目前已将基础测绘纳入了国家国民经济和社会发展计划。

在各种工程建设中,测绘是一项重要的前期工作。有精确的测绘成果和地形图,才能保证工程的选址、选线正确,设计出经济合理的方案。一千米线路选线的出入,有可能对工程的投资以及建成使用后的经济效益产生较大的影响。水库大坝坝址的选定和坝高一米的升降可使淹没面积有很大变动，以致影响若干城镇村落的搬迁。这一千米、一米之差，往往在实地踏勘时不易发现，却不难从精确的测绘成果中找到根据。不仅如此，工程建设的各个阶段都需要充分的测绘保障。在施工中，要通过放样，把已确定的设计精确地落到实地上，这对工程的质量起着相当关键的作用。竣工测绘资料则是工程在交付使用后进行妥善管理的重要依据。对于大型工程建筑，在使用期间定期进行监测，及时发现建筑物的变形和移位，以便采取措施，防止重大事故发生，更是不可忽视的环节。

在国防建设中，军事测量和军用地图的作用尤为明显。特别是现代大规模的诸兵种协同作战，精确的测绘成果更是不可缺少的重要保障。至于远程导弹、空间武器、人造卫星或航天飞行器的发射，要保证它精确入轨，随时校正轨道和命中目标，除了应测算出发射点和目标点的精确坐标、方位、距离外，还必须掌握地球形状、大小的精确数据和有关地球的重力场资料。国家陆海边界和其他管辖区的精确测绘，对巩固国防和保卫国家领土主权完整有重要意义，也与接壤国家友好相处有密切关系。

在国家的各级管理工作中，从工农业生产建设的计划组织和指挥，土地和地籍管理，交通、邮电、商业、文教卫生和各种公用设施的管理，直到社会治安等各个方面，测量和地图资料已成为不可缺少的重要工具。

在发展地球科学和空间科学等现代科学技术方面，测绘工作也起着重要作用。通过对地表形态和地面重力的变化进行分析研究，可以探索地球内部的构造及其变化，通过对地表形态变迁的分析研究，可以追溯各个历史时期地球大气圈、生物圈各种因素的变化。

在提高人们的科学文化水平方面，各种地图和测量成果也很有帮助。在人民日常生活和社会活动中，一图在手往往会带来很大方便。

二、我国测绘学发展概况

中国是世界文明古国，测绘方法出现很早，测绘学的历史可以追溯到 4000 年以前。

《史记·夏本纪》讲到夏禹治水时"左准绳，右规矩，载四时，以开九州，通九道，陂九泽，度九山"，这是见于文字记载的最早的测绘工作，说明在公元前 21 世纪已经使用简单的测量工具了。《周礼·地官司徒》载："大司徒之职，掌建邦之土地之图……天下土地之图，周知九州之地域广轮之数，辨其山林川泽丘陵坟衍原隰之名物。"这说明周代就有了地图和掌管地图的官职。春秋战国时期，测绘有了新的发展，从《周髀算经》、《九章算术》、《管子·地图篇》、《孙子兵法》、《孙膑兵法》等书的有关论述中可以看出，那时测量、计算技术以及军事地形图的内容和表现力已经达到了相当高的水平。在长沙马王堆出土的西汉长沙国的地形图、驻军图、城邑图，是迄今发现的最古老最翔实的地图，这 3 幅帛图，内容详细、方位精确、设计合理、符号形象、绘制精美，显示了中国当时测绘技术所达到的高水平。魏晋时，刘徽撰《海岛算经》，阐述了求海岛高度和距离的各种测量方法。西晋的裴秀主持编制了《地形方丈图》和《禹贡地域图》，前者是中国全国大地图，后者是反映晋十六州的郡国县邑、山川原泽、境界和地名沿革的大型地图集，并通过实践，总结和提出了分率、准望、道里、高下、方斜、迂直的"制图六体"，奠定了中国古代制图的理论基础。公元 400 年前后，我国发明了记里鼓车，用以测量距离。唐代高僧一行主持进行了世界上最早的子午线测量，在河南平原南北伸展约 200 千米，近似位于同一子午线上的 4 个点上，测量冬至、夏至、春分、秋分中午的日影长度和北极星高,又用步弓实地丈量了 4 点间的 3 段距离,推算北极星高度每差 1°相应的地面距离。唐朝贾耽制成了高三丈三尺、宽三丈、一寸折地百里(相当于 1∶150 万比例尺)的巨幅《海内华夷图》,图内刻有方格,并用朱、墨两色表示古今地名。现存陕西西安碑林的《华夷图》和《禹迹图》是南宋时石刻,前者是按唐朝贾耽的《海内华夷图》缩制,后者着重水系表示,图上刻有方格,每方折百里,为中国现存最早的"计里画方"地图。北宋沈括编绘了"二寸折一百里"的《天下州县图》,并首次把全部相邻州县间的方位和距离,以数据文字形式记录编制成册,用来精确地恢复原图;他还发明和发展了许多精密易行的测量技术,如用分级筑堰静水水位方法测量汴渠四百多公里沿河段的高差,用水平望尺、干尺和罗盘测量地形,并在世界上最早发现了磁针偏角。四川省荣县发现的北宋石刻《九域宋令图》是中国传世地名最多,且时间最早的政区地图。现存苏州的南宋石刻《平江图》是中国现存最早的最完整的城市规划图。元朝郭守敬创制了多种天文仪器,主持进行了大规模的天文测量,用球面三角解算天文问题;并在长期修渠治水实践中,总结了一套水准测量的经验;且首次以海洋平面为基准,比较不同地点的地势高低,提出了海拔高程的概念。明代郑和七使西洋首次绘制了航海图。明朝罗洪先绘制《广舆图》,首创中国地图大量采用符号表示地貌、地物要素。清康熙年间,开展了大规模的经纬度测量和地形测量,历时 10 年,测绘范围超过 1000 万平方公里,于 1718 年编成著名的《皇舆全览图》,为编制该图,规定了统一的测量尺度,推算出当时有争论的牛顿"地球扁圆说",在该图上第一次测绘了世界最高峰,注为珠穆朗玛山。清乾隆年间编制的《乾隆内府地图》,在《皇舆全览图》基础上,增加了新疆、西藏两地的测绘资料,最终完成了我国实测地图,而且图幅所及,北至北冰洋、南抵印度洋、西至波罗的海、地中海和红海,它是一幅当时世界上最完全的亚洲大陆全图。

中国古代测绘技术的成就,是中国古代文化科学技术成就的重要组成部分,也是中华民族值得自豪的。我国用现代测绘方法进行测绘,开始于 20 世纪初。在半殖民地半封建的旧中国,从 20 世纪初即开始建立了政府的测绘机构,也培养了一些专业测绘人员,开展了一些测绘业务,但由于连年战乱,业务时断时续,没有长远打算和完整的实施方案,也没有全国统一的测量基准与技术标准,测区零散,成图成果大都质量粗劣,培训的测绘专业人员也大多改作他业。

新中国成立以后,测绘事业在极为薄弱的基础上起步,在曲折的道路上前进,取得了很大的成就。主要成就有:建立和统一了全国坐标系统和高程系统,如 1954 年建立了由苏联普尔柯沃坐标系联测延伸的 1954 年北京坐标系,1980 年进行全国天文大地网整体平差时,建立了大地原点位于陕西省泾阳县永乐镇的 1980 年国家大地坐标系,2008 年又建立启用了 2000 年国家大地坐标系;建立了北斗卫星导航定位系统;1956 年建立了以青岛验潮站 1950—1956 年的验潮资料计算确定的平均海面作为高程基准的 1956 年黄海高程系统,1987 年颁布命名了以青岛验潮站 1952—1979 年验潮资料计算确定的平均海面作为高程基准的 1985 国家高程基准;建立了遍及全国的国家水平控制网、国家水准网、基本重力网和卫星多普勒网;完成了国家天文大地网的整体平差及国家水准网的整体平差;完成了国家基本图的测制工作,并不断更新,有些地区已测了第二代图、第三代图;完成了南极长城站、中山站的地理位置和高程的测量;于 1975 年、2005 年两次精确测定了珠峰的高程,2005 年测量的误差仅为±0.21 米;开展了与邻国的国界勘测工作,树立了界桩,测绘了边界地形图;制订了各种测量技术标准、规范,统一了技术规格和精度要求;出版发行了数万种地图及地图册;在全国城镇地区及部分农村居民区开展了不动产地籍测绘;在资源勘察和区域规划中进行了大量测绘工作,如土地资源调查、林业资源调查规划、地质区域调查、矿产普查、地质勘探、石油勘探、煤田地质勘探、金属地质勘探、江河流域规划、城市与乡镇规划、海岸带测绘等;在工程建设中更是进行了大量的测绘工作,在工厂建设、矿山建设、铁路建设、公路建设、水利建设、城市建设等方面,测量工作发挥了巨大作用。特别是近几年,我国测绘科技发展更快,广泛应用了"3S"技术(即 GNSS——全球导航卫星系统、GIS——地理信息系统、RS——遥感),并开展了数字地球、数字测量等工作,使测绘工作向信息化测绘方向发展,使测绘手段与应用领域更为广阔。

三、测绘学的分支学科

测绘也就是测量与地图制图的统称。按研究的对象和目的的不同,测绘学通常可分为以下几种专业分支学科:

1. 大地测量学

研究地球形状、大小和重力场及其变化,通过建立区域和全球三维控制网、重力网及利用卫星测量、甚长基线干涉测量等方法测定地球各种动态的理论和技术的学科叫大地测量学。

大地测量的任务是:为测制地形图和保证工程建设提供基本的平面控制和高程控制;为空间科学技术和军事活动提供精确的地面点坐标、距离、方位及重力值;为研究和测量地球形状、大小和重力场以及为研究地壳形变、地震预报等科学问题提供资料。

大地测量主要通过三角测量、三边测量、导线测量、水准测量、天文测量、重力测量、卫星大地测量、惯性测量、射电干涉测量、椭球面大地测量和测量平差计算等手段,建立国家和地区大地控制网,精确测定地面上各控制点的平面坐标、高程和重力。

2. 普通测量学

测绘学的研究对象主要为地球表面,因为地球表面是个曲面,全球或大区域的测量必须要考虑地球曲率的影响。由于地球是个很大的球体,而在较小区域内,可以把曲面近似地当作平面看待,地球曲率的影响较小而不考虑,这种研究地球表面较小区域内测绘工作的基本理论、技术、方法和应用的学科叫普通测量学。普通测量学是测绘学的基础,主要研究内容有图根控制网的建立、地形图的测绘及一般工程的施工测量,具体工作有距离测量、角度测量、高程测量、定向测量、观测数据的处理和绘图等。

3. 摄影测量与遥感学

研究利用电磁波传感器获取目标物的几何和物理信息,用以测定目标物的形状、大小、空间位置,判释其性质及相互关系,并用图形、图像和数字形式表达的理论和技术的学科叫摄影测量与遥感学。

摄影测量是利用摄影相片来测定物体的形状、大小和空间位置、性质和相互关系的。由于摄影相片具有信息容量大、显示客观而细致等特点,摄影测量不仅能用于测绘地形图,而且广泛应用于其他领域。根据相片获得方式的不同,摄影测量可分为地面摄影测量、航空摄影测量、水下摄影测量、航天摄影测量等。

遥感是不接触物体本身,用传感器收集目标物的电磁波信息,经数据处理、分析后,识别目标物、揭示目标物的几何形状和相互关系及其变化规律。根据传感器工作波长的不同,分微波遥感、红外遥感和可见光遥感等;依照运载工具的不同,分为航空遥感和航天遥感。

4. 地图制图学

研究地图的信息传输、空间认知、投影原理、制图综合和地图的设计、编制、复制以及建立地图数据库等的理论和技术的学科叫地图制图学。

地图制图是利用大地测量、摄影测量、遥感以及其他测量的成果,或根据其他制图资料和文献,通过编辑设计、编绘、清(刻)绘、制版、印刷或复制等一系列工序,从而制作成地图。

5. 海洋测绘学

研究海洋定位、测定海洋大地水准面和平均海面、海底和海面地形、海洋重力、磁力、海洋环境等自然和社会信息的地理分布,及编制各种海图的理论和技术的学科叫海洋测绘学。

海洋测绘是以海洋水体和海底为对象所进行的测量,主要包括海洋大地测量、水深测量、海底地形测量、海洋重力测量、海岸地形测量、海道测量、海洋专题测量和海图测绘等。通过海洋测量所搜集的各种资料编制的各种海图和书、表,为海上航行安全、海洋资源开发和科学研究提供资料,对国家经济建设和国防建设都具有重要的作用。海洋测绘一般可按区域划分为沿岸测绘、近海测绘和远海测绘。

6. 工程测量学

研究工程建设和自然资源开发中各个阶段进行的控制测量、地形测绘、施工放样、变形监测及建立相应信息系统的理论和技术的学科叫工程测量学。

工程测量包括为各种资源勘测、区域性规划和工程建设的勘测设计、施工、营运、管理各阶段以及其他特殊需要所进行的各种测量工作。按其性质可划分为:规划、勘测设计阶段的控制测量和地形测量,施工阶段的施工测量和设备安装测量,营运、管理阶段的变形观测和维修养护测量。按工程建设的对象分为:建筑、水利、铁路、公路、桥梁、隧道、矿山、城市和国防等工程测量。工程测量贯穿于工程建设的全过程,对保证工程质量和实现工程的预期经济效益有着重要作用。工程测量已广泛应用电子计算机、电磁波测距、激光扫描、无人机、摄影测量与遥感、卫星全球定位系统、地理信息系统等新技术。

本教材介绍的测量学主要涉及普通测量学及部分工程测量学的内容。

四、测量学的任务

1. 地形图测绘

使用测量仪器,按一定的程序和方法,根据地形图图式规定的符号,将地物、地貌测绘在图纸上,供规划设计使用,简称测图。

2. 地形图应用

在工程规划、设计、施工和使用管理中,从地形图上获取所需要的相关信息。

3. 施工测量

各种工程在施工阶段所进行的测量工作称为施工测量,施工测量最基本的工作是放样。放样是把图纸上设计好的各种建(构)筑物的平面位置和高程标定在实地上,也叫测设。

4. 变形观测

测定建筑物及其地基在建筑物荷重和外力作用下随时间而发生的变形,目的是监测建筑物的安全性。

第二节 地球的形状和大小

测量工作的主要研究对象是地球的自然表面,地球表面是不规则的,如位于我国西藏与尼泊尔交界处的世界最高峰珠穆朗玛峰高出平均海水面 8 844.43 米,而位于太平洋西部马里亚纳海沟的斐查兹海渊比平均海水面低 11 034 米,为已知的世界海洋最深点。尽管有这样大的高低起伏,但相对于地球庞大的体积来说仍可忽略不计。

一、地球的形状

1. 大地水准面

水在静止时的表面叫水准面,它是在地球重力场中处处与重力方向正交的曲面,在此曲面上各点的重力位相等,故水准面又称"重力等位面"。因为水面可以处在不同的高度,所以水准面有无数多个,两水准面间的重力位差 $\Delta W = -gh$ 是常数,但水准面上各点的重力加速度 g 随纬度和物质分布不同而变化,使高差 h 不等,因而两水准面不相平行。由于地球是很大的球体,地面上两水准面虽然不平行,但相差也不是太大,故在普通测量学中通常认为两水准面是平行的。测量中绝大部分仪器的整置均以水准气泡为依据,所以水准面是测量中的工作面。

我们把一个与假想的无波浪、潮汐、海流和大气压变化引起扰动的处于流体静平衡状态的海洋面相重合并延伸到大陆的重力等位面叫作大地水准面,通常用大地水准面的形状来表示整个地球的形状,由大地水准面所包围的形体叫大地体。

大地水准面为一个没有皱纹和棱角的、连续的封闭曲面,是一个与平均海水面相吻合的水准面。大地水准面上的重力位处处相等,并与其上的重力方向处处保持着正交。地球上任何一点都要受到地球引力和地球自转的离心力的作用,这两个力的合力称为重力,重力的方向线称为铅垂线,所以水准面处处与铅垂线正交。

铅垂线是测量工作的基准线,大地水准面是测量工作的基准面。

2. 参考椭球面

由于地球内部物质分布不均匀,从而使地面上各处的铅垂线方向产生不规则变化,即地球重力场是不规则的,所以大地水准面是不规则的,是一个复杂的曲面,如图 1-1 所示。虽然大地水准面的形状接近于一个旋转椭球面,但它不能用一个简单的几何形体和数学公式来表达,因而在大地水准面上进行测量数据处理就非常困难。

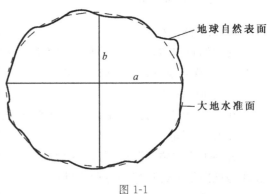

图 1-1

一个国家或地区为处理测量成果而采用的一种与地球大小、形状最接近并具有一定参数的地球椭球叫作参考椭球,也叫参考椭球体,参考椭球的表面称为参考椭球面,大地测量在极复杂的地球表面进行,而处理大地测量结果均以参考椭球面作为基准面。

参考椭球是一个旋转椭球体,它是由椭圆 NESW 绕其短轴 NS 旋转而成的,其旋转轴与地球自转轴重合,如图 1-2 所示。

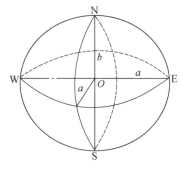

图 1-2

参考椭球体的形状和大小通常用长半径 a 和扁率 f 来表示,长半径(赤道半径)、扁率以及短半径 b(极半径)之间的关系式为

$$f=\frac{a-b}{a} \tag{1-1}$$

如以参考椭球体的中心为坐标系的原点,旋转轴为 z 轴,参考椭球面的数学表达式为

$$\frac{x^2}{a^2}+\frac{y^2}{a^2}+\frac{z^2}{b^2}=1 \tag{1-2}$$

二、地球的大小

几个世纪以来,有许多学者曾经对地球参考椭球体的参数进行了测算,随着科学技术的发展,椭球体参数的测定将越来越精确。表 1-1 为几个有代表性的参考椭球体的参数。

表 1-1

椭球名称	年 份	长半径 a/米	扁率 f	备 注
德兰布尔	1800	6 375 653	1∶334.0	法国
白塞尔	1841	6 377 397	1∶299.153	德国
克拉克	1880	6 378 249	1∶293.459	英国
海福特	1909	6 378 388	1∶297.0	美国
克拉索夫斯基	1940	6 378 245	1∶298.3	苏联
IUGG-75	1975	6 378 140	1∶298.257	IUGG
WGS-84	1984	6 378 137	1∶298.257 223 563	美国

注:IUGG——国际大地测量和地球物理联合会(International Union of Geodesy and Geophsics)

WGS——世界大地坐标系(World Geodetic System)

新中国成立以后所建立的 1954 年北京坐标系用的是苏联的克拉索夫斯基椭球。1980年国家大地坐标系(1980 年西安坐标系),所用的椭球参数为国际大地测量和地球物理联合会 1975 年推荐的参数。全球定位系统(GPS)所采用的是 WGS-84 椭球。我国 2008 年 7 月1 日起启用的 2000 国家大地坐标系采用的地球椭球参数为:长半轴 $a=6$ 378 137 米,扁率$f=1/298.257\ 222\ 101$。

由于地球扁率很小,在测量精度要求不高及测区面积不大时,可把地球近似地当作圆球看待,则地球的平均半径为 $R=6\,371$ 千米。

第三节　测量坐标系与地面点位的确定

确定地面点的位置是测量工作的基本任务。确定地面点的空间位置,要用点的三维坐标来表示。

一、地球空间直角坐标系

坐标系统是确定地面点或空间目标位置所采用的参考系。根据不同的使用场合和使用目的,测量坐标系有很多种,有三维的、二维的、一维的。根据测量坐标系原点的不同位置,地球空间坐标系可分为参心坐标系、地心坐标系等。

1. 参心坐标系

参考椭球的中心与地球的质心是不重合的。参心坐标系的坐标原点设在参考椭球的中心,我国建立的 1954 年北京坐标系和 1980 年西安坐标系,都属于参心坐标系。参心空间直角坐标系的原点位于地球参心 O,Z 轴为地球椭球体的旋转轴,指向北极方向,X 轴为起始子午线与赤道面的交线,Y 轴垂直于 X、Z 轴,X、Y、Z 轴构成右手系,如图 1-3 所示。

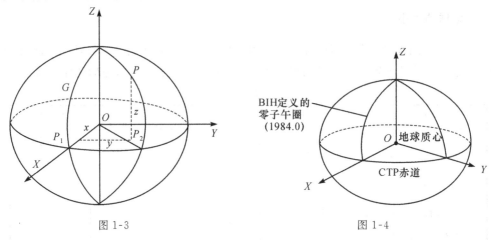

图 1-3　　　　　　　　　　　　　　　图 1-4

2. 地心坐标系

地心坐标系的坐标原点设在地球的质心。我国 2000 国家大地坐标系是原点位于地球质心的三维国家大地坐标系。全球定位系统(GPS)所采用的 WGS-84 坐标系也属于地心空间直角坐标系,它的原点位于地球质心 O,Z 轴指向国际时间局 BIH1984.0 定义的协议地球极方向(CTP),X 轴指向 BIH1984.0 的零子午圈与 CTP 赤道的交点,Y 轴垂直于 X、Z 轴,X、Y、Z 轴构成右手系,如图 1-4 所示。

过去工程测量通常使用参心坐标系坐标,2008 年 7 月 1 日开始我国统一使用地心坐标,并用 8～10 年时间过渡。2000 国家大地坐标系、WGS-84 地心坐标系坐标与 1954 年北京坐标系和 1980 年西安坐标系等参心坐标系坐标可以相互换算。换算方法通常是:在同一测区内,利用至少 3 个已知两个坐标系坐标的公共点,列出相互变换方程,采用最小二乘法原理解算出变换方程的 7 个变换参数（3 个平移参数、3 个旋转参数和 1 个尺度参数），从而得到变换方程。

二、球面与平面坐标系

在测量工作中，通常将空间坐标系分解为确定点的球面位置（或投影到水平面上的平面位置）的坐标系（二维）以及该点到高程基准面的铅垂距离的高程系（一维），也就是用点的地理坐标（或平面直角坐标）及高程来表示点的位置。

地面点的坐标，可用地理坐标或平面直角坐标表示。

工程测量中所讲的点的坐标，通常都是指点的平面直角坐标。

1. 地理坐标系

地理坐标是用经纬度表示地面点位置的球面坐标，可分为大地坐标及天文坐标。

（1）大地坐标系

如图 1-5 所示，NS 为参考椭球的旋转轴，N 为北极，S 为南极，通过椭球旋转轴的平面称为子午面，而其中通过英国原格林尼治天文台的子午面称为起始子午面。子午面与椭球的交线称为子午圈，也叫子午线。通过椭球中心且与椭球旋转轴正交的平面称为赤道面，赤道面与椭球面的交线为赤道。其他与赤道面平行的面与椭球面的交线称为平行圈，也叫纬圈。起始子午面和赤道面，是在椭球面上确定某一点投影位置的两个基本平面。

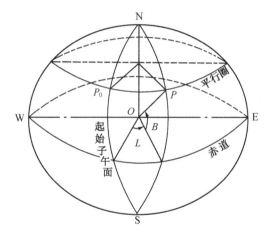

图 1-5

点的大地坐标，用点的大地经度 L 及大地纬度 B 表示。大地经度是通过该点的子午面与起始子午面的夹角，在起始子午面以东的点从起始子午面向东计，由 0° 到 180° 称为东经，在起始子午面以西的点则从起始子午面向西计，由 0° 到 180° 称为西经。我国地处东半球，各地的经度都是东经。

过 P 点作子午线的法线，该法线与赤道面的交角 B 即为 P 点的大地纬度，在赤道以北的点由赤道向北计，由 0° 到 90° 称为北纬，在赤道以南的点由赤道向南计，由 0° 到 90° 称为南纬。我国地处北半球，各地的纬度都是北纬。

由上可见，大地坐标是以法线为依据，以参考椭球面作为基准面。

点的大地经度 L 及大地纬度 B 再加上大地高 H（地面点沿法线到参考椭球面的距离）

就构成了空间的大地坐标系。根据参考椭球参数,大地坐标系坐标与参心坐标系坐标可以相互换算。

（2）天文坐标系

要测得地面点在球面上的位置,通常用天文测量方法,在地面点上安置测量仪器,这时仪器的竖轴与铅垂线重合,这种用天文测量求得的以铅垂线为基准的地理坐标称为天文坐标。天文坐标用点的天文经度 λ 及天文纬度 φ 表示。

因为地面点上的铅垂线与法线不重合,所以 $L\neq\lambda,B\neq\varphi$,铅垂线与法线之间的夹角称为垂线偏差,垂线偏差的变化是不规则的,根据垂线偏差,可将地面上某点的天文坐标换算成大地坐标。

2. 平面直角坐标系

平面直角坐标是用平面上的长度值表示地面点位置的直角坐标。在平面上进行数据处理要比在椭球面上方便得多,所以当采用某种地图投影或在小范围内将地球表面当作平面看待时,常建立相应的平面直角坐标系,以表示地面点的位置。

测量上的平面直角坐标系以南北方向的纵轴为 x 轴,自原点向北为正,向南为负(如图 1-6 所示);以东西方向的横轴为 y 轴,自原点向东为正,向西为负;象限按顺时针方向编号。

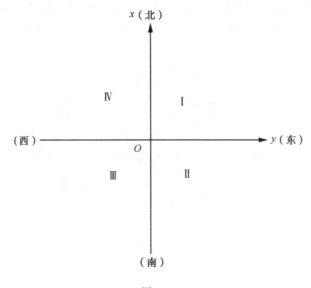

图 1-6

由图 1-6 可以看出,测量上的平面直角坐标与数学中的平面直角坐标是有所不同的,由于测量工作中以极坐标表示点位时,其角度值是以北方向为准按顺时针方向计算的,而数学中则是以横轴为准按逆时针方向计算的,把 x 轴与 y 轴纵横互换后,数学中的全部三角公式都同样能在测量中直接应用,不需作任何变更。

（1）高斯平面直角坐标系

当测区范围较小时,可把地球表面当作平面来看待。而当测区范围较大时,就不能把地球上很大一块表面当平面看待,这时,要用平面直角坐标来表示地面点,必须采用适当的地图投影方法。按一定数学法则,把参考椭球面上的点、线投影到平面上的方法叫地图投影,投影的方法有很多种,我国采用的是高斯投影。

在投影中为了限制长度变形,按一定经差将地球椭球面划分成若干投影带,即将地球椭球面沿子午线划分成经差相等的瓜瓣形地带,如图 1-7 所示。

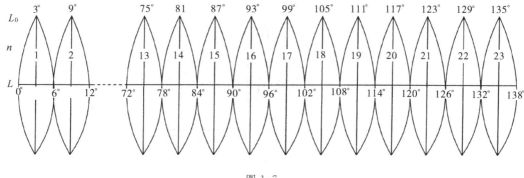

图 1-7

分带时,既要考虑投影后长度变形不大于测图误差,又要使带数不致过多以减少换带计算工作,通常按经差 6°或 3°分六度带或三度带。六度带自 0°子午线起每隔经差 6°自西向东分带,带号依次编为第 1、第 2……第 60 带,如图 1-7 所示,n 为带号,L 为六度带分带子午线经度,L_0 为六度带中央子午线经度,则有

$$L_0 = 6° n - 3° \tag{1-3}$$

三度带是在六度带的基础上分成的,它的中央子午线与六度带的中央子午线和分带子午线重合,即自东经 1.5°子午线起每隔经差 3°自西向东分带,带号依次编为三度带第 1、第 2……第 120 带,三度带中央子午线经度 L'_0 与三度带编号 n' 的关系为

$$L'_0 = 3° n' \tag{1-4}$$

如已知某点的经度 L,则该点所在的六度带的带号以及三度带的带号分别为

$$n = \mathrm{int}\, \frac{L}{6°} + 1 \tag{1-5}$$

$$n' = \mathrm{int}\, \frac{L - 1.5°}{3°} + 1 \tag{1-6}$$

式中:int 为取整。

我国的经度范围西起 73°东至 135°,可分为六度带第 13～23 带共 11 带,三度带第 24～45 带共 22 带。

高斯投影为一种等角横切椭圆柱投影,即设想用一个椭圆柱横切于椭球面上投影带的中央子午线,如图 1-8 所示,然后将中央子午线两侧同一投影带范围内的椭球面投影于椭圆柱面,将椭圆柱面沿过南北极的母线剪开展开,即得高斯投影平面。投影后,中央子午线为直线且长度不变,赤道投影也为直线并与中央子午线正交,其他子午线均为对称于赤道的曲线。

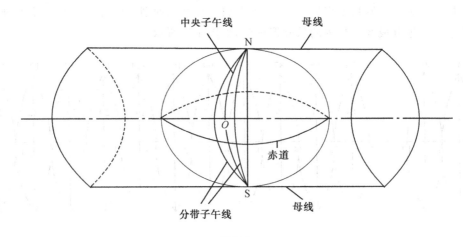

图 1-8

取中央子午线与赤道交点的投影为原点,中央子午线的投影为纵坐标 X 轴,赤道的投影为横坐标 Y 轴,即构成了高斯平面直角坐标系,如图1-9所示。

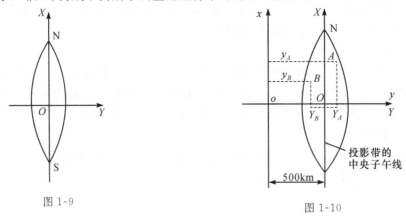

图 1-9   图 1-10

如图 1-10 所示,高斯平面直角坐标纵坐标以赤道为零起算,赤道以北为正,以南为负,我国位于北半球,纵坐标均为正值。横坐标如以中央子午线为零起算,则中央子午线以东为正,以西为负,由于横坐标出现负值,使用不便,故规定将坐标纵轴西移 500 千米当作起始轴,凡是带内的横坐标值均加 500 千米。

在每一带中都有相应的平面直角坐标系,为了表明某点的位置,除了要有坐标值,还必须注明该点位于哪一带,通常规定在横坐标前加注带号。我国三度带与六度带带号不相重叠,故根据某点的坐标,就可知投影带是三度带还是六度带。如某点位于赤道以北 4 410 237.258 米、六度带第 20 带中央子午线以西 92 730.862 米处,则该点在高斯平面直角坐标系中的统一坐标为 $x = 4\ 410\ 237.258$ 米、$y = 20\ 407\ 269.138$ 米。

高斯投影由高斯拟定,并经克吕格加以补充,所以也叫高斯——克吕格投影,高斯平面直角坐标也叫高斯——克吕格平面直角坐标。高斯投影是一种等角投影,即能使球面图形的角度与平面图形的角度保持不变,但任意两点间的长度却产生了变形,除中央子午线外,投影在平面上的长度均大于球面长度,且离中央子午线愈远变形愈大。变形过大时对测图和用图都不方便,在进行 1 : 25 000 或更小比例尺地形图测图时,通常用六度带,三度带则用于1∶10 000或更大比例尺地形图测图。

相邻投影带的高斯平面直角坐标可以相互换算,这个工作称为高斯投影换带计算。

在同一个大地坐标系中,高斯平面直角坐标与大地坐标可以相互换算。由点的大地经纬度 L、B 计算其高斯平面直角坐标 x、y 称为高斯投影正算;由高斯平面直角坐标 x、y 计算其大地经纬度 L、B 称为高斯投影反算。

(2)独立坐标系

独立坐标系是任意选定原点和坐标轴的直角坐标系,它不与其他坐标系直接联系,可分为假定坐标系和地方坐标系。

1)假定坐标系

在局部地区建立的平面控制网中,无任何已知点可以利用时,则选择测区中某一点,假定其坐标,并选定某一边假定其方向,以此作为推算其他各点坐标的起算数据,假定坐标系常用于小范围的独立测区(一般 25 平方千米以下),可不经过高斯投影而直接在平面上进行计算。

2)地方坐标系

在局部地区建立平面控制网时,根据需要采用任意一条子午线为该区域的中央子午线,用这种方法建立的平面直角坐标系叫地方坐标系,地方坐标系常用于某个城市或较大范围的独立测区中。

三、地面点的高程

1. 高程系统

地面点至高程基准面的垂直距离称为高程。选用不同的基准面就有不同的高程系统,测量中的高程系统常用的有大地高系统、正高系统、正常高系统。

大地高系统以参考椭球面为基准面,地面点的大地高 $H_大$ 是该点沿参考椭球面法线到参考椭球面的距离。

正高系统以大地水准面为基准面,地面点的正高 $H_正$ 是该点沿重力线到大地水准面的距离。

正常高系统以似大地水准面为基准面,地面点的正常高 $H_常$ 是该点沿正常重力线到似大地水准面的距离。

大地水准面到参考椭球面的距离,称为大地水准面差距 N。

$$H_大 = H_正 + N \tag{1-7}$$

似大地水准面到参考椭球面的距离,称为高程异常 ξ。

$$H_大 = H_常 + \xi \tag{1-8}$$

由于相邻水准面不平行,正高不能精确求得,只能求得正高的近似值。

正常高是可以精确地计算出来的。由各地面点沿正常重力线向下截取各点的正常高,所得到的点构成的曲面,称为似大地水准面。似大地水准面很接近于大地水准面,在海面上两者是重合的,在平原地区两者相差数厘米,在高山地区相差 2~3 米。似大地水准面不是等位面,没有明确的物理意义,它是由各地面点按公式计算的正常高来定义的,这是正常高系统的缺陷,但是可以精确计算。所以我国采用正常高系统。

2. 点的高程

地面点至平均海水面的铅垂距离称为绝对高程,也叫海拔,简称高程,用 H 表示。如图1-11所示,地面点 A、B 两点的绝对高程分别为 H_A、H_B。

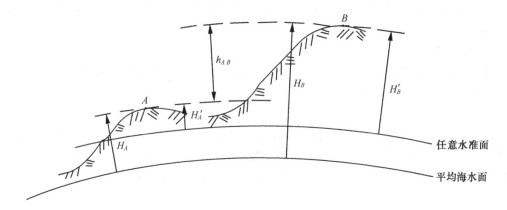

图 1-11

由于不同验潮站求得的平均海水面之间存在差异,我国历史上出现过若干个高程基准,1956 年建立的水准原点位于青岛观象山的"1956 年黄海高程系统",水准原点的高程为72.289 米;1987 年 9 月,启用"1985 国家高程基准",其水准原点高程为 72.260 4 米,全国各地的高程都以它为基准进行测算,利用旧的高程测量成果时,要注意高程基准的统一和换算。

当测区附近尚无国家水准点,而引测绝对高程有困难时,可采用假定高程系统,即假定一个水准面作为高程基准面,这种由任意水准面起算的地面点高程即地面点至任意水准面的铅垂距离称为相对高程,也叫假定高程,如图 1-11 所示,A、B 的相对高程为 H'_A、H'_B。有时为了使用方便,在某些工程测量中也常使用相对高程。

同一高程系统中两点间的高程之差称为高差,用 h 表示,如图 1-11 所示,A、B 两点的高差为

$$h_{AB} = H_B - H_A = H'_B - H'_A \tag{1-9}$$

从已知高程点对未知点进行高程测量时,都是先求出两点间的高差,从而计算出未知点的高程。未知点比已知点高,其高差为正;反之,高差为负。

第四节 测量的基本工作与原则

一、测量的基本工作

地面点的坐标和高程通常不是直接测定的,而是观测其他要素后计算而得。实际工作中,通常根据测区内或测区附近已知坐标和高程的点,测出这些已知点与待定点之间的几何关系,然后再确定待定点的坐标和高程。

1. 平面直角坐标的测定

如图 1-12 所示,设 A、B 两点的坐标已知,P 为待定点,在 $\triangle ABP$ 中,除 AB 边外,只要

测出一边一角或两个边长或两个角度,就可推算出 P 点的坐标。因此,测定点的坐标的主要工作是量边和测角。

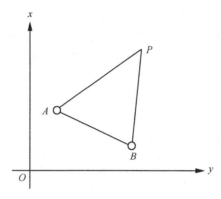

图 1-12

必须注意,点的坐标是地面点投影在水平面的位置,所以量边及测角时,所测边长及角度也应为地面点投影到水平面上的边长和角度,如图 1-13 所示,即水平距离及水平角,而不是地面点之间所组成的空间距离和角度。

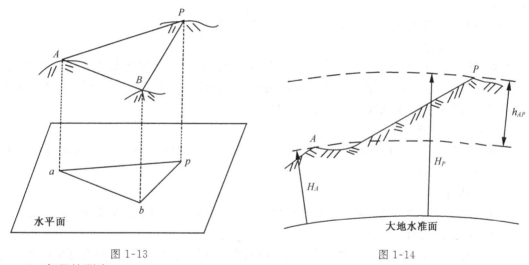

图 1-13　　　　　　　　　　　　图 1-14

2. 高程的测定

如图 1-14 所示,设 A 点的高程已知,P 为待定点,这时,只要测出 AP 之间的高差 h_{AP},即可推算出 P 点的高程 $H_P = H_A + h_{AP}$。所以,测定点的高程的主要工作是测量高差。

综上所述,确定地面点位的 3 个基本要素是水平距离、水平角及高差。

我们把距离测量、角度测量及高程测量作为测量的基本工作。

二、测量工作的基本原则

在测绘地形图时,要把测区范围的地物、地貌按一定比例缩绘成地形图。作业时,将测量仪器设置在某个地面点上,测出该点附近的地物、地貌。通常在一个测站上不可能测出测区的全部地形,因此,只能连续地逐个测站施测,然后拼接出完整的地形图。当一幅图纸不能包括测区范围时,还必须将测区分成若干幅图,最后拼接该测区的整个地形图。

由于测量过程中不可避免地会产生误差,如果从一个测站点开始,不加任何控制地依次逐点施测,前一点的误差将传递到后一点,逐点累积,点位误差将越来越大,最后将满足不了测绘地形图的精度要求,所测地形图将是不合格的地形图。

为了保证精度,要求先在测区范围内建立一系列控制点,精确测出这些点的位置,然后再分别根据这些控制点进行施测地物、地貌的碎部测量工作。这就是测量工作的基本原则,即从整体到局部,先控制后碎部。

遵循"从整体到局部,先控制后碎部"的原则,可使测量误差在整个测区内分布均匀,以保证测图精度,而且可以在分幅测绘时平行作业,加快测图进度。

在施工放样时,为了保证精度,同样必须先进行控制测量,然后进行细部放样。

测量工作的另一项基本原则是"步步有检核",即只有在前一项工作经检核,正确无误后,才能进行下一步工作。只有这样,才能更好地保证测量成果的质量。

三、控 制 测 量

在地面上按一定规范布设并进行测量而得到的一系列相互联系的控制点所构成的网状结构称为测量控制网,控制测量就是在一定区域内,为地形测图和工程测量建立控制网所进行的测量工作。

控制测量分为平面控制测量、高程控制测量和三维控制测量。

1. 平面控制测量

确定控制点平面坐标的测量工作,称为平面控制测量。按照控制点之间所组成的几何图形及施测方法,平面控制测量可分为导线测量、三角形网测量(包括三角测量、三边测量及边角测量)、全球定位系统(GPS)测量等几类。

2. 高程控制测量

确定控制点的高程的测量工作,称为高程控制测量。高程控制测量分为水准测量、三角高程测量及 GPS 高程测量等。

3. 三维控制测量

建立测量控制网一般将平面和高程单独布设。同时确定控制点的平面坐标及高程的测量工作,称为三维控制测量。

在目前由于建网的手段和技术的发展可以布设三维控制网。利用卫星全球定位系统建立的测量控制网就是目前常用的三维控制网。由于卫星定位速度快、精度均匀、不需要站间通视、对控制网图形要求低等特点,已被广泛用于各种类型的工程控制网,特别是随着大地水准面精化的深入开展,工程控制网从二维发展到三维,改变了传统的将平面和高程控制网分别布设、分别施测、分别数据处理的状况。

四、碎 部 测 量

碎部测量是根据邻近控制点来确定碎部点相对于控制点的位置关系的测量工作。在地形图测绘中,碎部测量的工作就是测定地物和地貌的特征点,然后以相应的符号在图上描绘出来;在施工放样中,碎部测量的工作则是放样工程建筑物的详细点位。

第五节　地球曲率对测量观测量的影响

地面点的点位,通常是用点的坐标及高程来表示的。地理坐标是地面点在参考椭球面上的投影,而平面直角坐标则是先将地面点投影到参考椭球面上,然后再把参考椭球面投影到平面上,所以确定点的坐标的基准面是参考椭球面。高程的基准面是大地水准面。在测量精度要求不高及测区面积不大时,可把参考椭球面及大地水准面当作圆球面来看待。然而在圆球面上处理测量数据,也是很复杂的。由于地球的半径很大,在局部地区,其曲面与平面很接近,如用水平面来代替球面,处理测量数据将非常方便。

从理论上讲,用水平面代替球面将产生变形,因为曲面上的图形不破裂、不起皱是不能展为平面的。由于测量和绘图不可避免地会产生一定的误差,如果将球面的一部分当作平面,其产生的误差不超过测量与绘图的误差,这时就可允许用水平面来代替球面。下面讨论以水平面代替球面对测量数据的影响,以确定用水平面代替球面的限度。

一、地球曲率对水平距离的影响

如图 1-15 所示,A、B 为地面上两点,沿铅垂线方向投影到球面上得 A'、B'。过 A' 点作一水平面,则该水平面与 A 点的铅垂线正交,设 B 点在该水平面上的投影为 B''。设 D 为 A、B 两点投影在水平面上的距离,D' 为投影在球面上的弧长,则两者之差 ΔD 即为用水平面代替球面所引起的误差。

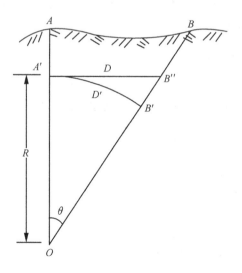

图 1-15

$$\Delta D = D - D'$$

由于 $D = R\tan\theta$,$D' = R\theta$,则有

$$\Delta D = R\tan\theta - R\theta = R(\tan\theta - \theta) \tag{1-10}$$

将 $\tan\theta$ 用级数展开,即

$$\tan\theta=\theta+\frac{1}{3}\theta^3+\frac{2}{15}\theta^5+\cdots$$

由于考虑用水平面代替球面是在较小的局部地区,所以 θ 角很小,上式中省略高次项,只取前两项,代入式(1-10)得

$$\Delta D=\frac{1}{3}R\theta^3$$

以 $\theta=D'/R$ 代入上式,因 D' 与 D 相差很小,以 D 代替 D',得

$$\Delta D=\frac{D^3}{3R^2} \tag{1-11}$$

或 $$\frac{\Delta D}{D}=\frac{D^2}{3R^2} \tag{1-12}$$

取 $R=6\,371$ 千米,以不同 D 值代入式(1-11)及式(1-12),可得出距离误差 ΔD 及相对误差 $\Delta D/D$,如表 1-2 所示。

表 1-2　用水平面代替球面对距离的影响

距离 D/千米	距离误差 ΔD/厘米	相对误差 $\Delta D/D$
10	0.8	1∶1 217 700
20	6.6	1∶304 400
50	102.7	1∶48 700

由表 1-2 可知,当地面上两点间距离为 20 千米时,用水平面上距离代替球面上弧长的距离相对误差约为 1/30 万,这样微小的误差,在测量距离时是允许的。因此,对距离测量来说,在以 10 千米为半径的范围内,可以用水平面代替球面。

二、地球曲率对高程的影响

在图 1-15 中,B 点的高程应为 BB',如用过 A' 的水平面代替水准面,则 B 点的高程为 BB'',两者之差 $B'B''$ 即为用水平面代替水准面所引起的高程误差。

设 $B'B''=\Delta h$,则

$$R^2+D^2=(R+\Delta h)^2$$
$$D^2=2R\Delta h+\Delta h^2$$
$$D^2=\Delta h(2R+\Delta h)$$
$$\Delta h=\frac{D^2}{2R+\Delta h}$$

由于 Δh 较小,与 $2R$ 相比可忽略不计,则

$$\Delta h=\frac{D^2}{2R} \tag{1-13}$$

用不同的距离 D 代入上式,则得相应的高程误差值,如表 1-3 所示。

表 1-3　用水平面代替球面对高程的影响

距离 D/千米	0.05	0.1	0.5	1	2	5	10
高程误差 Δh/厘米	0.02	0.08	2	8	31	196	785

由表 1-3 可知,当用水平面代替水准面时,对高程的影响是较大的,如在 500 米的距离时高程误差就有 2 厘米。而我们进行高程测量时,观测精度要比它高得多。因此,对高程测量来说,必须顾及地球曲率对高程的影响,不得用水平面代替水准面。

三、地球曲率对水平角的影响

由球面三角学知道,同一个空间三角形在球面上投影的各内角之和,较其在平面上投影的各内角之和大一个球面角超 ε,ε 的计算公式为

$$\varepsilon = \frac{P}{R^2}\rho \tag{1-14}$$

式中：P 为球面三角形的面积,R 为地球半径,ρ 为单位弧度的秒值,$\rho = 206\,265''$。

以不同 P 值代入式(1-14),则可得出球面角超 ε 的数值,如表 1-4 所示。

表 1-4　用水平面代替球面对角度的影响

球面多边形面积 P/平方千米	10	100	400	1 000	2 000
球面角超 ε/″	0.05	0.51	2.03	5.08	10.16

由表 1-4 可知,当多边形面积为 100 千米² 时,球面角超为 0.51″,这个误差,在通常的水平角测量中,可以不考虑。因此,对水平角测量来说,在一般工程测量中,可以用水平面代替球面。

习 题 一

1. 测量学的任务是什么?

2. 大地水准面的概念及作用是什么?

3. 地面点位的确定用什么方法? 测量上的平面直角坐标系有哪几种? 它和数学上的平面直角坐标系有什么区别? 为什么要规定测量平面直角坐标系的象限按顺时针方向编号?

4. 什么是绝对高程和相对高程? 在什么情况下可采用相对高程?

5. 用水平面代替球面对距离和高程有什么影响? 在多大范围内可用水平面代替球面? 为什么?

6. 测量工作的基本原则是什么? 有什么作用?

7. 确定地面点位的三项基本测量工作是什么?

8. 北京某地的大地经度为 117°23′,杭州某地的大地经度为 120°09′,试计算它们所在六度带及三度带的带号及中央子午线的经度。

9. 已知在 21 带中有 A 点,位于中央子午线以西 206 579.21 米处,试写出其不含负值的高斯平面直角坐标 y_A。

第二章　水准测量

高程测量是测量的三项基本工作之一。依据测量原理和方法的不同,高程测量可分为水准测量、三角高程测量、GPS 高程测量、气压高程测量和流体静力水准测量等多种,其中水准测量是常用的最基本、最精密的高程测量方法。按照精度高低,国家水准测量分为一、二、三、四等水准测量;工程测量的水准测量分为二、三、四、五等和图根水准测量,一般称五等及图根水准测量为普通水准测量。

第一节　水准测量原理

水准测量是利用水准仪提供的水平视线在水准尺上读数,测得地面上两点间的高差,进而由已知点高程推算出未知点的高程。

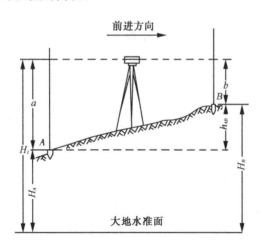

图 2-1

如图 2-1 所示,地面上有 A、B 两点,设 A 点为已知点,其高程为 H_A,B 点为待测点,其高程 H_B 未知。在 A、B 两点之间安置一台水准仪,并在 A、B 两点上分别铅直竖立水准尺,用望远镜分别照准 A、B 点上的水准尺,根据水平视线在 A 点的尺上读取读数 a,在 B 点的尺上读取读数 b,则 A、B 两点间的高差为:

$$h_{AB} = a - b \qquad\qquad (2-1)$$

设水准测量方向是从 A 点往 B 点进行,称 A 点为后视点,其尺上读数 a 为后视读数,称 B 点为前视点,其尺上读数 b 为前视读数,竖立水准尺的点统称为测点。地面上两点间的高差就等于后视读数减去前视读数即 $a-b$。高差是有正负的,在式(2-1)中,如果 $a>b$,则 h_{AB}

>0 为正,表示 B 点比 A 点高;如果 $a<b$,则 $h_{AB}<0$ 为负,表示 B 点比 A 点低。

有了 A、B 两点间的高差 h_{AB} 后,就可由已知高程 H_A 计算待测点 B 的高程 H_B

$$H_B=H_A+h_{AB} \qquad (2-2)$$

按(2-1)、(2-2)两式先求得高差再解出高程的计算法叫高差法。除高差法外还可用视线高程法进行高程的计算,视线高程用 H_i 来表示,则

$$H_i=H_A+a \qquad (2-3)$$

B 点高程为

$$H_B=H_i-b \qquad (2-4)$$

当安置一次仪器即一个测站,需同时测出若干个点的高程时,采用视线高程法计算比较方便。

在水准测量中,可以自由灵活地选择测站点的位置和仪器高度,前后尺子和仪器之间不必成三点一直线。

第二节　水准仪及其使用

水准仪按其精度分为 DS_{05}、DS_1、DS_3 等几种,"D"和"S"分别是"大地测量"和"水准仪"两个词语中"大"和"水"的汉语拼音的首字母,下标数值则表示该等级仪器对应的 1 千米往返水准测量高差中误差,以毫米为单位。

DS_{05} 和 DS_1 通常称为精密水准仪,主要用于国家一、二等水准测量及其他精密水准测量;DS_3 则称为普通水准仪,用于三、四等水准测量及一般水准测量。

水准仪按其结构可分为微倾式水准仪、自动安平水准仪和数字水准仪等。

目前,我国土木工程测量中主要使用 DS_3 水准仪。本节着重介绍 DS_3 微倾式水准仪。

一、DS_3 微倾式水准仪

水准仪是能够提供水平视线的仪器。图 2-2 示出了 DS_3 型微倾式水准仪外貌及各部件名称。

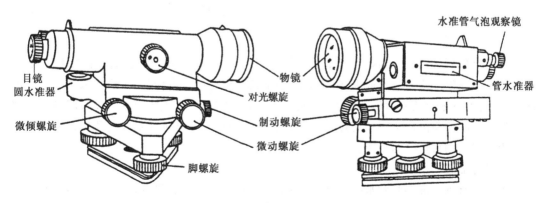

图 2-2

所谓微倾式是指在水准仪上设有微倾装置,可使望远镜在很小的范围内上下微倾,使水准管气泡居中,从而使望远镜视线水平。DS₃型微倾式水准仪主要由望远镜、水准器和基座三部分构成。

1. 望远镜

望远镜由物镜、目镜、十字丝分划板、物镜及目镜调焦(又称对光)螺旋和镜筒等组成,主要用于照准目标并在水准尺上读数,如图 2-3 所示。

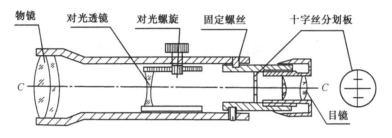

图 2-3

图 2-4 是望远镜成像原理图。来自远处目标 AB 的光线经过物镜和调焦透镜的折射后,在十字丝分划板平面上形成一倒立的实像 $a'b'$,再经过目镜的放大作用,倒立的实像和十字丝同时被放大成虚像 ab,该虚像相对于观测者眼睛的视角 β 比原目标直接相对于观测者的视角 α 扩大了许多倍,使观测者感觉到似乎远处的目标被移近了,β 与 α 的比值叫作望远镜的放大倍率,即 $v=\beta/\alpha$,望远镜的放大倍率通常在 28 倍以上。有些仪器成像为正像。

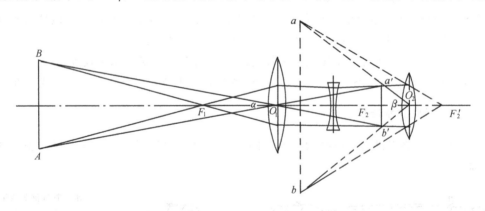

图 2-4

十字丝分划板是刻有两条相互垂直的细线(称为十字丝)的光学玻璃薄片,如图 2-3 所示。竖直的一根丝称为竖丝或纵丝;横向的一根长丝称为中丝或横丝,用于读取水准尺上的读数;中丝上下还有两根对称的短丝,一根叫上丝,一根叫下丝,统称为视距丝,用来测定仪器和目标之间的距离。十字丝交点与物镜光心的连线称为视准轴(CC),视准轴也就是人们通过望远镜观测目标时的视线。

2. 水准器

水准器有圆水准器和管水准器之分,用来标示仪器竖轴是否铅直,视准轴是否水平。

(1)圆水准器

圆水准器是将一圆柱形的玻璃盒嵌装在金属框内而形成的。如图 2-5 所示,玻璃盒顶面内壁是个球面,球面中央刻有一小圆圈,它的圆心 O 为圆水准器的零点,通过零点 O 和球心的直线即通过零点 O 的球面法线,称为圆水准器轴($L'L'$)。当气泡居中时,圆水准器轴 $L'L'$ 处于铅垂位置。由于圆水准器顶面内壁曲率半径较小,故灵敏度较低,只能用于仪器的粗略整平。

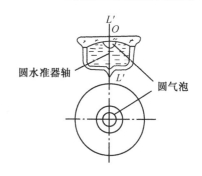

图 2-5

（2）管水准器

管水准器又称水准管或长水准器,由圆柱状玻璃管制成,其内壁被研磨成较大半径的圆弧,如图 2-6 所示,管内注满酒精或乙醚,加热封口冷却后形成气泡。管面刻有间隔为 2 毫米的分划线,分划线的中点 O 称为水准管零点,过零点作圆弧的切线,称为水准管轴(LL),当水准管气泡居中时,水准管轴处于水平位置。

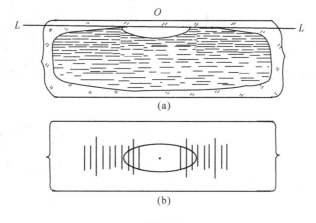

(a)

(b)

图 2-6

水准管上 2 毫米弧长所对的圆心角称为水准管分划值 τ,设水准管圆弧曲率半径为 R,则有

$$\tau = \frac{2}{R}\rho \tag{2-5}$$

式中:$\rho = 206\ 265''$。

从式(2-5)可知,τ 与 R 成反比,R 越大,τ 就越小,相应的气泡移动的灵敏度就越高,因而根据气泡指示来整平仪器的精度也就越高。DS₃ 型水准仪水准管分划值为 $20''/2$ 毫米,圆水准器的分划值为 $8'/2$ 毫米。

为了提高水准管气泡居中的精度,在水准管上方装有一组符合棱镜,如图 2-7 所示。气泡两端的像通过棱镜的几次反射,到达望远镜目镜旁的气泡观察镜(窗)内,当气泡两端的像符合成一个光滑圆弧时,表示气泡正好居中,见图 2-8(a)。图 2-8(b)和图 2-8(c)是气泡不居中时的两种状态,图下方的圆圈及箭头表示此时微倾螺旋应采取的转动方向,直至吻合成图 2-8(a)(即气泡居中)为止。

3. 基座

基座主要由轴座、脚螺旋、底板和三角形压板构成。其作用是支撑仪器的上部,并通过中心连接螺旋与三脚架连接。其中脚螺旋用于水准仪的粗略整平。

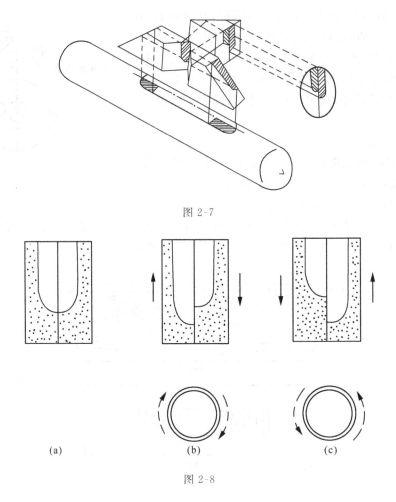

图 2-7

(a)	(b)	(c)

图 2-8

二、水准尺和尺垫

1. 水准尺

水准尺是水准测量时使用的标尺,是水准测量的重要工具之一。常用的水准尺有双面标尺和塔尺两种,如图 2-9 所示。

双面水准尺一般为优质木材加工制成,不易变形,尺长为 3 米或 2 米,如图 2-9(a)所示,尺的两面均刻有厘米分划,一面是黑白相间的分划,称为黑面尺或主尺,另一面为红白相间的分划,称为红面尺或副尺,每分米处注有数字,数字有正写和倒写两种,分别与正像和倒像两种结构的水准仪相匹配,黑面尺从零开始刻画和注记,而红面尺从 4.687 米或 4.787 米开始刻画和注记,4.687 米或 4.787 米称为黑红两面的尺常数,可以用来检核水准测量时读数的正确性。不同尺常数的两根尺子组成一对使用。

塔尺因形状呈塔形而得名,如图 2-9(b)所示,全长可达 5 米,一般由三节尺身套接而成,可以伸缩,一般为铝合金或优质木材加工制成,最小刻划为 1 厘米或 0.5 厘米,米和分米处均注有数字。塔尺携带方便,但连接处易产生误差,一般用于工程水准测量和地形测量等。

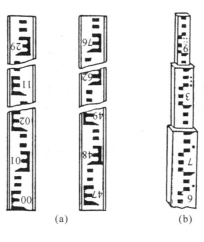

图 2-9

2. 尺垫

尺垫由生铁铸成,一般呈三角形或圆形,如图 2-10 所示,用于连续水准测量时的转点处。尺垫的下方有 3 只尖脚,便于踩入土中,保持其稳定不动,上方有一突起的半球体,球顶用来竖立水准尺,保证尺底在测量过程中高程不变。在连续水准测量的转点处,必须放置尺垫。

图 2-10

三、水准仪的使用

DS₃微倾式水准仪的基本操作程序可归纳为安置、粗平、瞄准、精平和读数等步骤。

1. 安置

安置即为安置仪器。将水准仪架设在前后两测点之间,视距符合相应等级要求的地方。三脚架架脚与地面大约成 70°,三个脚尖成等边三角形,目估架头大致水平,使仪器稳固地架设在脚架上,三脚架可伸缩,以便使仪器高度适中。从仪器箱中取出水准仪,用中心连接螺旋将其固定于三脚架架头上。

2. 粗平

粗平即为粗略整平。通过调节脚螺旋使圆水准器气泡居中,仪器的竖轴大致竖直,从而使视准轴(即视线)基本水平。如图 2-11(a)所示,首先用双手的大拇指和食指按箭头所指方向转动脚螺旋①和②,使气泡从偏离中心的位置 a 沿①和②脚螺旋连线方向移动到位置 b,如图 2-11(b)所示,然后用左手按箭头所指方向转动脚螺旋③使气泡居中,如图 2-11(c)所示。

在整平过程中,气泡移动的方向始终与左手大拇指转动的方向一致,称之为左手大拇指法则。

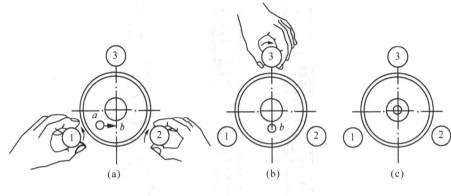

图 2-11

3. 瞄准

瞄准即为瞄准目标。把望远镜对准水准尺,进行调焦,使十字丝和水准尺成像都十分清晰,以便于读数。具体操作过程为,转动目镜座对目镜进行调焦,使十字丝十分清晰;放松水准仪制动螺旋,用望远镜上的缺口和准星对准尺子,旋紧制动螺旋固定望远镜;转动物镜对光螺旋对物镜进行调焦,使水准尺成像清晰;转动微动螺旋使十字丝竖丝位于水准尺上,如图 2-12 所示。

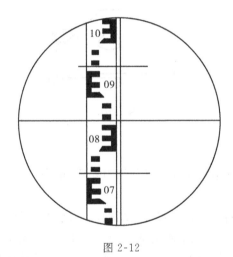

图 2-12

如果调焦不到位,就会使尺子成像与十字丝分划平面不重合,此时,观测者的眼睛靠近目镜端上下微微移动就会发现十字丝横丝在尺上的读数也在随之变动,这种现象称为视差。视差的存在将影响读数的正确性,必须加以消除。消除的方法是仔细地反复进行目镜和物镜调焦,直至尺子成像清晰稳定,读数不变为止,如图 2-13 所示。

4. 精平

精平即为精确整平。望远镜瞄准目标后,转动微倾螺旋,使水准管气泡的影像完全符合成一光滑圆弧(即气泡居中),如图 2-8(a)所示,从而使望远镜视准轴(即视线)处于水平状态。

5. 读数

水准仪精平后,立即用十字丝横丝在尺上读数。读出米、分米、厘米、毫米四位数字,毫

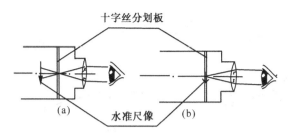

图 2-13

米位估读而得。由于水准仪的望远镜有正像和倒像之分,水准尺的数字也会有正倒之分,所以读数应当从水准尺的小数向大数方向读。如图 2-12 中的尺读数为 0.859 米。

每次读数前,仪器必须严格精平,读数后,应注意查看仪器是否仍旧精平。

第三节 水准测量方法

一、水准点和水准路线

1. 水准点

水准点是用水准测量方法测定其高程的高程控制点,记为 BM。水准测量通常是从已知水准点开始测出未知点的高程。水准点有永久性和临时性两种,永久性水准点一般用混凝土制成标石,深埋于地里冻土线以下,顶部嵌有半球形的金属标志,标志顶点表示该水准点的高程及位置,如图 2-14(a)所示。也可将金属标志埋设在坚固稳定的永久性建筑物的墙脚上,称之为墙上水准点,如图 2-14(b)所示。临时性水准点可利用地面突起的坚硬岩石做上记号,也可用木桩打入地面,在桩顶钉一个半球状的小铁钉来表示。

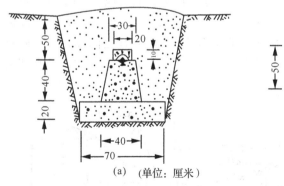

(a)(单位:厘米)

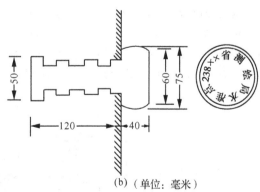

(b)(单位:毫米)

图 2-14

2. 水准路线

水准路线是水准测量所经过的路线。根据已知水准点的分布情况和实际需要,水准路线一般可布设成闭合水准路线、附合水准路线和支水准路线。

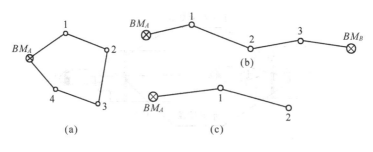

图 2-15

（1）闭合水准路线

如图 2-15(a)所示，从已知水准点 BM_A 出发，沿待定水准点 1、2、3、4 进行水准测量，最后又回到原出发水准点的环形路线，称为闭合水准路线。

（2）附合水准路线

如图 2-15(b)所示，从已知水准点 BM_A 出发，沿待定水准点 1、2、3 进行水准测量，最后附合到另一个已知水准点 BM_B 所构成的水准路线，称为附合水准路线。

（3）支水准路线

如图 2-15(c)所示，从已知水准点 BM_A 出发，沿待定水准点 1、2 进行水准测量，其路线既不闭合也不附合，而是形成一条支线，称为支水准路线。支水准路线应进行往返测量，以便通过往返测高差检核观测的正确性。

二、水准测量方法

水准测量一般是从已知水准点开始，测至待测点，求出待测点的高程。当两点间相距不远，高差不大，且视线无遮挡时，只需安置一次水准仪就可测得两点间的高差。

当两水准点间相距较远或高差较大或有障碍物遮挡视线时，不能仅安置一次仪器就测得两点间的高差，此时，可在水准路线中加设若干个临时过渡立尺点，称为转点（记作 TP），把原水准路线分成若干段，转点的作用是传递高程，其特点是转点上既有前视读数又有后视读数。

依次连续安置水准仪测定各段高差，最后取各段高差的代数和，即可得到起、终点间的高差。如图 2-16 所示，已知 A 点高程 H_A，欲求 B 点高程 H_B，在 A、B 之间设置 3 个转点 TP_1、TP_2 和 TP_3，把线路 AB 分成 4 站，依次测定各站高差 h_1、h_2、h_3 和 h_4，它们的和即为

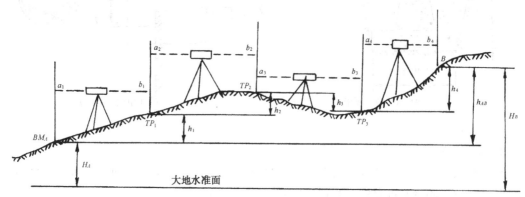

图 2-16

起终点 A、B 间的高差 h_{AB}。

$$h_1 = a_1 - b_1$$
$$h_2 = a_2 - b_2$$
$$\cdots\cdots$$
$$h_4 = a_4 - b_4$$

将上述各式相加得公式

$$h_{AB} = \sum h = \sum a - \sum b \qquad (2\text{-}6)$$

$$H_B = H_A + h_{AB} = H_A + \sum a - \sum b \qquad (2\text{-}7)$$

从式(2-6)可知,点 A、B 间的高差也等于后视读数之和减去前视读数之和,该式可用于检核高差计算的正确性。

三、水准测量观测的主要技术要求

水准测量观测的主要技术要求见表 2-1。

表 2-1　水准观测的主要技术要求

等级	水准仪型号	视线长度/米	前后视的距离较差/米	前后视的距离较差累积/米	视线离地面最低高度/米	基、辅分划或黑、红面读数较差/毫米	基、辅分划或黑、红面所测高差较差/毫米
二等	DS₁	50	1	3	0.5	0.5	0.7
三等	DS₁	100	3	6	0.3	1.0	1.5
	DS₃	75				2.0	3.0
四等	DS₃	100	5	10	0.2	3.0	5.0
五等	DS₃	100	近似相等	—	—	—	—

注:①二等水准视线长度小于 20 米,其视线高度不应低于 0.3 米。

②三、四等水准采用变动仪器高度观测单面水准尺时,所测两次高差较差,应与黑面、红面所测高差之差的要求相同。

③数字水准仪观测,不受基、辅分划或黑、红面读数较差指标的限制,但测站两次观测的高差较差,应满足表中相应等级基、辅分划或黑、红面所测高差较差的限值。

四、普通水准测量

普通水准测量是精度低于四等水准测量、主要用于一般工程建设和图根高程控制的水准测量,每个测站用单面尺分别读取后视、前视读数,按式(2-6)计算出起终点之间的高差,从而计算出待定点高程。如图 2-16 中,已知水准点 A 的高程为 38.152 米,观测数据的记录计算见表 2-2。

表 2-2　水准测量手簿

测站	测点	水准尺读数		高差/米	高程/米	备　注
		后视/米	前视/米			
1	A	1.828		0.857	38.152	
	TP_1		0.971			
2	TP_1	1.612		1.088		
	TP_2		0.524			
3	TP_2	0.578		−0.732		
	TP_3		1.310			
4	TP_3	2.426		−0.061		
	B		2.487		39.304	
计算检核		$\sum a = 6.444$，$\sum b = 5.292$ $\sum a - \sum b = 1.152$		$\sum h = 1.152$		

五、三、四等水准测量

三、四等水准测量是城市大比例尺测图、城市工程测量和农、林、水等工程测量的基本控制,精度要高于普通水准测量。

1. 观测方法

三、四等水准测量的观测应在通视良好、成像清晰稳定的情况下进行。如用双面尺,前后尺的尺常数一支为 4.687 米,另一支为 4.787 米。三等水准测量每一站的观测顺序为

后视黑面尺,读上、下、中丝(1)、(2)、(3);

前视黑面尺,读上、下、中丝(4)、(5)、(6);

前视红面尺,读中丝(7);

后视红面尺,读中丝(8)。

以上(1)、(2)、…、(8)表示观测与记录的顺序,如表 2-3 所示。这样的观测顺序,简称为"后—前—前—后",其优点是可以消除或减少仪器下沉的误差影响。四等水准测量采用"后—后—前—前"的观测步骤。

2. 测站计算与校核

(1)视距计算

后视距离(9)=[(1)−(2)]×100

前视距离(10)=[(4)−(5)]×100

前、后视距差(11)=(9)−(10),三等水准测量不得超过 3 米,四等水准测量不得超过 5 米。使用倒像仪器,则(9)=[(2)−(1)]×100,(10)=[(5)−(4)]×100。

前、后视距累积差(12)=上站(12)+本站(11),三等不得超过 6 米,四等不得超过 10 米。

(2)同一水准尺红黑面中丝读数的检核

同一水准尺红黑面中丝读数之差,应等于该尺红黑面的尺常数 K(4.687 米或 4.787 米)。红黑面中丝读数差(13)、(14)按下式计算:

$$(13)=(6)+K_{前}-(7)$$
$$(14)=(3)+K_{后}-(8)$$

（13）、（14）的值,三等不得超过 2 毫米,四等不得超过 3 毫米。

（3）计算黑面、红面的高差

$$（15）=（3）-（6）$$
$$（16）=（8）-（7）$$
$$（17）=（15）-[（16）\pm0.1]=（14）-（13）（校核用）$$

三等（17）不得超过 3 毫米,四等不能超过 5 毫米。式中 0.1 米为两根水准尺红面起点注记之差。

（4）计算平均高差（18）

$$（18）=\frac{1}{2}\{（15）+[（16）\pm0.1]\}$$

表 2-3　三、四等水准测量手簿

测自　三塘　　至　岔口　　　仪器 DS₃-18523　　日期:2007 年 8 月 2 日

时刻　始　15　时　16　分　　天气　晴　　　观测者:张晓
　　　末　16　时　35　分　　成像　清晰　　记录者:李彦

测站编号	后尺 上丝 下丝	前尺 上丝 下丝	方向及尺号	标尺读数		K 加黑减红/毫米	高差中数	备注
	后距	前距		黑 面	红 面			
	视距差 ΔD	$\sum \Delta D$						
	（1）	（4）	后	（3）	（8）	（14）		$K_{46}=4.687$
	（2）	（5）	前	（6）	（7）	（13）		$K_{47}=4.787$
	（9）	（10）	后一前	（15）	（16）	（17）	（18）	
	（11）	（12）						
1	1.675	0.843	后 47	1.482	6.269	0		
	1.289	0.459	前 46	0.651	5.338	0		
	38.6	38.4	后一前	0.831	0.931	0	0.831	
	0.2	0.2						
2	2.217	2.301	后 46	2.025	6.712	0		
	1.833	1.916	前 47	2.108	6.896	-1		
	38.4	38.5	后一前	-0.083	-0.184	1	-0.084	
	-0.1	0.1						
3	2.321	2.274	后 47	2.118	6.905	0		
	1.914	1.871	前 46	2.073	6.760	0		
	40.7	40.3	后一前	0.045	0.145	0	0.045	
	0.4	0.5						
4	2.017	2.193	后 46	1.842	6.527	2		
	1.662	1.836	前 47	2.015	6.802	2		
	35.5	35.7	后一前	-0.173	-0.275	0	-0.174	
	-0.2	0.3						
计算校核	$\sum(9)=153.2$　$\sum(10)=152.9$　$\sum(9)-\sum(10)=0.3$　末站(12)=0.3　总视距$=\sum(9)+\sum(10)=306.1$			$\sum[(3)+(8)]=33.880$　$\sum[(6)+(7)]=32.643$　$\sum[(3)+(8)]-\sum[(6)+(7)]=1.237$		$\sum[(15)+(16)]=1.237$　$\sum(18)=0.618$　$2\sum(18)=1.236$		

3. 每页计算的校核

（1）高差部分

红黑面后视总和减红黑面前视总和应等于红黑面高差总和，还应等于平均高差总和的两倍。

当测站数为偶数时，有

$$\sum[(3)+(8)]-\sum[(6)+(7)]=\sum[(15)+(16)]=2\sum(18)$$

当测站数为奇数则

$$=\sum[(15)+(16)]=2\sum(18)\pm0.1$$

$$\sum[(3)+(8)]-\sum[(6)+(7)]$$

（2）视距部分

后视距离总和减去前视距离总和应等于末站视距累积差，即

$$\sum(9)-\sum(10)=末站(12)$$

校核无误后，算出总视距：

$$总视距=\sum(9)+\sum(10)$$

六、水准测量成果计算

1. 高差闭合差的计算

观测值与理论值之差称为闭合差。高差闭合差等于实测高差之和减去理论高差之和，即

$$f_h=\sum h_测-\sum h_理 \tag{2-8}$$

对于闭合水准路线，$\sum h_理=0$，因此

$$f_h=\sum h_测 \tag{2-9}$$

对于附合水准路线，$\sum h_理=H_终-H_始$，因此

$$f_h=\sum h_测-(H_终-H_始) \tag{2-10}$$

支线水准路线中往返测量理论之和等于零，因此

$$f_h=\sum h_测=\sum h_往+\sum h_返 \tag{2-11}$$

2. 水准测量的容许闭合差

水准测量的容许闭合差 $f_{h容}$，因水准测量的等级不同而异，工程测量的限差规定见表2-4。

表 2-4　水准测量的容许闭合差

等　级	容许闭合差/毫米	
	平　地	山　地
二　等	$4\sqrt{L}$	—
三　等	$12\sqrt{L}$	$4\sqrt{n}$
四　等	$20\sqrt{L}$	$6\sqrt{n}$
五　等	$30\sqrt{L}$	—
图　根	$40\sqrt{L}$	$12\sqrt{n}$

注：L 为往返测段、附合或环线的水准路线长度（千米）；n 为测站数。

3. 高差闭合差的调整

当高差闭合差小于或等于容许值,即 $f_h \leqslant f_{h容}$,则认为测量成果合格,可对闭合差进行调整。

在闭合及附合水准路线中,分配闭合差的方法是给每段高差各加一个改正数,其规则是按与距离 L_i(或测站数 n_i)成正比的原则,将高差闭合差反其符号进行分配。

$$V_i = -\frac{f_h}{L}L_i \tag{2-12}$$

或

$$V_i = -\frac{f_h}{n}n_i \tag{2-13}$$

改正数的大小与测段的距离(或测站数)成正比,改正数的符号与闭合差的符号相反,改正数一般计算至 0.001 米。

改正后高差等于观测高差加相应的改正数

$$h_{i改} = h_{i测} + V_i \tag{2-14}$$

改正后高差的代数和应与高差理论值相同。

在支水准路线中,如精度合格则以往返测高差的平均值来推算待定点的高程

$$h_{中} = \frac{1}{2}\left(\sum h_{往} - \sum h_{返}\right) \tag{2-15}$$

例 2-1　在图 2-17 所示的附合水准路线中,已知水准点高程和各段观测数据如图所示,试检核观测成果是否符合图根水准精度要求,如合格,计算该水准路线各点的高程。

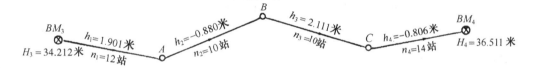

图 2-17

解　(1)计算闭合差

$$f_h = \sum h_{测} - (H_{终} - H_{始})$$
$$= 2.326 - (36.511 - 34.212) = 0.027 \text{ 米}$$

(2)计算容许闭合差

$$f_{h容} = \pm 12\sqrt{n} = \pm 12\sqrt{46} = \pm 81 \text{ 毫米}$$

$f_h < f_{h容}$,所以,成果合格。

(3)计算改正数

按式(2-13)计算各段高差的改正数,结果见表 2-5 第 4 列。改正数之和应与高差闭合差绝对值相等,符号相反,即 $\sum V = -f_h$。当计算过程中由于四舍五入引起改正数之和与高差闭合差的绝对值不相等时,应人为对个别改正数的"舍"、"入"作调整,以保证高程计算的正确性。

(4)计算改正后高差

按式(2-14)计算,结果见表 2-5 第 5 列。改正后高差之和应等于理论高差之和。

(5)计算各未知点高程

按式(2-2)计算,结果见表2-5第6列。终点高程计算值应等于终点高程已知值。

表 2-5 水准测量成果计算表

点名	测站数	实测高差/米	高差改正数/米	改正后高差/米	高程/米	备 注
BM_3	12	1.901	−0.007	1.894	34.212	
A					36.106	
B	10	−0.880	−0.006	−0.886	35.220	
C	10	2.111	−0.006	2.105	37.325	
BM_4	14	−0.806	−0.008	−0.814	36.511	
$\sum$	46	2.326	−0.027	2.299		
辅助计算	\multicolumn{6} $f_h = \sum h - (H_{终} - H_{始}) = 2.326 - (36.511 - 34.212) = 0.027$ 米 $f_{h容} = \pm 12\sqrt{n} = \pm 12\sqrt{46} = \pm 81$ 毫米

例 2-2 如图 2-18 为图根水准测量支水准路线,单程路线长约 1200 米,试检核观测结果是否合格,如合格,则求出 1 点高程。

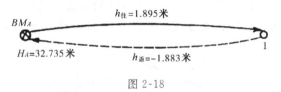

图 2-18

解 (1)求闭合差

$$f_h = h_{往} + h_{返} = 1.895 - 1.883 = 0.012 \text{ 米}$$

(2)求容许闭合差

$$f_{h容} = \pm 40\sqrt{L} = \pm 40\sqrt{1.2} = \pm 43 \text{ 毫米}$$

$f_h < f_{h容}$,所以成果合格。

(3)求平均高差

$$h_{中} = \frac{1}{2}(h_{往} - h_{返}) = \frac{1.895 - (-1.883)}{2} = 1.889 \text{ 米}$$

(4)计算 1 点的高程

$$H_1 = H_A + h_{中} = 32.735 + 1.889 = 34.624 \text{ 米}$$

第四节 微倾式水准仪的检验与校正

一、水准仪的轴线及其应满足的条件

如图 2-19 所示,微倾式水准仪有四条轴线,即望远镜的视准轴 CC、水准管轴 LL、圆水准器轴 $L'L'$ 和仪器的竖轴 VV。

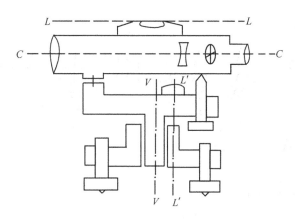

图 2-19

根据水准测量原理,水准仪必须提供一条水平视线,才能正确地测定地面两点间的高差。视线是否水平,根据水准管气泡的居中来判断。因此,水准仪必须满足视准轴平行于水准管轴这个主要条件。其次,为了加快用微倾螺旋精确整平的过程,精平前要求仪器竖轴处于竖直位置。竖轴的竖直是借助圆水准器气泡居中,使圆水准器轴竖直来实现的。所以,水准仪还应满足圆水准器轴平行于仪器竖轴。另外,当仪器整平后,竖轴就竖直了,这时十字丝横丝应该水平,这样用横丝的任一部位在水准尺上读数都是正确的。因此,还要求十字丝横丝应与仪器竖轴垂直。

综上所述,水准仪的轴线应满足以下几何条件:

1. 水准管轴平行于视准轴($LL /\!/ CC$);

2. 圆水准器轴平行于仪器竖轴($L'L' /\!/ VV$);

3. 十字丝横丝垂直于仪器竖轴(十字线横丝应水平)。

二、水准仪的检验和校正

仪器在出厂时都经过检验,应是满足条件的。但由于长期使用和运输中的震动等影响,各部分螺丝松动,导致各轴线间的关系会产生变化。因此,在作业之前,必须对仪器进行检验和校正。

1. 圆水准器的检验与校正

(1)检验方法

安置仪器后,转动脚螺旋使圆水准器气泡居中,然后将仪器绕竖轴转$180°$。如气泡仍居中,说明圆水准器轴平行于竖轴,即$L'L' /\!/ VV$。如果气泡偏离零点,说明两轴不平行。

由图 2-20(a)可知,当圆水准器气泡居中时,圆水准器轴处于竖直位置。由于$L'L'$不平行于VV,竖轴相对铅垂线方向偏离了α角。当仪器绕竖轴转了$180°$之后,圆水准器轴从竖轴的右侧转至左侧,它与竖轴的夹角仍为α,因此与铅垂线的夹角为2α,如图 2-20(b)所示。

(2)校正方法

转动脚螺旋使气泡退回偏离值的一半,如图 2-20(c)所示,此时竖轴处于竖直位置,圆水准器轴仍偏离铅垂线方向α角。然后,用校正针拨动圆水准器底下的三个校正螺丝,使气泡居中,如图 2-20(d)所示。此时,圆水准器轴亦处于铅垂方向,圆水准器轴与竖轴平行。

此项检验与校正应反复进行,直到仪器转动至任何方向气泡都居中为止。

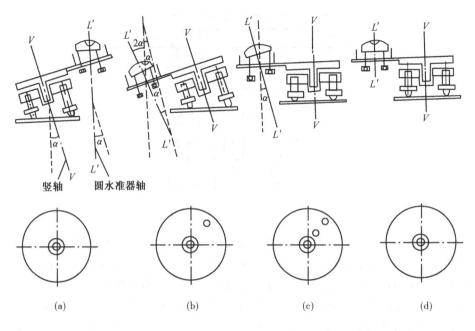

竖轴　　　圆水准器轴

(a)　　　　　(b)　　　　　(c)　　　　　(d)

图 2-20

2. 十字丝横丝的检验与校正

(1)检验方法

仪器整平后,用十字丝横丝的交点对准远处一明显的点标志,如图 2-21(a)所示,拧紧制动螺旋,再转动微动螺旋,使望远镜视准轴绕竖直的竖轴沿水平方向转动。如果点的标志沿着横丝做相对移动,如图 2-21(b)所示,则表示横丝水平,即十字丝横丝与竖轴垂直。如果点的标志离开横丝,如图 2-21(c)所示,则表示十字丝横丝不垂直于竖轴,需要校正。

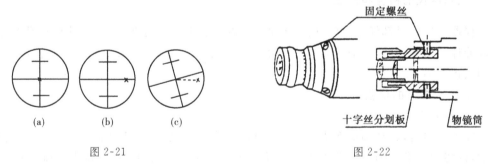

固定螺丝

(a)　　　　(b)　　　　(c)

十字丝分划板　　　物镜筒

图 2-21　　　　　　　　　　图 2-22

(2)校正方法

用小起子松开目镜座上三个固定螺丝,如图 2-22 所示,然后转动整个目镜座,使十字丝横丝水平,再将固定螺丝拧紧。

3. 水准管轴的检验与校正

(1)检验方法

如图 2-23 所示,在较平坦的地面上选定相距 80～100 米的 A、B 两点。

1)将水准仪安置在 A、B 两点中间,使两端距离严格相等,测出 A、B 两点的正确高差 h_1 $=a_1-b_1$。

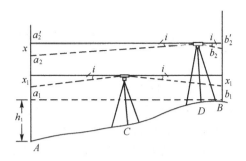

图 2-23

如果水准管轴不平行于视准轴,则会产生 i 角误差,图中假设视线向下倾斜。由于 i 角是固定的,所以读数偏差值 x 的大小与视线长成正比。在图 2-23 中,仪器所在 C 点与 A、B 两点的距离相等,故 i 角误差在 A、B 尺上所引起的读数偏差 x_1 相等,其高差:

$$h_1 = (a_1 + x_1) - (b_1 + x_1) = a_1 - b_1$$

可见,即使存在 i 角误差,由 a_1、b_1 算出的高差仍是正确高差。这就是在水准测量中要求前、后视距离尽量相等的原因。

为了确保高差的准确性,在 A、B 的中点用改变仪器高法,两次测定 A、B 的高差,若两次高差之差不大于 3 毫米,则取平均值作为正确的高差 h_1。

2)将水准仪搬至距离 B 点约 2 米的 D 点处,精平后读取 B 点尺读数 b_2。因为仪器离 B 点很近,i 角误差引起的读数偏差可忽略不计,即认为 b_2 等于视线水平时的读数 b_2',因此根据 b_2 和高差 h_1 算出 A 点尺上水平视线的应有读数为

$$a_2' = b_2 + h_1 \tag{2-16}$$

然后,精平并读取 A 点尺读数 a_2。如果 $a_2' = a_2$,说明两轴平行。否则,存在 i 角,其值为

$$i = \frac{a_2 - a_2'}{D_{AB}} \rho \tag{2-17}$$

规范规定,DS_3 型水准仪 i 角大于 20″ 时,需要进行校正。

(2)校正方法

转动微倾螺旋,使十字丝的横丝对准 A 点尺上读数 a_2',此时视准轴处于水平位置,而水准管气泡不再居中,用校正针先拨松水准管左右端校正螺丝(见图 2-24),再拨动上、下两个校正螺丝,使偏离的气泡重新居中,最后将校正螺丝旋紧。此项校正工作应反复进行,直至达到要求为止。

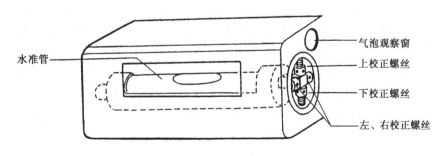

图 2-24

第五节　自动安平水准仪

用微倾式水准仪进行水准测量的特点是根据水准管气泡的居中来获得水平视线。因此,在水准尺上每次读数前都要用微倾螺旋将水准管气泡调至居中位置。自动安平水准仪不用水准管和微倾螺旋,而是在望远镜中设置一个补偿装置。当圆气泡居中后,视准轴虽仍稍有倾斜,但通过补偿装置可读得视线水平时应得的读数。因此可大大缩短工作时间且提高工作效率。

一、自动安平原理

如图 2-25 所示,当视准轴 OA 水平时,在水准尺上的读数为 a_0,当视准轴倾斜了一个微小的角度 α 后,十字丝交点由 A 移到 Z,而水平光线仍通过 A 点,从而产生一个偏距 L。如果在距十字丝交点 s 处的光路上装置一个光学补偿器,使水平光线偏转一个 β 角,恰好通过十字丝交点 Z,则由图可知

$$L = f\alpha = s\beta \tag{2-18}$$

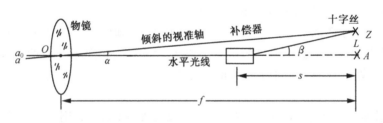

图 2-25

因此,只要适当选择补偿器的位置,即式(2-18)中 s 的大小,就可使水平光线正好通过十字丝的交点 Z,即视线倾斜一个小角 α 时,十字丝交点仍能读出视线水平时的读数 a_0,从而达到自动补偿的目的。

另外,也可采用移动十字丝的补偿装置,将十字丝移至位置 A,仍能达到补偿的目的。

自动安平补偿器的种类虽多,但大都采用悬吊光学零件的方法,借助于重力作用达到视线自动安平的目的。国产 DSZ$_3$ 自动安平水准仪即采用这种补偿方法。

图 2-26 所示为 DSZ$_3$ 水准仪的光路,由两个直角棱镜和一个屋脊棱镜构成的补偿器,安设在对光透镜和十字丝分划板之间。两个直角棱镜用交叉的金属片吊挂在望远镜上。当望远镜有微小的倾斜时,直角棱镜在重力的作用下,将与望远镜作相对的偏转运动,偏转方向刚好与望远镜的倾斜方向相反。

当望远镜倾斜微小的 α 角时,如果"补偿器"没有发生作用,如图 2-27 所示的两个直角棱镜随着望远镜一起倾斜了一个 α 角,则通过物镜光心的水平光线经棱镜几次反射后并不通过十字丝交点 A,而是通过 Z 点,两条光线间的角度即为视准轴倾斜的角度 α。当"补偿器"发生作用时,即悬吊的两个垂直棱镜在重力的作用下,在相对于望远镜倾斜方向的反方向偏转了 α 角,此时经棱镜反射后的光线也将偏转,如图 2-28 所示。原水平光线通过偏转后的直角棱镜的反射后与未经偏转的直角棱镜所反射的光线(虚线表示)之间的夹角为 β。

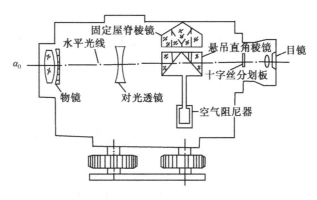

图 2-26

由于望远镜倾斜悬吊的直角棱镜相对于倾斜的视准轴偏转了 α 角,反射后的光线便偏转了 2α 角,通过两个直角棱镜的反射,共偏转了 4α,即 $\beta=4\alpha$。由式(2-18)可知 $\dfrac{f}{s}=\dfrac{\beta}{\alpha}=4$,即 $s=\dfrac{f}{4}$,此为补偿器在望远镜中所对应处的位置。

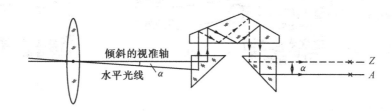

图 2-27

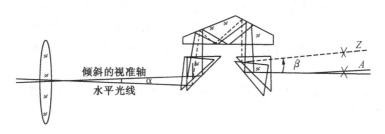

图 2-28

二、自动安平水准仪的使用

自动安平水准仪补偿装置的补偿范围一般为 $\pm5'\sim\pm15'$,超过此范围时,补偿装置就无能为力了。故在使用仪器时,首先必须用圆水准器整平,然后再照准目标,并进行水准尺读数。为了确保补偿装置正常发挥作用,仪器上一般都设有补偿控制按钮(或称重复钮),一般可采用两次按动按钮、两次读数的方法进行核对。

第六节　精密水准仪和数字水准仪

一、精密水准仪

精密水准仪主要用于国家一、二等水准测量和高精度的工程测量,如大型桥梁和水工建筑物的施工测量、大型精密设备安装测量以及建筑物沉降观测等。精密水准仪有很多种,如国产 DS$_{05}$、DS$_1$ 气泡式水准仪,DSZ$_{05}$、DSZ$_1$ 自动安平水准仪,蔡司 Ni002、Ni007、DiNi12,威特 N3 等。如图 2-29 所示是 DS$_1$ 型水准仪,图 2-30 所示为威特 N3。

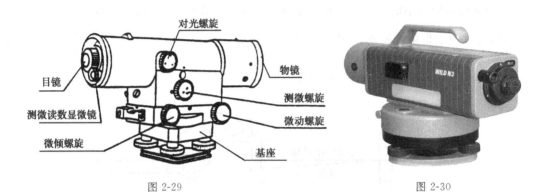

图 2-29　　　　　　　　　　　　　　　　图 2-30

1. 精密水准仪的特点

气泡式精密水准仪的基本构造与一般微倾式水准仪相同,也是由望远镜、水准器和基座三部分构成。精密水准仪的主要特征是望远镜的光学性能好,放大倍率不小于 38 倍,有效孔径不小于 47 毫米,成像清晰,亮度高;水准管分划值不大于 10″/2 毫米,符合水准器灵敏度高;装有能直读 0.1 毫米的光学测微器及配有一副温度膨胀系数很小的精密水准尺;仪器结构坚固,视准轴与水准管轴之间的平行关系稳定。此外,为了使脚架坚固稳定,三脚架一般不采用伸缩式。

2. 读数方法

精密水准仪的操作程序和方法与一般水准仪基本相同,包括安置、粗平、瞄准、精平和读数等步骤,只是读数方法不同。

图 2-31 为一种与精密水准仪配套使用的精密水准尺,尺长 3 米,也有 2 米左右的。其分划刻印在膨胀系数极小的因瓦合金带上。因此,精密水准尺的长度准确而稳定。为保证尺带的平直和不受木质尺身长度变化的影响,因瓦合金带一端通过弹簧以一定的拉力将其引张在木质尺身的凹槽内。水准尺的分划值有 10 毫米和 5 毫米两种。图示的是 10 毫米分划的水准尺,它有左右两排分划,右边一排注记为 0～300 厘米,称为基本分划,左边一排注记为 300～600 厘米,称为辅助分划,同一高度的基本分划与辅助分划之间相差一个常数 301.55 厘米,称为基辅差,又称尺常数,用以检查读数中是否存在错误。

图 2-31

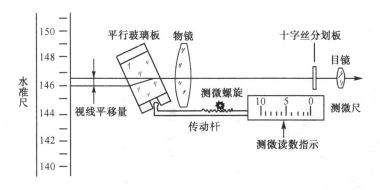

图 2-32

为了提高厘米分划以下读数的精度,精密水准仪上配备有光学测微装置。如图 2-32 所示,它由平行玻璃板、测微尺、传动杆和测微螺旋等构件组成。转动测微轮时,传动杆推动平行玻璃板前后俯仰倾斜,测微尺也随之移动。根据光的折射原理,视线与玻璃板平面正交时不折射,转动测微轮使玻璃板平面俯仰倾斜后,视线通过玻璃板时因折射而发生平移,可使原来并不对准尺上某一分划的视线精确对准某一分划,由此可以读到一个整分划读数,而其尾数(即视线在尺上的平移量)则在测微尺上读取。测微分划尺共有 100 个分格,分格值为 0.1 毫米(或 0.05 毫米),即在测微尺上可估读至 0.01 毫米(或 0.005 毫米)。

读数前,边转动微倾螺旋边从目镜观察,使符合水准管气泡两端的像精确吻合,如图 2-33 所示,这时视线水平。再转动测微轮,使十字丝楔形丝精确地夹住整分划,读取该分划线读数。图 2-33 中为 1.48 米,再从测微尺读数窗内读取测微尺读数,图中为 6.50 毫米。楔形丝所夹分划线的读数与测微尺读数之和即为视准轴的直接读数,即 1.486 50 米。

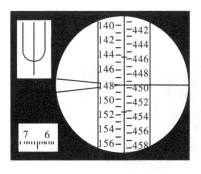

图 2-33

二、数字水准仪

数字水准仪是 20 世纪 90 年代以后发展起来的新型仪器,它采用电子光学系统自动记录数据,代替了以往的人工读数,从而使水准测量读数实现了自动化,大大提高了工作效率和测量精度。

图 2-34 所示为瑞士徕卡公司开发的 NA2002 型和 NA3003 型电子数字仪外形图;图 2-35 为仪器数字化图像处理原理图。NA2002 的分辨率为 0.1 毫米,每千米往返测高差中数的偶然中误差为 0.9～1.5 毫米;NA3003 的分辨率可达 0.01 毫米,每千米往返测高差中

数的偶然中误差为 0.4～1.2 毫米。除徕卡公司生产的 NA2000、NA3000、NA2002、NA3003,同类仪器还有蔡司 DiNi10、DiNi20,拓普康 DL101、DL102 等。图 2-36 所示为蔡司 DiNi12。

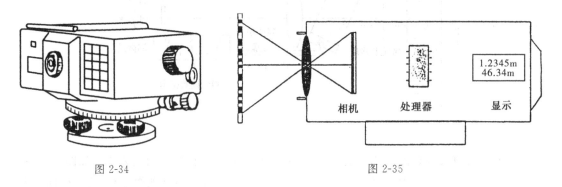

图 2-34   图 2-35

数字水准仪在自动量测高程的同时,还可自动进行视距测量,因此,可用于水准测量、地形测量、建筑施工测量(包括公路、铁路、桥梁、隧道及管道铺设等的定位放样测量)。与数字水准仪配套使用的水准尺为条纹编码尺,通常由玻璃纤维或铟钢制成,如图 2-37 所示。在仪器中装置有行阵传感器,它可识别水准标尺上的条码分划。仪器摄入条码图像后,经处理器转变为相应的数字,再通过信号转换和数据化,在显示屏上显示出高程和视距。

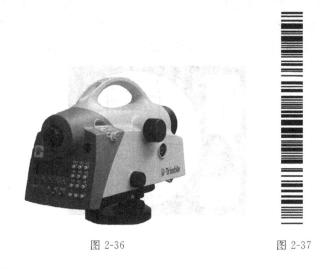

图 2-36   图 2-37

数字水准仪除了观测精度高外,当望远镜内的标尺截距差有 30% 被遮挡时,仍可实现电子读数,这一优点在城市测量时尤为显著。此外,数字水准仪还可进行自动连续测量,自动记录的数据也可直接输入计算机进行处理,这些都是光学水准仪无可比拟的。

第七节 水准测量的误差来源及注意事项

一、仪器误差

1. 仪器 i 角误差

水准测量要求水准管轴与视准轴平行,才能得到正确的读数。如果水准管轴不完全平行于视准轴,存在着 i 角,当水准管气泡居中时,视准轴与水平方向则存在 i 角偏向,由此而引起水准尺上读数偏差,如图2-38所示。偏差值与视距成正比,即仪器离水准尺愈远,引起的误差也愈大。

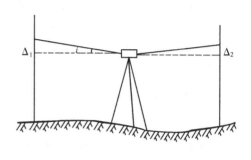

图 2-38

在一个测站上,如果能使前、后视距相等,则由于视线倾斜在前、后视水准尺上所引起的误差相等,即 $\Delta_1 = \Delta_2$,在计算高差时可相互抵消。所以在安置仪器时,尽量使前、后视距相等。

2. 水准尺误差

水准尺误差主要是厂家制作时的分划误差,尺长变化及弯曲等。

二、观测误差

1. 整平误差

水准测量时如果存在水准管气泡居中误差,则望远镜视线将不水平,这时,在水准尺上读数将产生误差。因此,每次读数必须严格精平。

2. 读数误差

读数误差来源有两方面:一是存在视差,二是估读不准确。只要将目镜和物镜再次对光,使十字丝及目标成像都很清晰,视差就可消除。

估读误差与望远镜的放大倍数及视距长短有关,因此各级水准测量规定望远镜的放大率和限制视线长度是必要的。

3. 水准尺倾斜误差

如果水准尺没有竖直,则总是使尺上的读数增大。当尺倾斜2°,视线在尺上读数为2米时,会造成约1.2毫米的误差。因此,读数时水准尺应竖直。

三、外界条件影响

1. 尺子和仪器下沉

主要是由于安置仪器和竖立尺子的地面松软,加上人和仪器及尺子、尺垫的重量,使其下沉,其结果与实际不符,其误差为下沉量。因此,安置仪器必须在土质坚固的地面,将脚架和尺垫踩实,其次提高观测速度和进行往返测量。

2. 地球曲率和大气折光影响

如图 2-39 所示,用水平视线代替水准面对尺上读数产生的影响为 f_1,即

$$f_1 = \frac{D^2}{2R} \qquad (2\text{-}19)$$

式中:D——仪器到水准尺的距离;

R——地球的平均半径。

由于地表空气密度的不均匀,光线在大气中将产生折射,视线并非是水平的,而是一条曲线,曲线的半径大致为地球半径的 7 倍。光线折射对水准尺读数产生的影响为

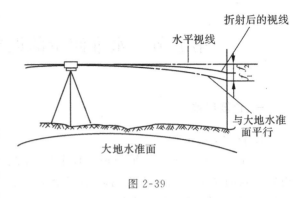

图 2-39

$$f_2 = -K \frac{D^2}{2R} \qquad (2\text{-}20)$$

式中 K 为大气折光系数,$K \approx 0.14$。

地球曲率和大气折光影响之和为

$$f = f_1 + f_2 \qquad (2\text{-}21)$$

若前后视距离相等,地球曲率与大气折光的影响在高差计算中相互抵消。所以,水准测量中前后视距离应尽量相等。

3. 温度、风力等外界条件的影响

温度不仅影响大气折光的变化,而且烈日照射会影响仪器轴线间的关系,也影响水准管整平。因此在太阳光强烈时,必须撑伞保护仪器,以防日光照射。

风力对水准测量的影响也比较大,风力将影响安置仪器的稳定性或使尺子晃动,从而影响读数的精确性。因此,当风力过大时,应停止作业。

习 题 二

1. 设 A 为后视点,B 为前视点,A 点高程为 53.533 米,当后视读数为 1.025 米,前视读数为 1.674 米时,高差是多少? B 点比 A 点高还是低? B 点高程是多少? 绘图说明。

2. 何谓视准轴? 何谓视差? 产生视差的原因是什么? 怎样消除视差?

3. 什么叫水准管分划值? 圆水准器和长水准器各起什么作用?

4. 水准测量时为什么要求前、后视距相等?

5. 水准仪有哪些轴线? 它们之间应满足哪些条件? 其中主要条件是什么?

6. 已知 BM_A 点的高程为 44.218 米,将下图中的水准测量观测数据填入记录手簿(见下表),计算出各点间的高差及 B 点的高程,并进行计算检核。

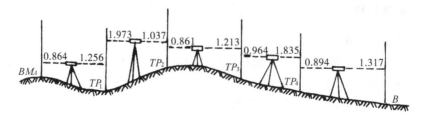

水准测量手簿

测站	测点	水准尺读数		高差/米	高程/米	备注
		后视/米	前视/米			
1						
2						
3						
4						
5						
计算检核						

7. 下图为一五等水准路线的观测结果,BM_A 高程为 17.617 米,试在下表中完成成果计算。

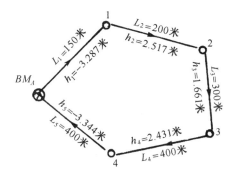

水准测量成果计算表

点名	距离/米	实测高差/米	高差改正数/米	改正后高差/米	高程/米	备注
辅助计算						

8. 安置水准仪在离 A、B 两点的等距处,A 尺读数 $a_1 = 1.321$ 米,B 尺读数 $b_1 = 1.117$ 米,然后搬仪器到 B 点近旁,B 尺读数 $b_2 = 1.466$ 米,A 尺读数 $a_2 = 1.695$ 米。试问:水准管轴是否平行于视准轴? 如不平行,怎样校正?

测量学课堂测验(一)

姓名_____　　　专业_____　　　学号_____

1. 什么是大地水准面? 有何作用?

2. 我国目前使用的高程基准是什么?

3. 画出测量平面直角坐标系的示意图。

4. 什么是闭合差?

5. 水准仪测量时是如何消除 i 角对高差的影响的?

第三章　角度测量

角度测量是测量的基本工作之一。角度测量包括水平角测量和竖直角测量。

第一节　角度测量原理

一、水平角及其测量原理

水平角是指一点到两个目标点的方向线垂直投影到水平面上所形成的夹角。水平角一般用 β 表示，数值范围在 $0\sim360°$ 之间。如图 3-1 所示，A、B、C 为地面上高度不同的三点，将三点沿铅垂线方向投影到水平面上，得到相应的 a、b、c 点，则水平线 ab、ac 的夹角 $\angle bac$ 即为 B、C 两点对 A 点所形成的水平角 β。可以看出，β 也就是过 AB、AC 所作的两个铅垂面之间的两面角。

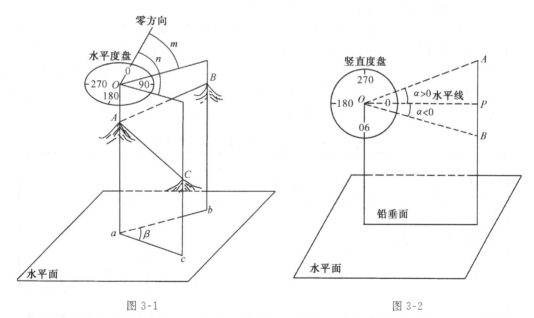

图 3-1　　　　　　　　　　　　　　　图 3-2

为了测量水平角，在 A 点上方架设一仪器。仪器上有一个水平安置的刻有度数的圆度盘，称为水平度盘。水平度盘的中心 O 安放在通过 A 点的铅垂线上。仪器上装有瞄准远处目标的望远镜，它不但能在水平方向旋转，而且也能在竖直面内旋转。这样，通过望远镜瞄准地面上的目标 B，读出 B 点对应的水平度盘读数，再瞄准地面上的目标 C，读出 C 点对应的水平度盘读数，即读出 AB、AC 的水平方向值 m 和 n，则水平角 β 就是 AB、AC 的水平方向值之差，即 $\beta=n-m$。

二、竖直角及其测量原理

竖直角是指观测目标的方向线与同一铅垂面内的水平线之间的夹角,也称为垂直角。竖直角一般用 α 表示。竖直角有正、负之分,如图 3-2 所示,倾斜视线 OA 与水平线的夹角位于水平线上方,形成仰角,符号为正。而倾斜视线 OB 与水平线的夹角位于水平线的下方,为俯角,符号为负。竖直角的角值范围在 0～±90° 之间。

为了测量竖直角,我们可以在测量水平角仪器的望远镜旋转轴的一端安装一个刻有度数的圆度盘,称为竖直度盘。竖直度盘中心与望远镜旋转轴中心重合,且与望远镜旋转轴固定在一起。当望远镜上下转动时,竖直度盘连同望远镜一起转动。另外再设置一个不随望远镜转动的竖直度盘读数指标,并使视线水平时的竖直度盘读数为某一固定的整数。同水平角观测相似,用望远镜照准目标点,读出目标点对应的竖直度盘读数,根据该读数与望远镜水平时的竖直度盘读数就可以计算出竖直角的值。

经纬仪就是根据上述角度测量的原理和要求而制造的角度测量仪器,它既可用于测量水平角,也可用于测量竖直角。

第二节　光学经纬仪及其使用

经纬仪按测角原理可以分为光学经纬仪和电子经纬仪。

光学经纬仪按精度等级可以分为 DJ07、DJ1、DJ2、DJ6 等,“D”、“J”分别为大地测量和经纬仪的汉语拼音的第一个字母,07、1、2、6 表示该仪器一测回方向观测值中误差的秒数。一测回方向观测值中误差为 2 秒及 2 秒以内的经纬仪属于精密经纬仪,一测回方向观测值中误差为 6 秒及 6 秒以上的经纬仪属于普通经纬仪。在一般工程测量中常用的是 DJ6、DJ2 经纬仪。表 3-1 为 DJ2 和 DJ6 光学经纬仪的主要技术参数。

表 3-1　DJ2、DJ6 光学经纬仪的主要技术参数

型号 项目		DJ2	DJ6
水平方向测量一测回中误差不超过/秒		±2	±6
物镜有效孔径不小于/毫米		40	35
望远镜放大倍率不小于/倍		28	25
水准管分划值不大于/(秒/2毫米)	水平度盘	20	30
	竖直度盘	20	30
主要用途		三、四等三角测量及精密工程测量	一般工程测量、图根及地形测量

一、DJ6 光学经纬仪的基本构造

DJ6 光学经纬仪由基座、水平度盘和照准部三部分组成。图 3-3 为 DJ6 光学经纬仪的外形示意图,图 3-4 为 DJ6 光学经纬仪分解图。

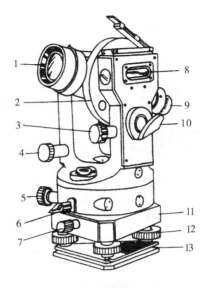

图 3-3

1. 物镜；2. 竖直度盘；3. 竖盘指标水准管微动螺旋；4. 望远镜微动螺旋；5. 水平微动螺旋；6. 水平制动螺旋；7. 轴座固定螺旋；8. 竖盘指标水准管；9. 目镜；10. 反光镜；11. 基座；12. 脚螺旋；13. 连接板

1. 基座

基座位于仪器的下部，由轴座、脚螺旋和底板等部件组成。基座的中间为基座轴座，仪器的竖轴轴套可以插入基座轴座内旋转，基座上还设有轴座固定螺旋，拧紧轴座固定螺旋可以将照准部固定在基座上。基座上的三个脚螺旋，用于整平仪器。基座底板的中央有螺孔，将三脚架头上的连接螺旋旋进螺孔内，可以将仪器固定在三脚架上。

2. 水平度盘

水平度盘是一个光学玻璃圆盘，其边缘按顺时针方向刻有 0～360° 的刻划。水平度盘的轴套套在竖轴轴套的外面，可以绕竖轴轴套旋转。照准部旋转时，水平度盘并不随之转动。如要改变某方向的水平度盘读数，可以转动换盘手轮，使水平度盘上的某刻度对准读数指标。某些型号的仪器则装置复测器扳手，用来使水平度盘与照准部连接或脱开。将复测器扳手扳下时，水平度盘与照准部一起转动，此时水平度盘读数不变，将复测器扳手扳上时，水平度盘与照准部分离，此时水平度盘读数会随着照准部转动而改变。

3. 照准部

照准部是基座之上能绕竖轴旋转的整体的总称，它由望远镜、竖直度盘、水准器、光学读数设备、横轴、支架、水平制动与微动螺旋、望远镜制动与微动螺旋等部件组成。照准部的旋转轴即为仪器的竖轴。

望远镜通过横轴安置在照准部两侧的支架上，其构造与水准仪上的望远镜基本相同，也是由物镜、目镜、十字丝分划板和调焦透镜组成。但为了便于照准目标，经纬仪望远镜十字丝的竖丝一般设计为一半为单丝、一半为双丝的形式，有些仪器横丝亦如此。竖直度盘安装在横轴的一侧，望远镜旋转时，竖直度盘随之一起转动。与竖直度盘配套的还有竖直度盘指标水准管及其调节螺旋。

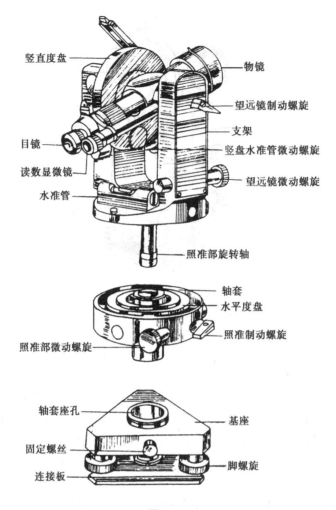

图 3-4

照准部上安装有水准管,它的作用是精确整平仪器,使仪器的竖轴处于铅垂位置,并根据仪器内部应具备的几何关系使水平度盘和横轴处于水平位置。照准部上还设有光学对中器,用于光学对中。

反光镜的作用是将外部光线反射进入仪器,通过一系列透镜和棱镜,将度盘和分微尺的影像反映到读数显微镜内,以便读出水平度盘或竖直度盘的读数。

照准部在水平方向的转动由水平制动螺旋和水平微动螺旋控制,望远镜在竖直面内的转动由望远镜制动螺旋和望远镜微动螺旋控制。观测时,用粗瞄准器瞄准远方的目标,拧紧照准部和望远镜制动螺旋。然后转动望远镜的调焦手轮,将目标清晰成像在十字丝分划板平面上,通过照准部和望远镜微动螺旋精确照准目标。

二、DJ6 光学经纬仪的光学系统及读数方法

DJ6 光学经纬仪型号不同,光学系统和读数方法也不尽相同。我国目前生产的 DJ6 经纬仪大多采用分微尺读数装置。

如图 3-5 所示,外来光线经反光镜 1 进入毛玻璃 2 分为两路,一路经棱镜 3 转折 90° 通过聚光镜 4 及棱镜 5,照亮了水平度盘 6。水平度盘分划线经复合物镜 7、8 和棱镜 9 成像于平凸透镜 10 的平面上。另一路经棱镜 14 折射后照亮了竖直度盘 15,经棱镜 16 折射,竖直度盘分划线通过复合物镜组 17、18 和棱镜 20、21,也成像于平凸镜的平面上。在这个平面上有两条分微尺,每条有 60 格,放大后两个度盘分划线的 1° 间隔,正好等于相应分微尺 60 格的总长,因此分微尺上的一小格代表 1′,图 3-6 为分微尺的原理图。两个度盘分划线的像连同分微尺上的分划一起经棱镜 11 折射后传到读数显微镜(12 是读数显微镜的物镜,13 是目镜)。经过这样的光学系统,度盘的像被放大,以便于精确读数。图 3-5 中 22～26 为光学对中器的光路。

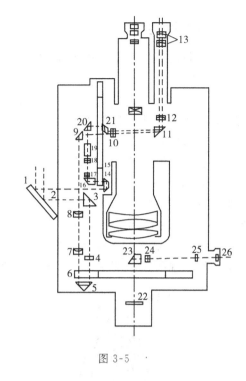

图 3-5

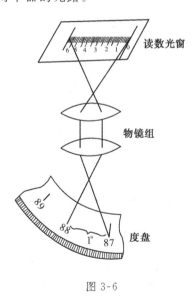

图 3-6

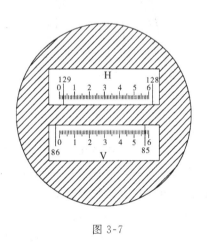

图 3-7

图 3-7 是读数显微镜的视场,视场内有 2 个读数窗,标有"H"字样的读数窗内的是水平度盘分划线及其分微尺的像,标有"V"字样的读数窗内的是竖直度盘的分划线及其分微尺的像。某些型号的仪器也可能用"水平"表示水平度盘读数窗,用"竖直"表示竖直度盘读数窗。读数方法如下:先读取位于分微尺分划上的度盘分划线的"度"数,再从分微尺上读取该度盘分划线对应的"分"数,估读至 0.1′。图 3-7 中的水平度盘读数为 129°02′42″(129° 2.7′),竖直度盘读数为 85°57′30″(85° 57.5′)。

三、经纬仪的使用

经纬仪的使用包括对中、整平、瞄准和读数四项操作步骤。

1. 对中

对中就是使水平度盘的中心与地面测站点的标志中心位于同一铅垂线上。对中的方法有垂球对中和光学对中两种。

(1)垂球对中

如图 3-8 所示,调整三脚架腿的长度,张开后安置在测站上,使架头大致水平,高度适合于人体观测,架头中心初步对准地面点位。然后从仪器箱中取出经纬仪放在三脚架架头上,旋紧连接螺旋,挂上垂球,使垂球尖接近地面点位,挂钩上的垂线应打活结,便于随时调整长度。如果垂球中心离测站点较远,可平移三脚架使垂球大致对准点位,并将脚架尖踩入土中。偏离不大时,可将仪器大致整平,稍松连接螺旋,用双手扶住仪器基座,在架头上移动仪器,使垂球尖精确对准测站点后,再将连接螺旋旋紧。用垂球对中的误差一般应小于 3 毫米。

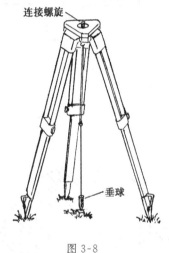

图 3-8

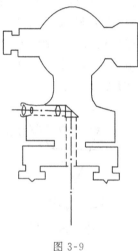

图 3-9

(2)光学对中

光学对中器是装在经纬仪内轴中心的小望远镜,中间有一个反光棱镜,可以使铅垂的光线折射成水平方向,以便观察。光学对中的方法为:

1)将仪器安置在三脚架架头上,调节光学对中器目镜,使视场中的分划圆清晰,再拉动整个对中器镜筒进行调焦,使地面标志点的影像清晰。此时,如果测站点偏离光学对中器中心圆较远,可根据地形安置好三脚架一支腿,两手分别持其他两条腿,眼对光学对中器目镜观察,移动这两支腿使对中器的分划板小圆圈对准标志为止,用脚把三支腿踩稳。

2)伸缩脚架支腿使圆气泡居中。

3)转动脚螺旋精确整平仪器。

4)观察对中器分划板小圆圈中心是否与测站点对准,如果尚未对准,稍松仪器连接螺旋,在架头上移动仪器,使对中器分划板小圆中心精确对准测站点,旋紧连接螺旋。

2. 整平

整平的目的是使仪器的竖轴处于铅垂方向。整平的方法为:

（1）转动仪器照准部，使照准部水准管平行于任意两个脚螺旋的连线，如图3-10(a)所示，用双手同时向内或向外等量转动两个与照准部水准管平行的脚螺旋，使气泡居中，气泡移动方向与左手大拇指移动方向一致。

（2）将照准部转动90°，如图3-10(b)所示，使照准部水准管垂直于原来两个脚螺旋的连线，调整第三只脚螺旋使水准管气泡居中。

整平一般需要反复进行几次，直至照准部转到任何位置水准管气泡都居中。在观测水平角过程中，可允许气泡偏离中心位置不超过1格。

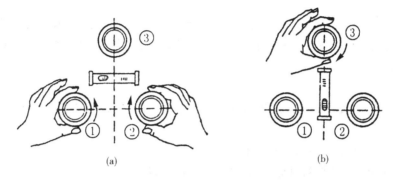

(a)　　　　　　　　　　(b)

图 3-10

3. 瞄准

瞄准就是用望远镜十字丝交点与被测目标精确对准，其操作步骤为：

（1）松开仪器水平制动螺旋和望远镜制动螺旋，将望远镜对向明亮背景，转动目镜调焦螺旋，使十字丝最为清晰。

（2）用望远镜上方的粗瞄准器对准目标，然后拧紧水平制动螺旋和望远镜制动螺旋。

（3）转动物镜调焦螺旋，使目标成像清晰，并注意消除视差。

（4）转动水平微动螺旋和望远镜微动螺旋，使十字丝交点对准目标点。观测水平角时，将目标影像夹在双纵丝内且与双纵丝对称，或用单纵丝平分目标，如图3-11(a)所示；观测竖直角时，则应使用十字丝中丝与目标顶部相切，如图3-11(b)所示。

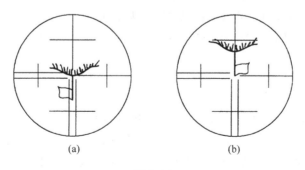

(a)　　　　　　　　　　(b)

图 3-11

4. 读数

打开反光镜，并调整其位置，使进光明亮均匀，然后进行读数显微镜调焦，使读数窗分划清晰，然后进行读数。

第三节 水平角观测

水平角的观测方法,一般根据观测目标的多少和测角的精度要求确定。常用的观测水平角的方法有测回法和方向观测法。

一、测回法

测回法适用于观测只有两个方向的单个角度,是水平角观测的基本方法。采用测回法观测时,先进行盘左位置观测,再进行盘右位置观测,最后取盘左、盘右两次测得角度的平均值作为观测结果。

1. 观测

如图 3-12 所示,要测出 OA、OB 两方向之间的水平角,在 O 点安置好仪器后,一测回操作步骤如下:

(1)盘左位置(从望远镜目镜向物镜方向看,竖直度盘位于望远镜左边)照准观测目标 A,将水平度盘读数设置为略大于零,读取水平度盘读数 $a_左$。

(2)顺时针转动照准部,照准目标 B,读取水平度盘读数 $b_左$。则上半测回所得水平角值为:

$$\beta_左 = b_左 - a_左 \tag{3-1}$$

(3)倒转望远镜成盘右(从望远镜目镜向物镜方向看,竖直度盘位于望远镜右边)位置,仍照准目标 B,读取水平度盘度数 $b_右$。

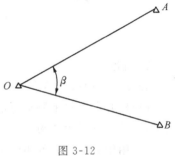

图 3-12

(4)逆时针转动照准部,照准目标 A,读取水平度盘读数 $a_右$,则下半测回所得角值为:

$$\beta_右 = b_右 - a_右 \tag{3-2}$$

上、下半测回合称为一测回。采用盘左、盘右两个位置观测水平角,可以抵消某些仪器构造误差对测角的影响,同时可以检核观测中有无错误。

对于 DJ6 光学经纬仪,如果 $\beta_左$ 与 $\beta_右$ 的差值不大于 $40''$,则取盘左、盘右的平均值作为最后结果:

$$\beta = \frac{1}{2}(\beta_左 + \beta_右) \tag{3-3}$$

如果 $\beta_左$ 与 $\beta_右$ 的差值大于 $40''$,应该找出原因并重测。

为了提高测量精度,往往需对某角度观测多个测回,这时为减少度盘的刻划不均匀误差,各测回起始方向的度盘读数应均匀变换,其预定值可按下式计算:

$$\delta = (i-1)\frac{180°}{n} \tag{3-4}$$

式中:n 为总测回数,$i = 1, 2, \cdots, n$ 为测回顺序数。显然,不论 n 为几,第一个测回预定值总是零,若 $n = 2$,则第二个测回的预定值为 $90°$,若 $n = 5$,则各测回的预定值依次为 $0°$、$36°$、$72°$、$108°$、$144°$。

2. 记录计算

测回法观测记录见表 3-2。

表 3-2　测回法观测手簿

观测日期:2007 年 7 月 10 日　　　　　　　天气:晴　　　　　　　　观测者:陈晓

仪器:DJ6-73293　　　　　　　　　　　　　　　　　　　　　　　记录者:李皓

测站	测回	竖直度盘位置	目标	度盘读数 /° ′ ″	半测回角值 /° ′ ″	一测回角值 /° ′ ″	各测回平均角值 /° ′ ″	备注
O	1	左	A	0　02　00	65　30　18	65　30　21	65　30　16	
			B	65　32　18				
		右	A	180　02　12	65　30　24			
			B	245　32　36				
O	2	左	A	90　01　24	65　30　00	65　30　12		
			B	155　31　24				
		右	A	270　01　48	65　30　24			
			B	335　32　12				

二、方向观测法

当一个测站上需要观测 3 个或 3 个以上方向时,通常采用方向观测法。方向观测法是以某一个目标作为起始方向(又称零方向),依次观测出其余各个目标相对于起始方向的方向值,则每个角度的角值就是组成该角度的两个方向的方向值之差。

如图 3-13 所示,欲在测站 O 上观测 A、B、C、D 四个方向,测出它们的方向值,然后计算出它们之间的水平角,其观测步骤及记录、计算方法如下:

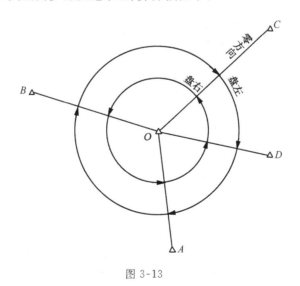

图 3-13

1. 观测步骤

将仪器安置于测站点 O,经对中、整平后,选择视线条件好,成像清晰、稳定、与 O 点相对较远的目标点作为零方向,这里假设选择 C 点作为零方向。

(1)上半测回

1)盘左位置,照准目标点 C,将水平度盘读数设置为略大于 $0°$,读取该读数 c_1。如表3-3中的 $0°\ 02'\ 00''$。

2)顺时针方向转动照准部依次照准目标 D、A、B,读取相应水平度盘读数 d_1、a_1、b_1,记入手簿中。

3)顺时针方向瞄回零方向 C,读取水平度盘读数 c_1'。这一步骤称为归零。两次方向读数 c_1' 与 c_1 之差称为半测回归零差。

(2)下半测回

1)倒转望远镜成盘右位置,照准零方向 C,读取读数 c_2。

2)逆时针方向转动照准部依次照准目标 B、A、D,读取相应水平度盘读数 b_2、a_2、d_2。

3)逆时针方向瞄回目标点 C,读取水平度盘读数 c_2',并计算下半测回的归零差 $c_2'-c_2$。

当观测方向为三个时,可以不归零,超过三个时必须归零。归零的方向观测法也叫全圆方向法、全圆测回法。

2. 记录计算

方向观测法记录时,盘左应从上向下记录,盘右应从下向上记录。全圆方向法观测记录见表3-3。

表3-3　方向观测法观测手簿

观测日期:2007 年 7 月 15 日　　　　　　天气:晴　　　　　　　　　观测者:赵勇

仪器 DJ6-73293　　　　　　　　　　　　　　　　　　　　　　　　　记录者:王强

测站	测回	目标	水平度盘读数 盘左 /° ′ ″	水平度盘读数 盘右 /° ′ ″	2C /″	平均读数 /° ′ ″	归零方向值 /° ′ ″	各测回归零方向值的平均值 /° ′ ″	角值 /° ′ ″
O	1	C	0 02 00	180 02 12	−12	(0 02 09) 0 02 06	0 00 00		
		D	52 33 36	232 33 42	−6	52 33 39	52 31 30		
		A	110 23 18	290 23 30	−12	110 23 24	110 21 15		
		B	235 22 24	55 22 42	−18	235 22 33	235 20 24		
		C	0 02 06	180 02 18	−12	0 02 12			
O	2	C	90 01 36	270 01 42	−6	(90 01 36) 90 01 39	0 00 00	0 00 00	52 31 36
		D	142 33 12	322 33 24	−12	142 33 18	52 31 42	52 31 36	
		A	200 22 54	20 23 06	−12	200 23 00	110 21 24	110 21 20	57 49 44
		B	325 21 54	145 22 12	−18	325 22 03	235 20 27	235 20 26	124 59 06
		C	90 01 30	270 01 36	−6	90 01 33			124 39 34

(1)2C 的计算

2C 是 2 倍视准轴误差,它在数值上等于同一测回同一方向的盘左读数 L 与盘右读数 R $\pm 180°$ 之差。即

$$2C = L - (R \pm 180°) \tag{3-5}$$

如果观测目标大致在水平方向,则 2C 值应该为一常数。但实际观测中,由于观测误差

的产生不可避免,各方向的 2C 值不可能相等,它们之间的差值,称为 2C 变动范围。规范规定,DJ2 经纬仪的 2C 变动范围不应超过 13″;对于 DJ6 经纬仪,2C 变动范围的大小仅供观测者自检,不作限差规定。

(2)各方向平均读数的计算

取每一方向盘左读数与盘右读数±180°的平均值,作为该方向的平均读数。即:

$$平均读数 = \frac{1}{2}[L+(R\pm180°)] \tag{3-6}$$

由于归零,起始方向有两个平均读数,应再取其平均值,作为起始方向的平均读数。

(3)归零方向值的计算

将零方向的平均读数化为 0°00′00″,而其他各目标的平均读数都减去零方向的平均读数,得到各方向的归零方向值。即:

$$归零方向值 = 平均读数 - 零方向平均读数 \tag{3-7}$$

(4)各测回平均方向值的计算

将各测回同一方向的归零方向值相加并除以测回数,即得该方向各测回平均方向值。

(5)水平角的计算

将组成该角度的两方向的方向值相减即可求得。

3. 方向观测法的技术要求

方向观测法的技术要求见表 3-4。

表 3-4　方向观测法观测水平角限差

仪器	半测回归零差 /″	一测回 2C 互差 /″	同一方向各测回互差 /″
DJ2	8	13	9
DJ6	18		24

第四节　竖直角观测

一、经纬仪竖直度盘的构造

经纬仪上的竖直度盘安装在横轴的一端并与望远镜固定在一起,竖直度盘的刻划中心与横轴重合。图 3-14 是 DJ6 光学经纬仪的竖直度盘结构示意图。它的主要部件包括:竖直度盘、竖直度盘指标、竖直度盘指标水准管和竖直度盘指标水准管微动螺旋。

当望远镜在竖直面内上下转动时,竖直度盘也随之转动,而用来读取竖直度盘读数的指标,并不随望远镜转动,因此可以读出不同的竖直度盘读数。

竖直度盘指标与竖直度盘指标水准管连接在一个微动架上,转动竖直度盘指标水准管微动螺旋,可以改变竖直度盘分划线影像与指标线之间的相对位置。在正常情况下,当竖直度盘指标水准管气泡居中时,竖直度盘指标就处于正确位置。因此,在观测竖直角时,每次读取竖直度盘读数之前,都应先调节竖直度盘指标水准管的微动螺旋,使竖直度盘指标水准管气泡居中。

另有一些型号的经纬仪,其竖直度盘指标装有自动补偿装置,能自动归零,因而可直接读数。自动补偿装置有悬挂透镜式补偿器、悬挂平板玻璃补偿器等多种,但不管哪种补偿器,它们的作用都是相同的,都能使指标处于正确位置,达到自动归零的目的。

光学经纬仪的竖直度盘是一个玻璃圆盘,其注记有多种形式。DJ6 光学经纬仪通常采用 $0\sim360°$ 顺时针方向注记。当望远镜视线水平且指标水准器气泡居中或自动补偿器归零时,盘左位置竖直度盘读数应为 $90°$,盘右位置竖直度盘读数应为 $270°$,如图 3-15 所示。

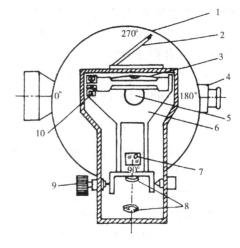

图 3-14

1. 竖直度盘;2. 水准管反射镜;
3. 竖直度盘水准管;4. 望远镜;5. 横轴;
6. 支架;7. 转向棱镜;8. 透镜组;
9. 竖直度盘水准管微动螺旋;10. 水准管校正螺丝

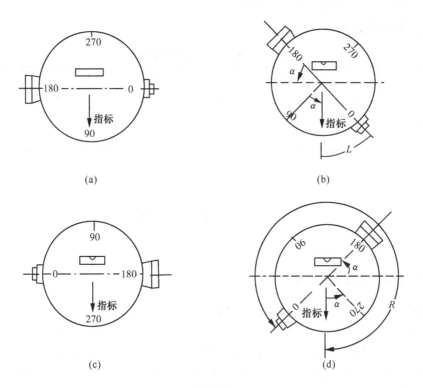

图 3-15

二、竖直角的计算

竖直角的大小可由瞄准目标时的竖直度盘读数与望远镜视线水平时的竖直度盘读数之差求得。如图 3-15(a)所示为盘左位置望远镜视准轴水平时的情况,此时竖直度盘读数为

$90°$。望远镜上仰瞄准目标时,设竖直度盘读数减小,竖直角盘读数为 L,如图 3-16(b)所示,则盘左位置竖直角 α_L 的计算公式为

$$\alpha_L = 90° - L \tag{3-8}$$

图 3-15(c)为盘右位置望远镜视准轴水平时的情况,此时竖直度盘读数为 $270°$。望远镜上仰瞄准目标时,设竖直度盘读数增大,读数为 R,如图 3-15(d)所示,则盘右位置竖直角 α_R 的计算公式为

$$\alpha_R = R - 270° \tag{3-9}$$

由于观测中不可避免地存在误差,盘左与盘右观测得到的竖直角往往不完全相等,应取盘左、盘右的平均值作为竖直角的观测结果,即

$$\alpha = \frac{1}{2}(\alpha_L + \alpha_R) \tag{3-10}$$

三、竖直度盘指标差的计算

上述竖直角计算公式的推导是在望远镜视线水平、竖直度盘指标水准管气泡居中或自动补偿器归零时,竖直度盘读数为 $90°$ 或 $270°$ 的条件下得出的。但实际上由于种种原因,这个条件往往不能满足,即存在一定的指标偏差。当竖直度盘指标水准管气泡居中或自动补偿器归零时,指标线偏离正确位置的角度值就称为竖直度盘指标差,如图 3-16 中的 x。

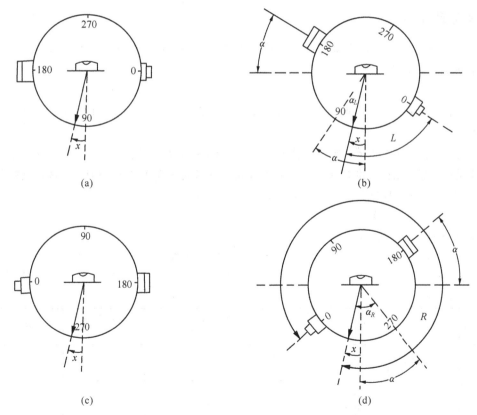

图 3-16

由于指标差的存在,使观测所得的竖直度盘读数比正确读数增大或减小了一个 x 值。图 3-16(a)所示为盘左位置,由于指标差存在,当指标水准管气泡居中或自动补偿器归零,视线瞄准某一目标时,竖直度盘读数比正确读数大了一个 x 值,则正确的竖直角应为

$$\alpha = \alpha_L + x = 90° - (L - x) \tag{3-11}$$

同样盘右时正确的竖直角应为

$$\alpha = \alpha_R - x = (R - x) - 270° \tag{3-12}$$

将两式相加可得 $2\alpha = \alpha_L + \alpha_R = R - L - 180°$

即 $\alpha = \dfrac{1}{2}(\alpha_L + \alpha_R) = \dfrac{1}{2}(R - L - 180°)$ \hfill (3-13)

由此可见,在测量竖直角时,用盘左盘右观测,取平均值作为竖直角的观测结果,可以消除竖直度盘指标差的影响。

将式(3-11)和式(3-12)相减并除以 2 则有

$$x = \dfrac{1}{2}(L + R - 360°) \tag{3-14}$$

式(3-14)即为竖直度盘指标差的计算公式。同一架仪器在某一时间段内连续观测,指标差应为一常数,但由于观测误差的存在,使指标差有所变化。因此,指标差的变化反映了观测成果的质量。对于 DJ6 经纬仪,各测回指标差互差不应超过 $\pm 25''$,如果超限,必须重测。

四、竖直角观测

竖直角观测时利用横丝瞄准目标的特定位置,例如觇标的顶部或标尺上的某一位置。竖直角的观测步骤为:

1. 观测

(1)将仪器安置于测站点,对中、整平后,用钢尺量出仪器高(从地面桩顶量到横轴中心的高度)。

(2)盘左位置瞄准目标。如果仪器竖直度盘指标为自动归零装置,则直接读取盘左读数 L;如果是采用竖盘指标水准管,调整竖盘指标水准管的微动螺旋使水准气泡居中,读取读数 L。

(3)盘右照准目标同一位置。同样读取盘右读数 R。

2. 竖直角记录计算

竖直观测记录见表 3-5。

表 3-5 竖直角观测记录手簿

观测日期:2007 年 8 月 5 日 　　　　　天气:晴 　　　　　观测者:吴进
仪器:DJ6-73293 　　　　　仪器高:1.59 米 　　　　　记录者:杨信

测站	目标	竖盘位置	竖盘读数 /° ′ ″			半测回竖直角 /° ′ ″			指标差 /″	一测回竖直角 /° ′ ″			备注
O	A	盘左	98	24	18	−8	24	18	−3	−8	24	21	
		盘右	261	35	36	−8	24	24					
	B	盘左	85	32	54	4	27	06	6	4	27	12	
		盘右	274	27	18	4	27	18					

第五节 精密经纬仪和电子经纬仪

一、精密经纬仪

精密经纬仪是指一测回方向观测值中误差为 2 秒或 2 秒以内的经纬仪,如 DJ07、DJ1、DJ2 经纬仪都属于精密经纬仪,工程中应用较为广泛的是 DJ2 经纬仪。

1. DJ2 光学经纬仪的结构特点

DJ2 光学经纬仪主要应用于三、四等三角测量及精密工程测量,它与 DJ6 经纬仪相比主要有以下特点:

(1)结构稳定、精度高

DJ2 经纬仪的望远镜、轴系、水准器、度盘等部件的制造精度都要高于 DJ6 经纬仪。

(2)光学系统复杂

DJ2 光学经纬仪水平度盘和竖直度盘采用单独运行的光路,然后共用一个测微器进入公共光路,在读数显微镜中只能看到水平度盘或竖直度盘其中的一种影像,要读另一种度盘的读数,必须通过转动换像手轮在二者之间切换。

(3)采用对径符合读数装置

DJ2 光学经纬仪采用对径符合读数装置,相当于取度盘对径相差 $180°$ 处的两个读数的平均值,以消除照准部偏心误差的影响,提高读数精度。

图 3-17 是 DJ2 光学经纬仪的外形示意图。

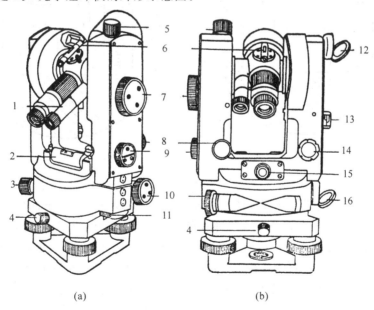

(a)   (b)

图 3-17

1. 读数显微镜;2. 照准部水准管;3. 水平制动螺旋;4. 轴座固定螺旋;5. 望远镜制动螺旋;6. 瞄准器;7. 测微轮;8. 望远镜微动螺旋;9. 换像手轮;10. 水平微动螺旋;11. 水平度盘读数变换轮;12. 竖直度盘照明反光镜;13. 竖直度盘水准管;14. 竖直度盘水准管微动螺旋;15. 光学对中器;16. 水平度盘照明反光镜

2. DJ2 光学经纬仪的读数方法

DJ2 光学经纬仪型号不同,读数方法一般也有差异,但仪器的光路基本相同。DJ2 光学经纬仪在仪器的光路上设置固定光楔组和活动光楔组,活动光楔与测微分划相连,入射光经过一系列棱镜、透镜后,将度盘直径两端刻划的像,同时反映到读数显微镜内,使度盘上处于对径位置的分划线,成像在同一个平面上,并被横线隔开分成正像和倒像。转动测微器,度盘两端分划影像可作等距反向移动。水平度盘的直径为 90 毫米,竖直度盘的直径为 70 毫米,两度盘的最小刻划都是 20′,整度数处有数字注记。测微器中测微尺的最小刻划为 1″,可以估读到 0.1″,全尺 600 小格共计 10′,正好等于度盘最小刻划的一半。

读数前,先转动换像手轮选择水平度盘或竖直度盘进行读数。图 3-18 是 DJ2 仪器的读数视场,图 3-18(a)为水平度盘读数,图 3-18(b)为竖直度盘读数。视场中的大窗口为度盘对径刻划线的影像,横线为对径符合线,符合线上方数字正置的为主像,下方数字倒置的为副像,小窗口为测微分划尺的影像,转动测微手轮,可以看到小窗口测微尺的像向上或向下移动,同时大窗口主、副像刻划线相对反向移动。转动测微手轮,使主、副像分划线重合,找出主像与副像注记相差 180° 的分划线(主像分划线在左,副像分划线在右),读取主像注记的度数,并将该两分划线之间的度盘分划数乘以度盘分划格值的一半(10′),得到整 10′ 数,不足 10′ 的分、秒数在小窗中的测微分划尺上读取。图 3-18 中水平度盘的读数为 154°02′06″.5,竖直度盘的读数为 92°54′28″.7。

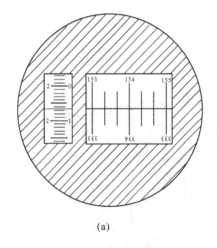 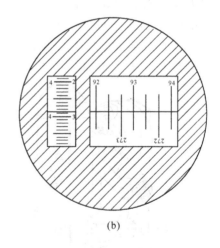

(a)　　　　　　　　　　　　(b)

图 3-18

图 3-19 是 TDJ2 光学经纬仪的读数视场。图 3-19(a)是分划线未符合前视场,图 3-19(b)是分划线已符合视场。它与 DJ2 经纬仪的测微装置、度盘对径分划符合和读数方法基本一样,所不同的是在读数窗指标面上增加一框型标记和一排 0 至 5 的注记,框型标记正好框住 0′、10′、20′、30′、40′、50′ 的注记。读数时只需转动测微手轮,使中部小窗(符合窗)对径分划线符合,标框自然会框住某整 10′ 数,这种"半数字化"的设计可以避免读数差错,而且比较方便。图 3-19(b)中对径分划线已重合,其读数为:数字窗(上窗)读数是 126°10′,秒盘窗(下窗)读数为 5′23″.0,两数相加可得总的读数为 126°15′23″.0。

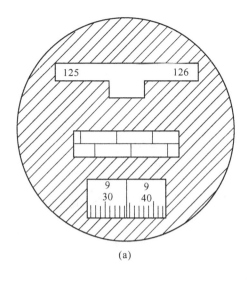
(a)

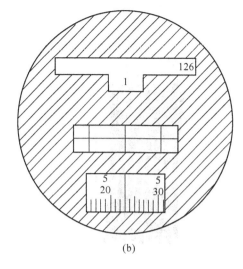
(b)

图 3-19

二、电子经纬仪

随着微电子技术及计算机技术的发展和综合运用,新一代的具有数字显示、自动记录、自动传输数据功能的电子经纬仪在国内外已经大量生产和使用。由于电子经纬仪能自动显示并记录角度值,因而大大减轻了测量工作人员的劳动强度,同时也提高了工作效率。

电子经纬仪与光学经纬仪的外形结构相似,但测角系统有很大的区别。电子经纬仪的测角系统主要有编码度盘测角系统、光栅度盘测角系统和动态测角系统三种。编码度盘测角系统是采用编码度盘及编码测微器的绝对式测角系统;光栅度盘系统是采用光栅度盘及莫尔干涉条纹技术的增量式测角系统;动态测角系统是采用计时测角度盘及光电动态扫描的绝对式测角系统。

目前的电子经纬仪大部分采用光栅度盘测角系统或动态测角系统。这里仅介绍光栅度盘测角系统的测角原理。

1. 光栅度盘测角原理

光栅度盘是在光学圆盘上刻划出由圆心向外辐射的等角距细线形成的,如图 3-20 所示。相邻两条刻划线间的距离,称为栅距。栅距所对应的圆心角称为栅距分划值。

光栅度盘的栅距分划值越小,测角精度越高。光栅度盘的栅距虽然很小,而分划值仍然较大。例如在直径 80 毫米的度盘上刻有 12 500 条细线(刻线密度为 50 线/毫米),栅距分划值仍有 $1'44''$。为了提高测角精度,还必须对栅距进行细分。由于栅距很小,细分和记数都不易准确,所以在光栅度盘测角系统中都采用莫尔

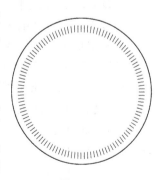
图 3-20

条纹的方法是取一块与光栅度盘具有相同密度的光栅,称为指示光栅,将指示光栅与光栅盘重叠,并使它们的刻线相互倾斜一个很小的角度,此时便会出现放大的明暗相间的条纹(栅距由 d 放大到 W),这些条纹称为莫尔条纹(图 3-21)。根据光学原理,莫尔条纹纹距 W 与

栅距 d 之间满足如下关系：

$$W = \frac{d}{\theta}\rho \qquad\qquad (3\text{-}15)$$

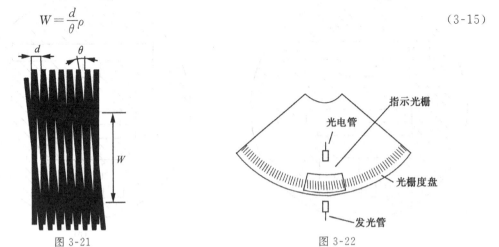

图 3-21   图 3-22

式中：$\rho = 3\ 438'$；θ 为指示光栅与度盘光栅之间的倾角。例如，当 $\theta = 20'$，纹距 $W = 172d$，即纹距比栅距放大了 172 倍，从而可以对纹距进行进一步的细分，以达到提高测角精度的目的。

采用光栅度盘的电子经纬仪在光栅度盘的上下对称位置分别安装光源和接收二极管。指示光栅、光源、接收二极管的位置固定，而光栅度盘与经纬仪照准部一起转动，如图 3-22 所示。光源发出的光信号通过莫尔条纹落到接收二极管上，度盘每转动一栅距，莫尔条纹就移动一个周期。当望远镜从一个方向转动到另一个方向时，莫尔条纹光信号强度变化的周期数，就是两方向间的光栅数。由于栅距的分划值是已知的，所以通过自动数据处理，就可以算出并显示两方向间的夹角。为了提高测角精度和角度分辨率，仪器工作时，在每个周期内再均匀地填充 n 个脉冲信号，计数器对脉冲计数，可将角度分辨率提高 n 倍。

图 3-23

2. DJD2 电子经纬仪

图 3-23 是 DJD2 电子经纬仪的外形示意图，主要特点如下：

(1)DJD2 电子经纬仪采用光栅度盘测角系统，测角精度为 $\pm 2''$；竖直度盘指标采用自动补偿器，可实现竖直度盘指标自动归零。

(2)可以单次测量，也可以重复测量。

(3)设有 360°、400gon 两种不同的度制，可以根据测量的需要选择角度显示单位。

(4)竖直角测量模式有天顶距、竖直角、高度角、坡度角四种规格，可以根据作业需要在功能设置中选择。

(5)仪器可以自动显示错误信息，如仪器的充电电池用完、操作者操作错误、仪器竖轴倾斜超过自动补偿器的补偿范围等，从而使操作者可以及时纠正，保证操作的正常进行。

(6)配有 RS-232C 串行通信口，方便与电子计算机或电子手簿连接；另外还设有 EDM 数据通信口，可以与测距仪组合成全站仪使用。

第六节　经纬仪的检验与校正

根据角度测量原理,经纬仪各轴线之间必须满足一定的几何条件。一般经纬仪在出厂时,轴线间的几何条件都能满足,但由于在运输或长时间使用中的震动等原因,各项条件往往会发生变化。因此,在使用仪器前,必须对仪器进行检验校正,以消除或减少仪器自身引起的误差。

一、经纬仪应满足的几何条件

如图 3-24 所示,经纬仪的主要轴线有竖轴 VV、水准管轴 LL、横轴 HH 及视准轴 CC。

根据角度测量原理的要求,经纬仪应满足以下几何条件:

1. 照准部水准管轴应垂直于竖轴($LL \perp VV$);
2. 视准轴应垂直于横轴($CC \perp HH$);
3. 横轴应垂直于竖轴($HH \perp VV$);
4. 十字丝纵丝垂直于横轴;
5. 竖直度盘指标处于正确位置;
6. 光学对中器的视准轴与竖轴重合。

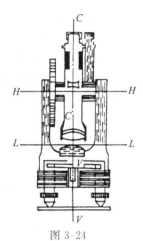

图 3-24

二、经纬仪的检验与校正

在经纬仪检验校正前,应作一般性检查,如三脚架是否稳定完好,仪器与三脚架头的连接是否牢靠,仪器各部件有无松动,仪器转动部件(竖轴轴套、脚螺旋、微动螺旋、调焦螺旋)是否灵活有效,光学系统有无霉点等,然后按以下项目和顺序进行检验与校正。

1. 照准部水准管轴的检验与校正

(1)检验方法

先将经纬仪大致整平,然后转动照准部使水准管平行于一对脚螺旋的连线,调节这一对脚螺旋使水准管气泡居中。将照准部旋转 $180°$,如果水准管气泡仍居中,说明水准管轴垂直于仪器竖轴,否则,必须进行校正。

(2)校正方法

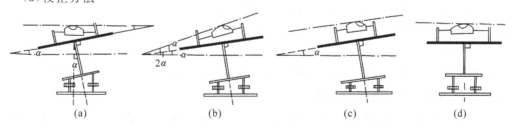

图 3-25

如果照准部水准管轴与仪器竖轴不垂直,那么,当水准管轴水平时,竖轴不处于铅垂位置,如图 3-25 所示,设竖轴与铅垂线的夹角为 α。将仪器绕竖轴旋转 $180°$,由于竖轴位置不变,则水准管轴不再水平,且与水平方向的夹角为 2α,此时气泡不居中,2α 的大小可以由气泡偏离零点的格数度量。

校正时,用双手相对地旋转与水准管平行的一对脚螺旋,使气泡退回偏离值的一半,此时仪器竖轴处于铅垂位置,再用校正针拨动水准管一端的校正螺丝,使水准管气泡居中。此项检验与校正应反复进行。

经纬仪基座上圆水准器的检验与校正是在照准部水准管校正好后进行的,将仪器精确整平,若圆水准器气泡居中,说明圆水准器位置正确,不必校正,若气泡不居中,可用校正针调整圆水准器的三个校正螺丝,使气泡居中即可。

2. 望远镜十字丝的检校

（1）检验方法

仪器整平后,用望远镜十字丝交点瞄准远处一明显标志点 P,如见图 3-26 所示,转动望远镜微动螺旋观察目标点,如 P 点始终沿着纵丝上下移动没有偏离十字丝纵丝,说明十字丝位置正确。如果 P 点偏离十字丝纵丝,说明十字丝纵丝不铅垂,需进行校正。

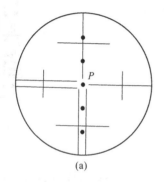 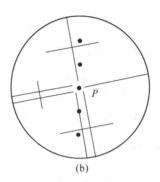

(a)   (b)

图 3-26

（2）校正方法

卸下目镜处的外罩,松开四颗十字丝固定螺丝,转动整个十字丝环,直到 P 点与十字丝纵丝严密重合,然后对称地、逐步地拧紧四颗十字丝固定螺丝（见图3-27）。

3. 视准轴的检验与校正

（1）检验方法

如图 3-28 所示,在一平坦的场地上,选相距约 60 米的 A、B 两点。在其中点 O 安置经纬仪,在 A 点设瞄准标志,在 B 点横放一把有毫米分划的直尺,并使其与 AB 方向垂直,标志和直尺的安放高度大致与仪器同高。

以盘左位置瞄准 A 点标志,固定照准部,倒转望远镜对准 B 点处直尺,在直尺上读得读数为 B_1。

以盘右位置瞄准 A 点标志,固定照准部,倒转望远镜对准 B 点处直尺,在直尺上读得读数为 B_2。

如果 $B_1 = B_2$,则说明视准轴垂直于横轴,否则就需进行校正。

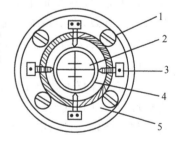

图 3-27

1. 压环螺丝；2. 十字丝分划板；

3. 十字丝校正螺丝；

4. 分划板座；5. 压环

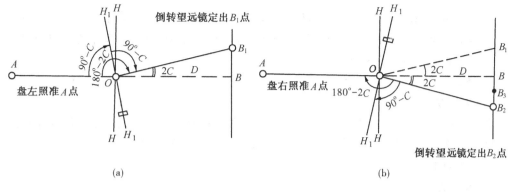

图 3-28

（2）校正方法

由 B_2 向 B_1 方向量出 B_1B_2 长度的 1/4 得 B_3 点,此时 OB_3 便垂直于横轴。打开望远镜目镜端护盖,用校正针先稍松上、下的十字丝校正螺丝,再拨动左右两个校正螺丝,一松一紧,左右移动十字丝分划板,使十字丝交点对准 B_3。此项检验与校正也要反复进行。

4. 横轴的检验与校正

（1）检验方法

如图 3-29 所示,在距一垂直墙面大约 10～20 米处,安置好经纬仪。

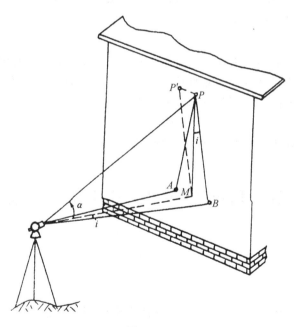

图 3-29

盘左位置照准墙面上高处一点 P（其仰角应大于 $30°$）,固定照准部。将望远镜置于水平位置,根据十字丝交点在墙壁上定出一点 A。

盘右位置瞄准 P 点,固定照准部,将望远镜置于水平位置,在墙壁上定出点 B。

如果 A 点与 B 点重合,说明横轴垂直于竖轴,如果不重合,说明横轴不垂直于竖轴。

（2）校正方法

取 A、B 中点 M，以盘左（或盘右）位置精确照准 M 点，抬高望远镜，此时视线偏离 P 点。打开仪器支架盖，松开横轴偏心套三颗固定螺丝，拨动偏心轴，使十字丝中心移动到 P 点。此项校正一般由专业人员进行。

5. 竖直度盘指标差的检验与校正

（1）检验方法

盘左、盘右分别用横丝瞄准同一目标，在竖直度盘指标水准器气泡居中时读取盘左读数 L 和盘右读数 R。根据指标差计算公式计算出指标差 x。如果指标差小于 $1'$，可不校正。如果超出 $1'$，则需进行校正。

（2）校正方法

设盘左读数为 L，盘右读数为 R，没有指标差的盘右的正确读数应为 $R' = R - x$，校正时，原盘右照准目标不动，调节竖直度盘水准器微动螺旋，使竖直度盘读数为 R'，此时，竖直度盘指标水准器气泡偏离中心位置，拧下指标水准器校正螺丝护盖，用校正针调整上、下两颗校正螺丝使气泡居中。此项检校需反复进行，直至指标差符合限差要求为止。

上述是微倾式结构竖直度盘指标的校正方法，目前有些型号的经纬仪采用竖直度盘指标自动归零补偿装置，其竖直度盘指标差的检验方法和计算公式与微动式相同。但校正方法不同，而且采用不同结构自动归零补偿装置的仪器的指标差校正方法也各不相同。校正时首先要弄清仪器采用的是哪种自动补偿装置，再根据其原理，找准校正部位进行校正。

6. 光学对中器的检验与校正

（1）检验方法

在地面固定一张白纸，其上设一标志 M，以 M 点用光学对中器对中，将照准部旋转 $180°$，如果光学对中器仍对准 M 点，则说明光学对中器的视准轴与竖轴重合。如光学对中器仍对准另一点 M'，说明光学对中器不准确，需要进行校正。

（2）校正方法

在白纸上定出 MM' 的中点 N，校正光学对中器的校正螺丝使光学对中器对准 N 点。

第七节　角度测量的误差来源及注意事项

一、仪器误差

1. 视准轴误差

视准轴误差是由于视准轴不垂直于横轴而产生的测角误差。视准轴与横轴不垂直，望远镜绕横轴旋转时所形成的轨迹就不是一个垂直平面，而是一个圆锥面。当望远镜处在不同高度时，它的视线在水平面上的投影方向值不同，从而引起水平方向观测时的测量误差。通过校正十字丝位置，使视准轴与横轴垂直，可以消除或减少视准轴误差。

由于盘左、盘右观测同一目标时，视准轴误差引起的水平度盘读数误差大小相等、符号相反，所以这种误差可采用盘左、盘右观测取平均值的方法来消除。

2. 横轴误差

横轴误差是由于横轴不与竖轴垂直,当竖轴铅垂时,横轴不处于水平位置而产生的测角误差。如果视准轴与横轴已垂直,则横轴不水平会使视准轴绕横轴旋转所形成的轨迹为一斜面,从而在水平方向观测时产生误差。在大多数光学经纬仪中,横轴的一端采用偏心轴装置结构,通过校正偏心轴可以使横轴水平,从而消除或减少横轴误差。

由于盘左、盘右观测同一目标时,横轴不水平引起的水平度盘读数误差大小相等、符号相反,所以取盘左、盘右读数的平均值,可以消除横轴误差对水平方向读数的影响。

3. 照准部偏心差

照准部偏心差是由于经纬仪的照准部旋转中心与水平度盘分划中心不重合而产生的测角误差。如图 3-30 所示,设 C_1 为照准部旋转中心,C 为度盘分划中心,如果两者重合于 C,则照准 A、B 两目标的正确读数应为读数应为 a_L、a_R、b_L、b_R。若 C 与 C_1 不重合,读数为 a'_L、a'_R、b'_L、b'_R。与正确读数分别相差 x_a 和 x_b。在度盘的不同位置上读数,偏心读数误差是不同的。

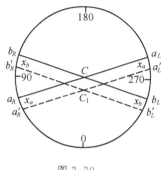

图 3-30

从图中可以看出,照准部偏心差对度盘对径方向读数的影响大小相等,而符号相反。因此采用对径方向两个读数取平均值的方法,可以消除照准部偏心差对水平角的影响。DJ2 经纬仪采用对径分划符合读数,在一个位置就可以读取度盘对径方向读数的平均值,消除照准部偏心差的影响。DJ6 经纬仪取同一方向盘左、盘右读数的平均值,也相当于同一方向在度盘对径读数,因此也可以消除照准部偏心差的影响。

4. 度盘分划误差

对于光学经纬仪的度盘分划误差,一般在进行多测回观测时,通过各测回起始方向配置不同的度盘位置,使读数均匀地分布在度盘的不同区间,来减小度盘分划误差的影响。

5. 竖轴误差

竖轴误差是由于照准部水准管轴不垂直于竖轴或照准部水准管气泡不严格居中而引起的误差,此时,竖轴偏离垂直方向一个小角度,从而引起横轴倾斜和水平度盘倾斜,产生测角误差。由于在一个测站上竖轴的倾斜角度不变,竖轴的倾斜误差不能通过盘左、盘右观测取平均值的方法消除。减小或消除竖轴倾斜误差的方法是观测前对水准管进行严格的检验校正,观测时应仔细整平,并始终保持照准部水准管气泡居中,气泡偏离中心不可超过一格。

6. 指标差

观测竖直角时,由于指标差的存在,会使竖直度盘读数产生误差。指标差可用盘左盘右观测来消除。

二、观测误差

1. 对中误差

在安置仪器时,如果仪器的光学对中器分划圆中心或垂球中心没有对准测站点,将使水平度盘中心与测站点不在同一铅垂线上,引起测角误差。如图 3-31 所示,O 为测站,O' 为仪器中心在地面上的投影,OO' 为偏心距,以 e 表示。O 与两目标 A、B 间的正确水平角为 β,实

测水平角为 β',则对中引起的测角误差 $\Delta\beta$ 为

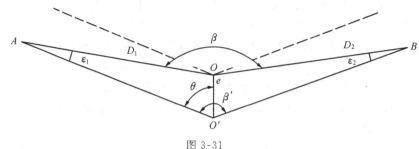

图 3-31

$$\Delta\beta=\beta'-\beta=\varepsilon_1+\varepsilon_2 \qquad (3\text{-}16)$$

由于 ε_1 和 ε_2 很小,则

$$\varepsilon_1\approx\frac{e}{D_1}\sin\theta\cdot\rho \qquad (3\text{-}17)$$

$$\varepsilon_2\approx\frac{e}{D_2}\sin(\beta'-\theta)\cdot\rho \qquad (3\text{-}18)$$

$$\Delta\beta=\varepsilon_1+\varepsilon_2=e\rho\left[\frac{\sin\theta}{D_1}+\frac{\sin(\beta'-\theta)}{D_2}\right] \qquad (3\text{-}19)$$

由上式可知,对中误差对水平角的影响有以下特点:①$\Delta\beta$ 与偏心距 e 成正比,e 越大,$\Delta\beta$ 越大。②$\Delta\beta$ 与测站点到目标点的距离成反比,距离越短,测角误差越大。③$\Delta\beta$ 与 β' 及 θ 的大小有关,当 β' 等于 $180°$,θ 等于 $90°$ 时,$\Delta\beta$ 最大。例如,当 $\beta'=180°$,$\theta=90°$,$e=0.003$ 米,$D_1=D_2=50$ 米时,$\Delta\beta=0.003\times206\ 265\times\frac{1}{25}=24.8''$

对中误差引起的角度误差不能通过观测方法消除,所以观测水平角时应仔细对中,尤其当观测短边或两目标与仪器接近在一条直线上时,要特别注意仪器的对中,避免引起较大的误差。用垂球对中时,要求对中误差不超过 3 毫米。

2. 目标偏心误差

目标偏心误差是由于仪器照准的目标点偏离地面标志中心的铅垂线引起的。瞄准标杆时,如果标杆倾斜,又没有瞄准标杆的底部,就会引起目标偏心误差。如图 3-32 所示,O 为测站,A 为地面目标点,AA' 为标杆,标杆长度为 d,倾斜角度为 α,则目标偏心差为

$$e=d\sin\alpha \qquad (3\text{-}20)$$

目标偏心对观测方向的影响为

$$\varepsilon=\frac{e}{D}\rho=\frac{d\sin\alpha}{D}\rho \qquad (3\text{-}21)$$

由上式可知,目标偏心误差对水平方向的影响与 e 成正比,与距离成反比。为了减小目标偏心差,瞄准标杆时,标杆应竖直,并尽可能瞄准标杆的下部。

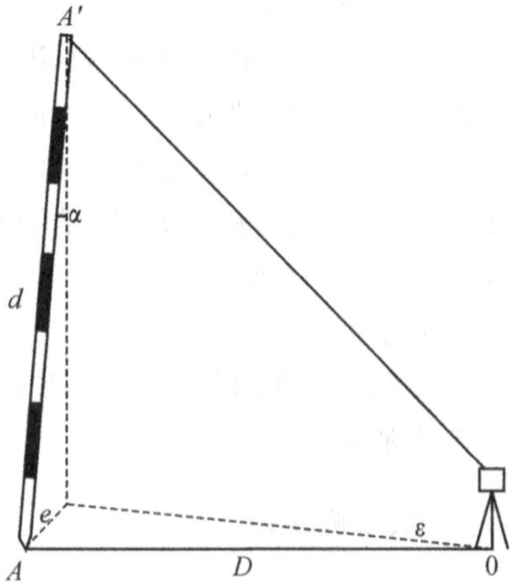

图 3-32

3. 照准误差

测角时由人眼通过望远镜照准目标产生的误差称为照准误差。影响照准误差的因素很多,如望远镜的放大倍数、人眼的分辨率、十字丝的粗细、标志的形状和大小、目标影像的宽

度、颜色等。通常用人眼的最小分辨视角（60″）和望远镜的放大倍率 v 来衡量仪器的照准精度：

$$m_v = \pm \frac{60''}{v} \qquad\qquad (3\text{-}22)$$

如 $v=28$，则 $m_v = \pm 2.2''$。

在观测水平角时，除适当选择一定放大倍率的经纬仪外，还应尽量选择适宜的标志、有利的观测气候条件和观测时间，以减少照准误差的影响。

4. 读数误差

读数误差主要取决于仪器的读数设备，与观测者的判断经验、仪器内部光路的照明亮度和清晰度等也有关系。DJ6 经纬仪，读数误差一般在 6″以内；DJ2 经纬仪，读数误差一般不超过 1″。

三、外界条件的影响

角度观测是在一定的外界条件下进行的，外界环境对测角精度有直接的影响。如刮风、土质松软会影响仪器的稳定，光线不足、目标阴暗、大气透明度低会影响照准精度，阳光照射会使水准器气泡位置变化等。为了减少这些因素的影响，观测时应踩实三脚架，强阳光下（特别是夏秋季）必须撑伞保护仪器，尽量避免在不良气候条件下进行观测，从而把外界条件的影响减少到最低程度。

习 题 三

1. 什么是水平角？在同一铅垂面内瞄准不同高度的点在水平度盘上的读数是否一样？
2. 什么是竖直角？在同一铅垂面内瞄准不同高度的点在竖直度盘上的读数是否一样？
3. 经纬仪的操作步骤有哪些？
4. 试述测回法和全圆方向法的观测步骤。
5. 对中的目的是什么？在哪些情况下要特别注意对中对角度测量的影响？
6. 经纬仪有哪几条轴线？经纬仪应满足哪些几何条件？
7. 用盘左、盘右两个位置观测水平角能消除哪些误差？
8. 整理下列两种水平角观测记录：

(1)　测回法观测手簿

测站	竖直度盘位置	目标	度盘读数 /° ′ ″	半测回角值 /° ′ ″	一测回角值 /° ′ ″	备 注
O	左	A	0　03　12			
		B	72　21　18			
	右	A	180　03　18			
		B	252　21　30			

（2） 方向观测法观测手簿

测站	测回	目标	水平度盘读数						2C /"	平均读数 /° ′ ″	归零方向值 /° ′ ″	各测回归零方向值的平均值 /° ′ ″	角值 /° ′ ″
			盘左 /° ′ ″			盘右 /° ′ ″							
O	1	A	0	01	00	180	01	12					
		B	62	15	24	242	15	48					
		C	107	38	42	287	39	06					
		D	185	29	06	5	29	12					
		A	0	01	06	180	01	18					
O	2	A	90	01	36	270	01	42					
		B	152	15	54	332	16	06					
		C	197	39	24	17	39	30					
		D	275	29	42	95	29	48					
		A	90	01	36	270	01	48					

9. 根据下表记录，计算竖直角和指标差。

竖直角观测记录手簿

测站	目标	竖直度盘位置	竖直度盘读数 /° ′ ″			半测回竖直角 /° ′ ″	指标差 /"	一测回竖直角 /° ′ ″
O	A	盘左	95	12	30			
		盘右	264	47	42			
	B	盘左	82	53	24			
		盘右	277	07	00			

第四章　距离测量

距离测量是测量的三项基本工作之一。距离测量的任务是测定地面上点与点之间的水平距离。根据使用工具和方法的不同,距离测量分直接测量和间接测量两种,即用皮尺、钢尺、光电测距仪直接测量和用视距测量方法间接测量,它们在测量结果的精度、使用范围和测量原理上都存在不同。

第一节　钢尺量距

一、钢尺量距的工具

1. 钢尺

钢尺,又称钢卷尺,是钢制的带状尺,可卷在圆形的壳子内,如图 4-1(a)所示,也可卷在金属架上,如图 4-1(b)所示。尺宽约为 10～15 毫米、厚约 0.4 毫米,长度有 20 米、30 米和50 米等。

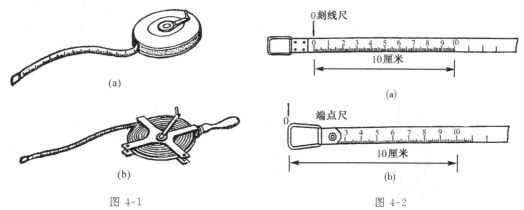

图 4-1　　　　　　　　　　　　　　　　图 4-2

钢尺的基本分划为毫米,在厘米分划上有数字注记,全长均刻划毫米分划。根据零点位置的不同,可分为端点尺和刻线尺两种。刻线尺是以刻在钢尺前端的一竖线作为尺长的零点,如图 4-2(a)所示。端点尺是以尺的最外端点作为尺长的零点,如图 4-2(b)所示。

钢尺的伸缩性较小,强度较高,能经受较大的拉力,故丈量精度较高,并且耐用。但钢尺容易生锈,受折易断。

2. 量距的辅助设备

量距的辅助设备有垂球、测钎、标杆等,精密量距时还需用到弹簧秤、温度计等,如图4-3所示。垂球用于对点。测钎,又称测针,用来标定所量距离每尺段的起终点和计算整尺段数。标杆,又称花杆,用来显示点位和标定直线的方向。弹簧秤用来控制施加于对钢尺的拉力。温度计用于测量量距时的温度,以便对所量距离进行温度改正。

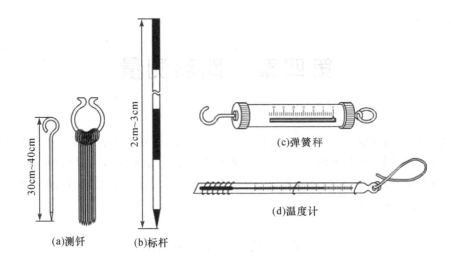

(c)弹簧秤

(d)温度计

(a)测钎   (b)标杆

图 4-3

二、直线定线

若丈量的边长比整支尺子长,也就是用尺子一次不能测完,需要在两点的连线上标定出若干个点,这项工作称为直线定线。定线一般用目估或用仪器进行。

1. 目估定线

如图 4-4 所示,设有互相通视的 A、B 两点,若要在 A、B 两点间的直线上标定出 1、2 等点,先在 A、B 两点上竖立标杆,甲站在 A 点标杆后约 1 米处,乙手持标杆站在两点之间需定点的地方,甲负责指挥乙左右移动,直到乙所持的标杆与 A、B 两点上的标杆成一直线为止。

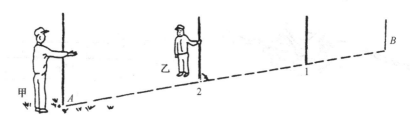

图 4-4

2. 经纬仪定线

将经纬仪安置在 A 点,瞄准 B 点,固定照准部,指挥持杆人左右移动,直到标杆位于望远镜十字丝纵丝上。钢尺精密测距时,必须用经纬仪进行定线。

三、钢尺量距方法

1. 一般方法

(1)平坦地面的距离丈量

当地面平坦时可沿地面直接丈量水平距离,通常先在地面定出直线方向,然后逐段丈量。直线的水平距离按下式计算:

$$D=nl+q \tag{4-1}$$

式中:n 为整尺段数,l 为钢尺长度,q 为不足一整尺的余长。

丈量时,后尺手持钢尺零点一端,前尺手持钢尺末端,通常用测钎标定尺段端点位置(测钎插入地面或划线做记号)。丈量时应注意沿着定线方向,钢尺须拉紧伸直而无卷曲。直线丈量时尽量以整尺段丈量,最后丈量余长,以方便计算。丈量时应记清整尺段数,或用测钎数表示整尺段数。

为了进行校核和提高丈量精度,需进行往返丈量,往返丈量的距离之差的绝对值与平均距离之比,称为量距相对误差,并化成分子为 1 的形式,用它来衡量丈量结果的精度,即

$$T=\frac{|D_{往}-D_{返}|}{D_{平均}}=\frac{1}{\dfrac{D_{平均}}{|\Delta D|}} \tag{4-2}$$

式中:ΔD 为往返丈量距离之差,$D_{平均}$ 为往返丈量的距离平均值。

相对误差若符合要求,则取往返丈量的平均值作为所量距离的长度。在一般情况下,平坦地区钢尺量距的相对误差不应大于 $\dfrac{1}{3\,000}$;在量距困难的地区,其相对误差也不应大于 $\dfrac{1}{1\,000}$。

例 4-1 A、B 两点的距离往测为 185.376 米,返测为 185.327 米,距离的平均值为 185.352 米,故其相对误差为

$$T=\frac{|185.327-185.376|}{185.352}$$

$$=\frac{1}{3\,783}$$

表 4-1 为钢尺丈量的记录、计算示例。

表 4-1　钢尺丈量手簿　　　　　　　　尺长:30 米

起终点	往　测		返　测		往一返 /米	相对精度 $\dfrac{|往一返|}{平均值}$	平均长度 /米
	尺段数尾数	D	尺段数尾数	D			
$A-B$	$\dfrac{3}{25.601}$	115.601	$\dfrac{3}{25.592}$	115.592	0.009	$\dfrac{1}{12\,844}$	115.596
$B-C$	$\dfrac{3}{17.232}$	107.232	$\dfrac{3}{17.227}$	107.207	0.025	$\dfrac{1}{4\,288}$	107.220
$C-D$	$\dfrac{2}{21.483}$	81.483	$\dfrac{2}{21.469}$	81.469	0.014	$\dfrac{1}{5\,820}$	81.476

(2)倾斜地面的距离丈量

丈量时可将钢尺的一端抬高或两端同时抬高使尺子水平,地面点与悬空的钢尺间的对应关系通过悬挂垂球来解决。

当地面高低起伏变化不大,成一倾斜平面时,如图 4-5 所示,可沿地面丈量,量得两点之间斜距 D'。用水准仪测出两端点的高差 h,按下式计算两点之间的水平距离

$$D=\sqrt{D'^{2}-h^{2}}$$

$$=D'-\frac{h^{2}}{2D'} \tag{4-3}$$

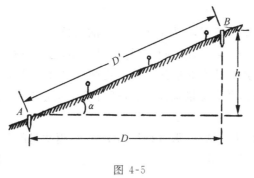

图 4-5

2. 钢尺量距的精密方法

(1)钢尺的尺长方程式

钢尺由于材料质量及制造误差等因素的影响,实际长度与名义长度往往不一样,又因钢尺在不同温度、拉力影响下尺长会发生变化。考虑上述因素的影响,应对钢尺进行检定,得出钢尺的尺长方程式:

$$l_t = l + \Delta l + \alpha l(t - t_0) \tag{4-4}$$

式中:l_t 为钢尺在温度 t($℃$)时的长度,l 为钢尺的名义长度,Δl 为尺长改正数,α 为钢尺的膨胀系数,t_0 为钢尺量距的标准温度($20℃$),t 为丈量时的温度。

(2)丈量方法

钢尺精密量距须用经检定的钢尺丈量,丈量前应先用经纬仪定线。如地势平坦或坡度均匀,可测定直线两端点高差 h 作为倾斜改正的依据。丈量时用弹簧秤对钢尺施加标准拉力,并同时测定温度计读数。

(3)长度的改正和距离计算

设丈量所得的倾斜距离为 D',则尺长改正 ΔD_l、温度改正 ΔD_t、高差改正 ΔD_h 分别为:

$$\Delta D_l = \frac{\Delta l}{l} D' \tag{4-5}$$

$$\Delta D_t = \alpha(t - t_0) D' \tag{4-6}$$

$$\Delta D_h = -\frac{h^2}{2D'} \tag{4-7}$$

将测得的结果 D' 加上上述三项改正 ΔD_l、ΔD_t 和 ΔD_h,即得水平距离 D

$$D = D' + \Delta D_l + \Delta D_t + \Delta D_h \tag{4-8}$$

由于全站仪的普及,目前钢尺精密量距已很少使用了。

四、钢尺量距的误差来源及注意事项

1. 钢尺尺长误差

用钢尺名义长度计算丈量的结果,若名义长度与实际长度不符,就会产生尺长误差,而且距离越长反映越明显。精密量距中要加尺长改正。

2. 操作误差

(1)定线误差

钢尺丈量时应紧靠所量直线,如果偏离定线方向,就成一条折线,把实际距离量长了。

这种误差称为定线误差。丈量 30 米的距离,如果定线偏离 0.25 米,对量距的影响为 1 毫米。用标杆目估定线时,要求每 30 米整尺段不偏离直线方向 0.4 米。精密量距中要用经纬仪定线。

(2)钢尺倾斜误差

直接丈量水平距离时,钢尺应尽量水平,否则也会产生距离增长的误差。钢尺倾斜误差与定线误差情况相似,前者是竖直面内的倾斜,后者是水平面内的偏斜。用钢尺一般方法,要求每 30 米的整尺段两端高差不超过 0.4 米。精密量距中要进行高差改正。

(3)拉力误差

拉力的大小会影响钢尺的长度,所以钢尺丈量时应与检定时拉力相同。丈量时 30 米的钢尺应用 10 千克的拉力,50 米的钢尺应用 15 千克的拉力。精密量距中可用弹簧秤施加标准拉力。

(4)对点、读数误差

钢尺端点对准的误差,插测钎的误差、余长读数的误差,都会引起丈量误差。丈量前应先看清钢尺的零点位置,测钎要垂直插下,读数时要细心精确,不要看错、念错。

3. 外界影响

(1)温度影响

钢尺的长度受温度变化会热胀冷缩。气温每变化 8℃,尺长将改变 1/10 000,在一般量距时,可不考虑此项改正。精密量距中要进行温度改正。

(2)钢尺垂曲误差

钢尺垂曲误差就是钢尺悬空丈量时中间部分下垂,使钢尺成悬链形,从而使所测长度变大。因此,应尽量保持钢尺平直,整尺悬空时,可在中间托住钢尺。

第二节 电磁波测距

一、电磁波测距概述

以电磁波在两点间往返的传播时间确定两点间距离的测量方法称为电磁波测距。采用电磁波为载波测量距离的仪器叫电磁波测距仪。

电磁波测距仪分为以微波为载波的微波测距仪、以激光为载波的激光测距仪、以砷化镓(GaAS)发光二极管发出的不可见红外光为载波的红外测距仪。以光波(激光和红外光)为载波的又称为光电测距仪。

电磁波测距仪按测程可分为远程、中程、短程,测程在 15 千米以上的为远程,中程为 3～15 千米,短程为 3 千米以下,目前所用的中、短程测距仪大多为红外测距仪。

电磁波测距仪的精度按标称精度分为高(Ⅰ级)、中(Ⅱ级)、低(Ⅲ级)三个级别。仪器的标称精度表达式为:

$$m_D = a + bD \tag{4-9}$$

式中:m_D 为测距中误差(毫米),a 为固定误差(毫米),b 为比例误差系数(毫米/千米),D 为测距长度(千米)。

当测距长度为 1 千米时,仪器精度分别为:

Ⅰ级——$|m_D| \leqslant 5$

Ⅱ级——$5 < |m_D| \leqslant 10$

Ⅲ级——$10 < |m_D| \leqslant 20$

在工程测量中,将测距长度为 1 千米时由电磁波测距仪器的标称精度公式计算的测距中误差为 5 毫米的仪器也称为 5mm 级仪器,包括测距仪、全站仪。1mm 级仪器和 10mm 级仪器的定义方法相似。

二、电磁波测距原理

电磁波测距是以电磁波为载波,经调制后由测线一端发射出去,由另一端反射或转送回来,通过测定光在待测距离两点之间往返传播的时间 t,来测定测站至目标的距离,如图 4-6 所示。

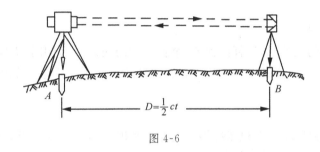

图 4-6

电磁波测距基本公式为

$$D = \frac{1}{2}ct \tag{4-10}$$

式中:c 为光波在大气中的传播速度。

由于 $c = \dfrac{C_0}{n}$ (4-11)

式中:C_0 为光波在真空中的传播速度,n 为大气的折射率,因而有

$$D = \frac{C_0}{2n}t \tag{4-12}$$

任何波长的光波在真空中的传播速度为常数 $C_0 = 299\ 792\ 458 \pm 1.2$ 米/秒。大气折射率 n 是温度、气压和工作波长的函数,即

$$n = f(t, p, \lambda) \tag{4-13}$$

测距仪品种和型号多种多样,但其测距原理基本上是相同的,可分为脉冲式与相位式两种。

1. 脉冲式法测距

通过测定脉冲波在测线上往返传播过程中的脉冲数来测定距离,从测距计算公式中看出,在已知真空光速、所采用的光波波长和精确测定气象因素条件下的大气折射率,测距仪测距的精度取决于测定光波的往返传播时间的精度。由于精确测定光波的往返传播时间较困难,因此脉冲式测距仪的精度难以提高,多为厘米级精度范围。脉冲式测距仪虽精度较低,但测程远。

2. 相位法测距

相位法测距是根据调制波往返于被测距离上相位差,间接确定距离的方法。相位式红外测距仪发出的红外光经高频电振荡的振幅调制,光强随电振荡的频率而周期性地变化,如图 4-7 所示的是相位式红外测距仪发出的通过测量连续的调制光波在待测距离上往返后产生的相位移动量,来间接测定调制光波传播的时间 t,从而求得被测距离 D。如图 4-8 所示,测距仪发出的连续的频率固定的调制信号在待测距离上往返传播后,其相位产生了相对位移 φ。φ 所对应的是调制光波往返传播的距离 $2D$。

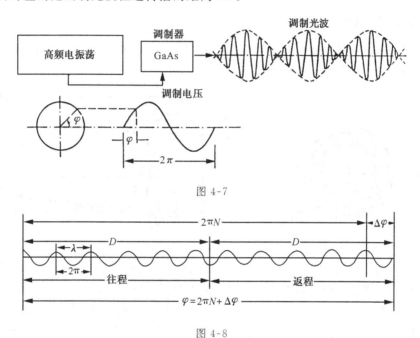

图 4-7

图 4-8

$$\varphi = 2\pi N + \Delta\varphi = 2\pi\left(N + \frac{\Delta\varphi}{2\pi}\right) = 2\pi(N + \Delta N) \tag{4-14}$$

$$D = \frac{\lambda}{2}(N + \Delta N) = \frac{\lambda}{2}\left(N + \frac{\Delta\varphi}{2\pi}\right) \tag{4-15}$$

式中:2π 为一个周期的相位变化,N 为相位位移 φ 中 2π 的整周期数,$\Delta\varphi$ 是不足 2π 部分的尾数,ΔN 为对应 $\Delta\varphi$ 的不足整周期的比例数,λ 为调制波长($\lambda = c/f$,c 为调制波传播速度即光速,f 为调制波频率)。

由式(4-15)可知,相位式测距仪工作时相当于用尺长为 $\lambda/2$ 的尺子(称为光尺)进行量距,被测距离等于 N 个整尺段距离($\lambda/2$)N 和一个余长($\lambda/2$)ΔN 或($\lambda/2$)$(\Delta\varphi/2\pi)$之和。

在相位式测距仪中,测定 φ 用的是比相法。比相法只能测定 φ 中不足 2π 部分的尾数 $\Delta\varphi$,而无法测定 2π 的整倍数 N,因此式(4-15)中的 D 出现多值解。只有当待测距离小于光尺长度时,才能有唯一确定的数值。此外,测距仪的相位计一般只能测定 4 位有效数值。因而测距仪中往往采用 2 个以上调制频率,即两种光尺的组合来共同完成测距任务。如 $f_1 =$ 15 兆赫,$\lambda_1/2 = 10$ 米(称为精测尺),可以测定距离尾数的米、分米、厘米和毫米四位数;$f_2 =$ 30 千赫,$\lambda_2/2 = 5\,000$ 米(称为粗测尺),可以测定距离整数部分的千米、百米、十米和米四位数;f_1 和 f_2(即 $\lambda_1/2$ 和 $\lambda_2/2$)组合起来联合使用,就可以测定 5 千米以内的距离值。

第三节 视距测量

视距测量是用望远镜内的视距装置,根据光学和三角学原理测定距离和高差的一种方法。特点是操作简便、速度快、不受地形的限制,但测距精度较低,一般相对误差为 1/300～1/200,测高差的精度也低于水准测量和三角高程测量。它主要用于地形图的碎部测量。

一、视线水平时视距测量公式

在经纬仪、水准仪等仪器的望远镜十字丝分划板上,有两条平行于横丝并与横丝等距的短丝,称为视距丝,也叫上下丝,见图 4-9。

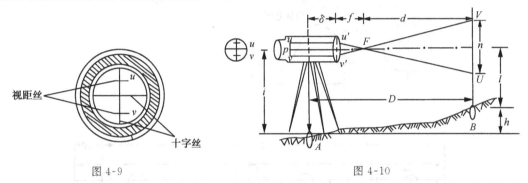

图 4-9　　　　　　　　　　　图 4-10

如图 4-10 所示,要测出地面上 A、B 两点间的水平距离及高差,先在 A 点安置仪器,在 B 点立视距尺,将望远镜视线调至水平位置并瞄准尺子,这时视线与视距尺垂直,用上、下丝分别在尺上读得 U、V。U 和 V 之差即上、下丝之差,称为视距间隔或尺间隔,用 n 表示。设视距丝间距 $uv=p$,物镜焦距为 f,物镜中心至仪器中心的距离为 δ,由 $\triangle u'v'F$ 和 $\triangle UVF$ 相似可得

$$\frac{d}{f}=\frac{n}{p}$$

所以　　　　　　　$d=\frac{f}{p}n$

因此,A、B 间的水平距离为

$$D=d+f+\delta=\frac{f}{p}n+f+\delta \tag{4-16}$$

令 $K=\frac{f}{p}$,$C=f+\delta$,则有

$$D=Kn+C \tag{4-17}$$

式中:K 称为视距乘常数,C 称为视距加常数,在设计仪器时,通常使 $K=100$,$C=0$,因此视线水平时的水平距离计算公式为

$$D=Kn \tag{4-18}$$

从图 4-10 中还可看出,量取仪器高 i 之后,便可根据视线水平时的中丝读数 l,计算两点间的高差

$$h=i-l \tag{4-19}$$

二、视线倾斜时视距测量公式

当地面上 A、B 两点的高差较大时,必须使视线倾斜一个竖直角 α,才能在标尺上进行读数,这时视线不垂直于视距尺,不能用式(4-18)和(4-19)计算距离和高差。

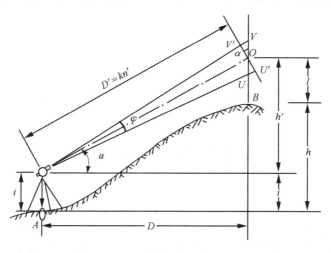

图 4-11

如图 4-11 所示,设想将标尺绕 O 点旋转 α 角,使标尺与视线垂直。由于通过视距丝的两条光线的夹角 φ 很小,故 $\angle UU'O$ 和 $\angle VV'O$ 可近似看成直角,此时的尺间隔为

$$n' = U'V' = UV\cos\alpha = n\cos\alpha$$

倾斜距离为

$$D' = Kn' = Kn\cos\alpha$$

因而得 A、B 间的水平距离为

$$D = D'\cos\alpha = Kn\cos^2\alpha \tag{4-20}$$

由图 4-11 可知,A、B 两点间的高差为

$$h = D'\sin\alpha + i - l$$

$$= \frac{1}{2}Kn\sin2\alpha + i - l \tag{4-21}$$

三、视距测量的观测

1. 观测

(1)安置仪器于测站,量取仪器高 i(从地面点量至仪器横轴中心)。

(2)在目标点上立好视距尺,瞄准视距尺,读取上、中、下三丝读数。

(3)读取竖盘读数,一般读至整分数即可。

在碎部测量中,竖直角观测只需在盘左或盘右一个位置观测。作业前应对仪器进行检验,测出竖盘指标差,以便对竖盘读数加以改正。这样既能提高观测速度,又能保证观测精度。

2. 视距测量的计算

视距测量的计算一般可在专门的表格中进行,见表 4-2。

表 4-2　视距测量计算表

测站:F	测站高程:6.450 米	仪高:1.435 米	仪器:DJ6-25606
日期:2007.8.9	仪器高程:7.885 米	观测:刘军	记录:王刚

点号	下丝读数/米	上丝读数/米	中丝读数/米	视距间隔/米	竖盘读数 /° ′	竖直角 /° ′	水平距离/米	高程/米	备注
1	1.718	1.192	1.455	0.526	85 32	4 28	52.28	10.51	$\alpha=90°-L$
2	1.944	1.346	1.645	0.598	83 45	6 15	59.09	12.71	
3	2.153	1.627	1.890	0.526	92 13	−2 13	52.52	3.96	
4	2.226	1.684	1.955	0.542	84 36	5 24	53.72	11.01	

第四节　全站仪

全站仪是全站型电子速测仪的简称,它能在一个测站上同时完成角度测量和距离测量,观测中,能自动显示斜距、水平角、竖直角等必要的观测数据,并能同时得到水平距离、高差、坐标差等数据,它能将数据进行记录、计算及存储,并可通过数据传输接口将观测数据传输到计算机,从而使测量工作更为方便、快速。

一、全站仪的基本结构

全站仪主要由电子测角、光电测距和数据微处理系统组成,各部分的组合框图如图4-12所示。

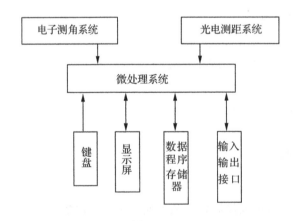

图 4-12

从全站仪的结构上来看,全站仪可分为组合式和整体式两种类型。组合式全站仪是将电子经纬仪、光电测距仪和微处理机通过一定的连接器构成一个组合体,既可组合使用,也可分开使用。整体式是将电子经纬仪和测距仪融为一体,共用一个望远镜,使用方便。目前生产的全站仪大多为整体式。

二、徕卡 TC1800 全站仪

全站仪的型号很多,但基本结构造型类似。全站仪的测距精度同光电测距仪,测角精度同电子经纬仪。常见的全站仪有徕卡 TPS 系列、索佳 SET 系列、拓普康 GTS 系列、南方 NTS 系列等。如图 4-13 所示为徕卡 TC1800 全站仪示意图,TPS1000 系列全站仪的主要技术参数见表 4-3。

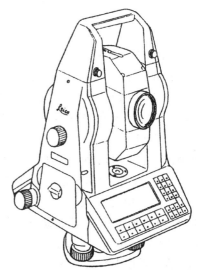

图 4-13

表 4-3　徕卡 TPS1000 系列全站仪主要技术参数

型号	TC1800/TCA1800
测角精度	1″
测距精度	$1mm+2\times10^{-6}D$
单次测量时间	3 秒
机载程序	方向与高程传递、后方交会、对边测量、放样
测程(平均大气条件)	2.5km(单棱镜)/3.5km(三棱镜)
数据记录	PC 卡/RS232 输出
望远镜放大倍率	30 倍
电源	NiCd 电池/外接电源
ATR 功能	1 000m(单棱镜)/600m(360° 棱镜)

三、全站仪的功能程序

1. 机载程序

一般全站仪不同程度地配备机载程序,用于满足不同测量任务的需要,用户可根据需要选购软件。全站仪的机载程序包括自由设站、方向与高程传递、后方交会、放样、对边测量、悬高测量、参考线放样、多测回测角、面积测量、导线测量等。

2. 用户自编程序平台

仪器出厂时机载软件虽然丰富,但还是有限的,有的全站仪能提供可扩展的途径,即支持用户自编程序。应用全站仪的开发工具软件,将其连接到全站仪菜单或功能键,采用仪器功能库的函数功能,开发出满足特定需要的应用软件,并应用到仪器中去。

四、全站仪新技术

(1)免棱镜测距

对不易安置棱镜或根本无法安置棱镜的目标点,免棱镜测距将大有用武之地。测量时可通过一次按键在常规有棱镜测距模式和无棱镜测距模式之间切换。

(2)自动目标识别

应用自动目标识别(ATR)模式,粗略照准目标后,按键,仪器发出一束激光,内置 CCD 相机立即对返回信号加以分析,并通过伺服马达驱动仪器自动照准棱镜中心,照准测量、记录同步完成,也可进行自动正倒镜观测,不需进行人工调焦和精确照准。

(3)自动跟踪

在自动跟踪模式下,仪器自动锁定目标棱镜并对移动目标进行自动跟踪测量。

（4）镜站测量

在镜站利用遥控测量装备进行测量，镜站操作控制器与仪器面板布局相同。在镜站上操作时，由于作业人员在目标点上，更容易获得目标处的信息。在镜站上进行放样测量时，放样数据和当前位置直接显示在控制器上，使放样更加方便容易。

第五节　手持激光测距仪

在工程施工测量、检验测量、房产测量中，经常需要测量距离、面积、体积，一般可使用钢尺、全站仪等进行测量。如使用手持激光测距仪则非常方便、快速。

手持式激光测距仪的特点是仪器体积小、测量速度快、操作简单，能提高工作效率。

如图 4-14 所示为徕卡 DISTO A6 手持式激光测距仪，它应用最新激光测距技术，不仅显示测量值，而且可以将数据传输到掌上电脑或笔记本电脑中，以便立即进行进一步处理。随仪器提供徕卡 DISTO 传输软件，它能将您的测量数据传输到 Excel、Word、AutoCAD 或其他程序中。徕卡 DISTO A6 的主要技术参数如下：

测程：0.05～200 米（无板可测 100 米）

测量精度（30 米内）：±1.5 毫米

最小显示单位：1 毫米

激光等级：Ⅱ

激光类型：635 纳米，<1 毫瓦

激光光斑直径：6/30/60 毫米（10/50/100 米）

三脚架接口：有

电源：2 节 1.5V 的 AA 电池可测量 10000 次以上

体积：148×64×36 毫米

重量：带电池 270 克

图 4-14

第六节　测距长度的归化投影计算

由于地球是个球体，同一段距离投影到不同高度的投影面上，长度是不等的，如图 4-15 所示。

在工程测量中，要保证测区内投影长度变形值每千米不大于 2.5 厘米，应选择合适的平面控制网的坐标系统。不同的坐标系统，有其不同的投影面。实测长度归算到不同投影面上的长度称为距离归化。

控制测量的平差计算通常是在高斯投影面上进行的，要将地面的实测长度归算到高斯

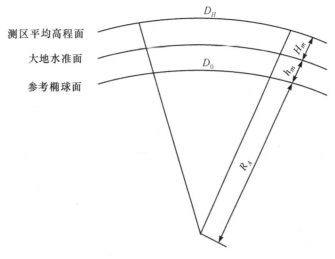

图 4-15

投影面上,需进行两次投影,先归算到参考椭球面上,再从参考椭球面归算到高斯投影面。

1. 归算到测区平均高程面上的测距边长度,按下式计算

$$D_H = D_P \left(1 + \frac{H_P - H_m}{R_A} \right) \tag{4-22}$$

式中:D_H——测区平均高程面上的测距边长度(米);

　　D_P——测线的水平距离(米);

　　H_P——测区的平均高程(米);

　　H_m——测距边两端点的平均高程(米);

　　R_A——参考椭球体在测距边方向法截弧的曲率半径(米)。

2. 归算到参考椭球面上的测距边长度,按下式计算

$$D_0 = D_P \left(1 - \frac{H_m + h_m}{R_A + H_m + h_m} \right) \tag{4-23}$$

式中:D_0——归算到参考椭球面上的测距边长度(米);

　　h_m——测区大地水准面高出参考椭球面的高差(米)。

3. 测距边在高斯投影面上的长度,按下式计算

$$D_g = D_0 \left(1 + \frac{y_m^2}{2R_m^2} + \frac{\Delta y^2}{24R_m^2} \right) \tag{4-24}$$

式中:D_g——测距边在高斯投影面上的长度(米);

　　y_m——测距两端点横坐标的平均值(米);

　　R_m——测距边中点处在参考椭球面上的平均曲率半径(米);

　　Δy——测距边两端点横坐标的增量(米)。

习 题 四

1. 在钢尺量距中为什么要进行直线定线?

2. 哪些因素会对钢尺量距产生误差? 应注意哪些事项?

3. 根据表中所给各碎部点的观测记录,在表上计算相应的距离及高程(测站高程 $H_0 =$ 25.47 米,仪器高 $i = 1.47$ 米,盘左时 $\alpha = 90° - L$)。

点号	下丝读数 /米	上丝读数 /米	中丝读数 /米	视距间隔 /米	竖盘读数 /° ′	竖直角 /° ′	水平距离 /米	高程 /米	备注
1	1.300	1.540	1.420		88 08				
2	1.290	2.871	2.080		92 43				
3.	2.000	2.840	2.420		82 05				

4. 全站仪主要由哪几部分组成?

5. 用钢尺丈量 A、B 两点距离,设往测为 127.432 米,返测为 127.467 米,相对误差为多少?

6. 如何将用全站仪所测距离换算为测区平均高程面上的距离?

测量学课堂测验(二)

姓名_____ 专业_____ 学号_____

1. 观测水平角时,盘左应先观测左目标还是右目标?

2. 写出指标差的计算公式。

3. 水平角观测时是如何消除视准轴误差的影响的?

4. 电磁波测距的原理是什么？

5. 全站仪的组成部分有哪些？

第五章　测量误差及测量平差

第一节　测量误差概述

一、测量误差的概念

在一定的外界条件下对某量进行多次观测,尽管观测者使用精密的仪器和工具,采用合理的观测方法,以及认真负责的工作态度,但观测结果之间往往还是存在着一些差异。例如,对同一段距离重复丈量若干次,量得的长度总会不完全相等。其次,当对某个已知理论值的量进行多次观测时,其观测结果也往往与理论值不相一致。例如,对一个已知内角和等于 $180°$ 的平面三角形各内角进行多次观测,各次观测所得的内角和通常不等于理论值 $180°$。由此可见,某量的各观测值之间或观测值与理论值之间往往存在着某些差异,这种差异说明了观测中存在误差。测量误差的产生是不可避免的。

任何一个观测量,在客观上总是存在着一个能代表其真正大小的数值,这一数值称为该观测量的真值,以 X 表示。通常情况下,真值是不知道的,如某段距离值、某个角值等;也有少数观测量的真值我们是知道的,如平面三角形内角之和的真值为 $180°$。

观测值与真值之差称为测量误差,也叫真误差。设对某量观测 n 次,其观测值为 $l_1,l_2,$ $\cdots,l_n$,则各次观测的真误差为

$$\Delta_i = l_i - X \quad (i=1,2,\cdots,n) \tag{5-1}$$

二、研究测量误差的目的

研究测量误差目的在于:分析测量误差的产生原因、性质和积累的规律;正确地处理观测结果,求出最可靠值;评定测量结果的精度;通过研究误差发生的规律,为选择合理的测量方法提供理论依据。

三、测量误差产生的原因

引起测量误差的因素有很多,概括起来主要有以下三个方面:

1. 测量仪器因素

由于制造工艺上的局限性,测量仪器轴线间的几何关系不可能绝对没有偏差,这样测量结果中就不可避免地包含了这种误差。再者,不同类型的仪器有着不同的精密程度,使用不同精密程度的仪器引起误差的大小也是不相同的。

2. 观测者的因素

由于观测者的感觉器官的鉴别能力的限制性,在仪器的安置、照准、读数等方面都会产生误差。同时,观测者的操作技术水平和工作作风也将对观测结果的质量产生不同程度的影响。

3. 外界条件的因素

观测时所处的外界条件,如温度、湿度、风力、大气折光、能见度等直接影响观测结果的因素时刻在变化,因而在变化着的客观环境下进行观测,观测结果必然会有误差。

测量仪器、观测人员和外界条件这三方面的因素综合起来称为测量观测条件。观测条件的好坏与观测结果的精度有着密切的关系。在较好的观测条件下进行观测所得的观测结果的精度就要高一些,反之,观测结果的精度就要低一些。我们把观测条件相同的各次观测称为等精度观测,把观测条件不相同的各次观测称为非等精度观测。

四、测量误差的分类

根据测量误差对观测结果的影响性质的不同,测量误差可分为系统误差和偶然误差两类。

1. 偶然误差

在相同的观测条件下对某量作一系列观测,如果误差的大小和符号都具有不确定性,但又服从于一定的统计规律性,这种误差称为偶然误差,也叫随机误差。

偶然误差产生的原因很多,如观测者感官能力的因素,望远镜的放大倍数和分辨力以及空气的透明度等。常见的偶然误差有估读误差、照准误差等。

2. 系统误差

在相同的观测条件下对某量作一系列观测,如果误差的大小、符号保持不变或按一定的规律变化,这种误差称为系统误差。

系统误差是由仪器制造或校正不完善、观测人员操作习惯和测量时外界条件等原因引起的。如量距中用名义长度为 30 米而经检定后实际长度为 30.003 米的钢尺,每量一尺段就有 0.003 米的误差,量距越长误差积累就越大。又如某些观测者在照准目标时,总习惯于把望远镜十字丝对准于目标的某一侧,也会使观测结果带有系统误差。

系统误差对观测结果的影响具有累积性,对结果质量的影响也就特别显著。

在测量工作中,除了上述两种性质的误差以外,有时还可能发生错误,如测错、记错和算错等。错误的发生多是由工作中的疏忽大意、思想不集中等原因造成的。毫无疑问,任何错误的存在都是不容许的,错误也不属于误差的范畴。为了防止产生错误,观测者应做到认真负责和细心作业,并及时采用适当的方法进行检核,以保证观测结果中完全消除错误。

五、减少测量误差的措施

1. 对系统误差

对系统误差,通常采用适当的观测方法或加改正数来消除或减弱其影响。例如,在水准测量中采用前后视距相等来消除视准轴误差、地球曲率差和大气折光差;在水平角观测中采用盘左盘右观测来消除视准轴误差、横轴误差和照准部偏心差;在钢尺量距时,加尺长改正来消除尺长误差,加温度改正来消除温度影响,加高差改正来消除钢尺倾斜的影响等。

2. 对偶然误差

对偶然误差,通常采用多余观测来减少误差,提高观测成果的质量。所谓多余观测值,就是观测值的个数多于确定未知量所必须观测的个数。例如,要丈量某边的长度,只要丈量一次就可确定出边长值,而实际测量时,常要求往返各测一次,则有一次多余观测;测一平面三角形的三个内角,则有一角的观测值多余;对某一角度观测 n 回,则有 $n-1$ 个多余观测。

第二节　偶然误差的特性

一、精度的含义

1. 准确度

准确度是指在对某一个量的多次观测中,观测值对该量真值的偏离程度,观测值偏离真值愈小,则准确度愈高。

2. 精密度

精密度是指在某一个量的多次观测中,各观测值之间的离散程度,若观测值非常集中则精密度高;反之则低。

3. 精度

精度也就是精确度,精确度是评价观测成果优劣的准确度与精密度的总称,表示测量结果中系统误差与偶然误差的综合影响的程度。

任何测量都要求精确,一个观测列可能精密度高而准确度低,也可能精密度低而准确度高。例如打靶,如果弹着点分布很松散,射击精密度就低;如弹着点密集在一起,则射击精密度就高。在射击精密度高的情况下,若弹着点密集于靶子中心部分,则准确度也高。

射击的优劣视其射击精确性如何,测量结果也要求精确性好。精密度主要表示测量结果中的偶然误差大小的程度;精确度是测量结果中系统误差与偶然误差的综合,表示测量结果与真值的一致程度。

系统误差虽具有累积性,但在一般情况下总是可以采用适当的方法加以消除或减小。因此,消除或减少了系统误差后我们认为观测结果中偶然误差占据了主要地位,偶然误差影响了观测结果的精确性。而且实际测量工作中,绝大多数情况下真值是不知道的,所以测量中所讲的精度通常指的是精密度。

下面我们所要讨论的测量误差也是指偶然误差。

二、偶然误差的特性

偶然误差从表面上看似乎没有规律性,即从单个或少数几个误差的大小和符号的出现上看呈偶然性,但从整体上对偶然误差加以归纳统计,则显示出一种统计规律,而且观测次数越多,这种规律性表现得越明显。

例如,在相同观测条件下独立地观测 162 个三角形的全部内角,由于观测值中带有误差,各三角形的内角之和就不等于它的真值 180°。

将 162 个真误差进行统计分析:取 0.2″ 为区间,将 162 个真误差按其大小和正负号排列,以表格形式统计出其在各区间的分布情况,见表 5-1。

表 5-1

误差区间 d△	△ 为正值		△ 为负值	
	个数 k	相对个数 $\frac{k}{n}$	个数 k	相对个数 $\frac{k}{n}$
$0''\sim0.2''$	21	0.130	21	0.130
$0.2''\sim0.4''$	19	0.117	19	0.117
$0.4''\sim0.6''$	12	0.074	15	0.093
$0.6''\sim0.8''$	11	0.068	9	0.056
$0.8''\sim1.0''$	8	0.049	9	0.056
$1.0''\sim1.2''$	6	0.037	5	0.031
$1.2''\sim1.4''$	3	0.018	1	0.006
$1.4''\sim1.6''$	2	0.012	1	0.006
$1.6''$以上	0	0	0	0
Σ	82	0.505	80	0.495

从表 5-1 可以看出,该组误差分布表现出这样的规律:绝对值小的误差比绝对值大的误差多,绝对值相等的正负误差个数相近,绝对值最大的误差不超过 $1.6''$。

为了更直观地表示出误差的分布情况,还可以采用直方图的形式来表示。绘直方图时,横坐标取误差 △ 的大小,纵坐标取误差出现于各区间的相对个数除以区间的间隔值 d△,图 5-1 形象地表示了该组误差的分布情况。

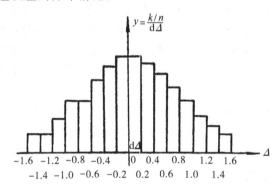

图 5-1

当误差个数 $n\rightarrow\infty$ 时,如果把误差间隔 d△ 无限缩小,则可以想象,图 5-1 中的各长方形顶点折线就变成了一条光滑的曲线,如图 5-2 所示。该曲线称为误差分布曲线,即正态分布曲线。不难理解,图中曲线形状越陡峭,表示误差分布越密集,观测质量越高;曲线越平缓,表示误差分布越离散,观测质量越低。

误差分布曲线的方程为

$$f(\Delta)=\frac{1}{\sqrt{2\pi}\sigma}e^{-\frac{\Delta^2}{2\sigma^2}} \tag{5-2}$$

式中:σ 为标准偏差。

从正态分布图中可以看出,曲线中间高、两端低,表明小误差出现的可能性大,大误差出

现的可能性小;曲线对称,表明绝对值相等的
正、负误差出现的机会均等;曲线以横轴为渐近
线,即最大误差不会超过一定限值。

根据以上分析,偶然误差有如下特性:

1. 在一定的观测条件下,偶然误差的绝对
值不会超过一定的限值。

2. 绝对值较小的误差比绝对值较大的误差
出现的机会多。

3. 绝对值相等的正、负误差出现的机会
均等。

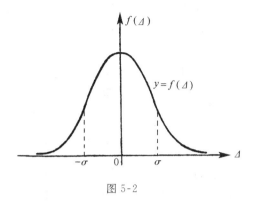

图 5-2

4. 偶然误差的算术平均值随观测次数的无限增加而趋向于零,即

$$\lim_{n \to \infty} \frac{\Delta_1 + \Delta_2 + \cdots + \Delta_n}{n} = 0 \tag{5-3}$$

第 4 条特性是由第 3 条特性导出的,因为在大量的偶然误差中,正负误差有相互抵消的
特性,当观测次数无限增加时,真误差的算术平均值必然趋向于零。

第三节　衡量测量精度的指标

在测量工作中,尽管偶然误差是不可避免的,但观测质量是有优劣的,也就是精度有高
有低。测量精度通常用误差的大小、测量误差分布的密集或离散的程度来衡量。如果在一
定观测条件下进行观测所产生的误差分布较为密集,则表示其观测质量较好,即观测精度较
高;反之,如果误差分布较为离散,则表示观测质量较差,即观测精度较低。

测量中常用的评定精度指标有中误差、相对误差和极限误差(容许误差)等。

一、中误差

在相同的观测条件下,对某量进行 n 次观测,其观测值为 $l_1, l_2, \cdots, l_n$,相应的真误差为
$\Delta_1, \Delta_2, \cdots, \Delta_n$,则各个真误差平方的平均值的平方根,称为中误差,也称为标准偏差,通常用
m 表示,即

$$m = \pm \sqrt{\frac{[\Delta\Delta]}{n}} \tag{5-4}$$

式中: $[\Delta\Delta] = \Delta_1^2 + \Delta_2^2 + \cdots + \Delta_n^2$

从中误差的定义式中可以看出,中误差能较好地反映出较大真误差对结果的影响。m
值越大,精度越低;m 值越小,则精度越高。

例 5-1　对某三角形内角之和观测了 5 次,与 $180°$ 相比较其误差分别为 $+4''$、$-2''$、$0''$、
$-4''$、$+3''$,求观测值的中误差。

解　　$m = \pm \sqrt{\dfrac{[\Delta\Delta]}{n}} = \pm \sqrt{\dfrac{(+4)^2 + (-2)^2 + 0^2 + (-4)^2 + (+3)^2}{5}}$

$$= \pm \sqrt{\frac{45}{5}} = \pm 3''$$

例 5-2 对某三角形内角和分别由两组各作了 10 次等精度观测,其真误差如下,求其中误差,并比较两组的精度。

第一组: $-3''$, $-2''$, $+2''$, $+4''$, $-1''$, $0''$, $-4''$, $+3''$, $+2''$, $-3''$;

第二组: $0''$, $+1''$, $-7''$, $-2''$, $-1''$, $+1''$, $+8''$, $0''$, $+3''$, $-1''$。

解 $m_1 = \pm\sqrt{\dfrac{9+4+4+16+1+0+16+9+4+9}{10}} = \pm 2.7''$

$m_2 = \pm\sqrt{\dfrac{0+1+49+4+1+1+64+0+9+1}{10}} = \pm 3.6''$

上述计算结果表明 $m_1 < m_2$,可知第一组观测精度高于第二组观测精度。我们也不难看出,第一组误差分布比较集中,而第二组误差分布比较离散,表明第二组观测结果不稳定,精度比第一组低。

二、相对误差

对某些观测结果,有时单靠中误差还不能完全反映观测质量的高低。例如用钢尺分别丈量了 100 米及 200 米两段距离,观测值中误差均为 ± 0.01 米,虽然两者的中误差相同,但就单位长度的测量精度而言,两者并不是相同的,显然前者的相对精度比后者要低。因此,在评定测距的精度时,通常是采用相对误差。

相对误差是中误差的绝对值与观测值之比,通常化成分子为 1 的分数式

$$T = \frac{|\text{中误差}|}{\text{观测值}} = \frac{|m|}{l} = \frac{1}{\dfrac{l}{|m|}} \tag{5-5}$$

上述两段测距中,相对误差分别为

$$T_1 = \frac{1}{10\,000}$$

$$T_2 = \frac{1}{20\,000}$$

因 $T_1 > T_2$,所以前段丈量的精度低于后一段距离。

三、极限误差

极限误差是一定观测条件下规定的测量误差的限值,也称为容许误差或限差。在测量工作中,常用该值作为确定观测值是否采用的依据。如果测量误差大于该值,就认为观测值的质量不合格,如果没超过该值,则认为是在容许范围内的,即是合格的。

极限误差是如何确定出来的呢?由数理统计理论可知:大于中误差的偶然误差出现的可能性为 32%,大于两倍中误差的偶然误差出现的可能性为 5%,大于三倍中误差的偶然误差出现的可能性为 0.3%。这个规律就是确定容许误差的依据。在实际测量工作中,测量的次数总是不会太多的,因此认为大于三倍中误差的偶然误差实际上是不太可能出现的。据此,通常以三倍中误差作为偶然误差的极限值,即

$$\Delta_{\text{限}} = 3m \tag{5-6}$$

当要求较高时,也常采用二倍中误差作为极限误差,即

$$\Delta_{\text{限}} = 2m \tag{5-7}$$

第四节　误差传播定律

如果对某量进行直接观测,则可由观测值的真误差来计算出中误差,从而判断观测成果的质量。但在实际测量中,有些未知量往往不是直接测量得到的,而是通过观测其他一些相关的量后间接计算出来的。例如,要测量一长方形建筑物的建筑面积,直接观测值为建筑物的长和宽,其面积是由长和宽推算而得的,并不是直接测量而得。

不难理解,既然未知量是由观测值通过函数关系计算所得,那么各独立观测值含有误差时,则其函数必受其误差的影响而相应地产生误差。这种函数误差的大小除了受到观测值误差大小的影响外,也取决于函数关系。阐述函数中误差与观测值中误差之间关系的定律称为误差传播定律。

一、观测值一般函数的中误差

设有函数

$$Z = f(x_1, x_2, \cdots, x_n) \tag{5-8}$$

式中:$x_1, x_2, \cdots, x_n$ 为独立观测值,中误差分别为 $m_1, m_2, \cdots, m_n$。

对函数取全微分,得

$$dZ = \frac{\partial f}{\partial x_1} dx_1 + \frac{\partial f}{\partial x_2} dx_2 + \cdots + \frac{\partial f}{\partial x_n} dx_n \tag{5-9}$$

设观测值 $x_1, x_2, \cdots, x_n$ 的真误差为 $\Delta x_1, \Delta x_2, \cdots, \Delta x_n$,由这些真误差所引起的函数 Z 的真误差为 ΔZ。由于真误差一般很小,故可用下式近似代替(5-9)式,即

$$\Delta Z = \frac{\partial f}{\partial x_1} \Delta x_1 + \frac{\partial f}{\partial x_2} \Delta x_2 + \cdots + \frac{\partial f}{\partial x_n} \Delta x_n \tag{5-10}$$

式中,$\dfrac{\partial f}{\partial x}$ 为函数对自变量的偏导数,当函数关系和观测值已定时,它们均为常数。

令

$$\frac{\partial f}{\partial x_1} = k_1, \frac{\partial f}{\partial x_2} = k_2, \cdots, \frac{\partial f}{\partial x_n} = k_n$$

则

$$\Delta Z = k_1 \Delta x_1 + k_2 \Delta x_2 + \cdots + k_n \Delta x_n \tag{5-11}$$

为了求得观测值中误差与函数中误差之间的关系,设想对观测值 $x_1, x_2, \cdots, x_n$ 进行了 n 次等精度观测,从而得

$$\Delta Z_1 = k_1 \Delta x_{11} + k_2 \Delta x_{21} + \cdots + k_n \Delta x_{n1}$$

$$\Delta Z_2 = k_1 \Delta x_{12} + k_2 \Delta x_{22} + \cdots + k_n \Delta x_{n2}$$

$$\cdots$$

$$\Delta Z_n = k_1 \Delta x_{1n} + k_2 \Delta x_{2n} + \cdots + k_n \Delta x_{nn}$$

把上列各式两边平方,相加后再除以 n 得

$$\frac{[\Delta Z^2]}{n} = k_1^2 \frac{[\Delta x_1^2]}{n} + k_2^2 \frac{[\Delta x_2^2]}{n} + \cdots + k_n^2 \frac{[\Delta x_n^2]}{n}$$

$$+ 2k_1 k_2 \frac{[\Delta x_1 \Delta x_2]}{n} + 2k_2 k_3 \frac{[\Delta x_2 \Delta x_3]}{n} + \cdots$$

根据偶然误差的第 4 条特性,于是上式可写成

$$\frac{[\Delta Z^2]}{n}=k_1^2\frac{[\Delta x_1^2]}{n}+k_2^2\frac{[\Delta x_2^2]}{n}+\cdots+k_n^2\frac{[\Delta x_n^2]}{n}$$

按中误差的定义,则有

$$m_Z^2=k_1^2 m_{x_1}^2+k_2^2 m_{x_2}^2+\cdots+k_n^2 m_{x_n}^2$$

$$m_Z=\pm\sqrt{k_1^2 m_{x_1}^2+k_2^2 m_{x_2}^2+\cdots+k_n^2 m_{x_n}^2}$$

即

$$m_Z=\pm\sqrt{\left(\frac{\partial f}{\partial x_1}\right)^2 m_{x_1}^2+\left(\frac{\partial f}{\partial x_2}\right)^2 m_{x_2}^2+\cdots+\left(\frac{\partial f}{\partial x_n}\right)^2 m_{x_n}^2} \qquad (5\text{-}12)$$

式(5-12)即为误差传播定律的关系式。

例 5-3 有一长方形建筑物,测得其长为 29.40 米,宽为 9.20 米,测量中误差相应为 ±0.02 米和 ±0.01 米。求该建筑物的面积及其中误差。

解 设长为 x_1,宽为 x_2,面积为 S

则有 $S=x_1 x_2=29.40\times9.20=270.48$ 平方米

$$
\begin{aligned}
m_s &=\pm\sqrt{\left(\frac{\partial s}{\partial x_1}\right)^2 m_{x_1}^2+\left(\frac{\partial s}{\partial x_2}\right)^2 m_{x_2}^2}\\
&=\pm\sqrt{x_2^2 m_{x_1}^2+x_1^2 m_{x_2}^2}\\
&=\pm\sqrt{9.20^2\times(0.02)^2+29.40^2\times(0.01)^2}\\
&=\pm0.35 \text{ 平方米}
\end{aligned}
$$

所以,该建筑物的面积为 $S=270.48\pm0.35$ 平方米。

例 5-4 为了求得一水平距离 D,先量得其倾斜距离 $D'=55.35$ 米,量距中误差 $m_{D'}=\pm0.05$ 米,测得其倾斜角 $\alpha=10°30'00''$,测角中误差 $m_\alpha=\pm18''$。试求相应的水平距离 D 的中误差。

解 $D=D'\cos\alpha$

$$
\begin{aligned}
m_D &=\pm\sqrt{\left(\frac{\partial D}{\partial D'}\right)^2 m_{D'}^2+\left(\frac{\partial D}{\partial\alpha}\right)^2\left(\frac{m_\alpha}{\rho}\right)^2}\\
&=\pm\sqrt{\cos^2\alpha\, m_{D'}^2+(-D'\sin\alpha)^2\left(\frac{m_\alpha}{\rho}\right)^2}\\
&=\pm\sqrt{\cos^2 10°30'00''\times0.05^2+(-55.35\times\sin10°30'00'')^2\times\left(\frac{18}{206\,265}\right)^2}\\
&=\pm0.05 \text{ 米}
\end{aligned}
$$

在计算中,$\dfrac{m_\alpha}{\rho}$ 是将角值化为弧度,$\rho=\dfrac{360°}{2\pi}=57°.3=3\,438'=206\,265''$。

二、求观测值函数中误差的基本步骤

应用误差传播定律求观测值函数的中误差,基本步骤为:

1. 按问题的要求,列出具体的函数关系式

$$Z=f(x_1,x_2,\cdots,x_n)。$$

2. 对各观测值求偏导数

$$\frac{\partial f}{\partial x_1},\frac{\partial f}{\partial x_2},\cdots,\frac{\partial f}{\partial x_n}。$$

3. 写出函数中误差与观测值中误差的关系式

$$m_Z = \pm \sqrt{\left(\frac{\partial f}{\partial x_1}\right)^2 m_{x_1}^2 + \left(\frac{\partial f}{\partial x_2}\right)^2 m_{x_2}^2 + \cdots + \left(\frac{\partial f}{\partial x_n}\right)^2 m_{x_n}^2}$$

4. 计算相应函数值的中误差。

三、几种观测值典型函数的中误差

1. 和差函数的中误差

设有和差函数

$$Z = x_1 \pm x_2 \pm \cdots \pm x_n \tag{5-13}$$

式中：$x_1, x_2, \cdots, x_n$ 为各独立观测值，若中误差分别为 $m_1, m_2, \cdots, m_n$，则根据式(5-12)得

$$m_Z = \pm \sqrt{m_1^2 + m_2^2 + \cdots + m_n^2} \tag{5-14}$$

式(5-14)表明，和差函数的中误差，等于各个观测值中误差平方和的平方根。

例 5-5　在水准测量中，若水准尺上每次读数中误差为 ± 1.0 毫米，则根据后视读数减前视读数计算所得的高差中误差是多少？

解　$h = a - b$

$$m_h = \pm \sqrt{m_a^2 + m_b^2} = \pm \sqrt{1.0^2 + 1.0^2} = \pm 1.4 \text{ 毫米}$$

2. 倍数函数的中误差

设有倍数函数

$$Z = kx \tag{5-15}$$

式中：k 为常数。根据式(5-12)，得

$$m_Z = km_x \tag{5-16}$$

上式表明，观测值与函数是倍数关系时，其中误差也是倍数关系。

例 5-6　在 $1:1\,000$ 地形图上，量得某段距离 $d = 23.2$ 厘米，其测量中误差 $m_d = \pm 0.1$ 厘米，求该段距离的实地长度及中误差。

解　$D = Md = 1\,000 \times 23.2 = 23\,200 \text{ 厘米} = 232 \text{ 米}$

$m_D = Mm_d = \pm 1\,000 \times 0.1 = \pm 100 \text{ 厘米} = \pm 1 \text{ 米}$

所以实地长度 $D = 232 \pm 1$ 米。

3. 线性函数的中误差

设有线性函数

$$Z = k_1 x_1 + k_2 x_2 + \cdots + k_n x_n \tag{5-17}$$

式中：$k_1, k_2, \cdots, k_n$ 为常数，$x_1, x_2, \cdots, x_n$ 为各独立观测值，若中误差分别为 $m_1, m_2, \cdots, m_n$，则根据式(5-12)得

$$m_Z = \pm \sqrt{k_1^2 m_1^2 + k_2^2 m_2^2 + \cdots + k_n^2 m_n^2} \tag{5-18}$$

例 5-7　设有关系式 $z = 2x + 3y$，如 $m_x = \pm 2$ 毫米，$m_y = \pm 4$ 毫米，则 z 的中误差为多少？

解

$$m_z = \pm \sqrt{\left(\frac{\partial z}{\partial x}\right)^2 m_x^2 + \left(\frac{\partial z}{\partial y}\right)^2 m_y^2}$$

$$= \pm \sqrt{2^2 \times 2^2 + 3^2 \times 4^2}$$

$$= \pm 13 \text{ 毫米}$$

第五节　测量平差原理

在测量观测中,为了进行检核及提高观测成果的精度,常采用多余观测。有了多余观测,势必在观测值结果之间产生矛盾,也就是说要产生闭合差。因此,必须对这些带有偶然误差的观测成果进行数据处理,这种采用一定的估计原理处理各种测量数据求测量值和参数的最佳估值并进行精度估计的工作称为测量平差。

测量平差的任务一是求出未知量的最可靠值(也叫最或然值);二是评定测量成果的精度。

测量平差的基本原理为最小二乘法原理。下面举一例子来说明最小二乘法原理。

设测得某平面三角形的三个内角分别为 $a=67°07'36''$,$b=54°19'24''$,$c=58°33'12''$,则其闭合差 $f=a+b+c-180°=12''$。为了消除闭合差,从而求得各角的最或然值,需分别在三个观测角值上加上改正数。

设 a、b、c 的改正数分别为 v_a、v_b、v_c,则应有
$$(a+v_a)+(b+v_b)+(c+v_c)=180°$$
或改写为
$$v_a+v_b+v_c=-f=-12''$$

满足上式的改正数可以有无穷多组,见表 5-2。

表 5-2

改正数	第 1 组	第 2 组	第 3 组	第 4 组	第 5 组	…
v_a	$-4''$	$6''$	$0''$	$-8''$	$-6''$	…
v_b	$-4''$	$-10''$	$-6''$	$-2''$	$-3''$	…
v_c	$-4''$	$-8''$	$-6''$	$-2''$	$-3''$	…
$[vv]$	48	200	72	72	54	

在以上无限多组的改正数中,应选择哪一组改正数最为合理呢? 最小二乘理论就是选用改正数 v 的平方和最小的那一组,即
$$v_a^2+v_b^2+v_c^2=最小$$
或写成
$$[vv]=v_1^2+v_2^2+\cdots+v_n^2=\min \tag{5-19}$$

若为非等精度观测,则为
$$[pvv]=p_1v_1^2+p_2v_2^2+\cdots+p_nv_n^2=\min \tag{5-20}$$

式(5-20)中,$p_1,p_2,\cdots,p_n$ 为各观测值的权。

这种在残差满足 $[pvv]$ 为最小的条件下求观测值的最佳估值并进行精度估计的方法称为最小二乘法。

第六节　等精度观测的直接平差

测量平差的基本目的就是从一系列带有误差的观测值中求出未知量的最可靠值及评定其精度。只有一个未知量的平差称为直接平差。本节在等精度观测条件下来讨论这个问题。

一、求最可靠值

1. 算术平均值

若对某一量进行 n 次等精度观测，其观测值为 $l_1, l_2, \cdots, l_n$，则这些观测值的算术平均值 x 为

$$x = \frac{l_1 + l_2 + \cdots + l_n}{n} = \frac{[l]}{n} \tag{5-21}$$

2. 等精度观测的算术平均值为最可靠值

设等精度观测的最可靠值为 $\hat{L}$，则各个观测值的改正数为

$$v_i = \hat{L} - l_i \quad (i = 1, 2, \cdots, n) \tag{5-22}$$

根据最小二乘原理，有

$$[vv] = v_1^2 + v_2^2 + \cdots + v_n^2 = (\hat{L} - l_1)^2 + (\hat{L} - l_2)^2 + \cdots + (\hat{L} - l_n)^2 = \min \tag{5-23}$$

要满足式（5-23），取一阶导数等于零，则

$$\frac{\mathrm{d}[vv]}{\mathrm{d}\hat{L}} = 2(\hat{L} - l_1) + 2(\hat{L} - l_2) + \cdots + 2(\hat{L} - l_n) = 0$$

$$n\hat{L} - [l] = 0$$

所以有

$$\hat{L} = \frac{[l]}{n} = x \tag{5-24}$$

$\dfrac{[l]}{n}$ 即为算术平均值。所以说在等精度观测条件下，观测值的算术平均值就是该量的最可靠值。

二、精度评定

1. 观测值的改正数

观测值改正数为观测值的算术平均值与测量值之差，当观测次数为 n 时，有

$$\begin{cases} v_1 = x - l_1 \\ v_2 = x - l_2 \\ \cdots \\ v_n = x - l_n \end{cases} \tag{5-25}$$

将上式两边各项相加得

$$[v] = nx - [l]$$

将 $x = \dfrac{[l]}{n}$ 代入上式得

$$[v] = 0 \tag{5-26}$$

由上式可知,一列观测值的改正数之和为零,常以此作为计算的检核。

2. 观测值中误差

按 $m=\pm\sqrt{\dfrac{[\Delta\Delta]}{n}}$ 计算中误差时,必须先根据观测值的真值计算出真误差 Δ 才能求 m,但在通常情况下,真值往往是不知道的,因此也无法求得观测值的真误差,因而一般无法按此公式计算中误差。在实际工作中,通常是利用观测值的改正数来计算中误差,其计算公式为

$$m=\pm\sqrt{\frac{[vv]}{n-1}} \tag{5-27}$$

式(5-27)推导如下:

设对真值为 X 的某一量进行 n 次等精度观测,观测值为 $l_1,l_2,\cdots,l_n$,按式(5-1),则相应的真误差为

$$\begin{cases} \Delta_1=l_1-X \\ \Delta_2=l_2-X \\ \cdots \\ \Delta_n=l_n-X \end{cases} \tag{5-28}$$

将式(5-28)加式(5-25),得

$$\begin{cases} \Delta_1=-v_1-(X-x) \\ \Delta_2=-v_2-(X-x) \\ \cdots \\ \Delta_n=-v_n-(X-x) \end{cases} \tag{5-29}$$

将(5-29)各式两边平方后再相加,得

$$[\Delta\Delta]=[vv]+n(X-x)^2+2(X-x)[v] \tag{5-30}$$

将(5-26)式代入上式,得

$$[\Delta\Delta]=[vv]+n(X-x)^2$$

上式两边同除 n,得

$$\frac{[\Delta\Delta]}{n}=\frac{[vv]}{n}+(X-x)^2 \tag{5-31}$$

式中

$$(X-x)^2=\left(X-\frac{[l]}{n}\right)^2=\frac{1}{n^2}(nX-[l])^2$$

$$=\frac{1}{n^2}(X-l_1+X-l_2+\cdots+X-l_n)^2=\frac{1}{n^2}(\Delta_1+\Delta_2+\cdots+\Delta_n)^2$$

$$=\frac{1}{n^2}(\Delta_1^2+\Delta_2^2+\cdots+\Delta_n^2+2\Delta_1\Delta_2+2\Delta_1\Delta_3+\cdots)$$

$$=\frac{[\Delta\Delta]}{n^2}+\frac{2(\Delta_1\Delta_2+\Delta_1\Delta_3+\cdots)}{n^2}$$

根据偶然误差的第 4 个特性,当 n 无限增大时,上式等号右边的第二项趋向于零,故有

$$(X-x)^2=\frac{[\Delta\Delta]}{n^2} \tag{5-32}$$

将上式代入(5-31)式得

$$\frac{[\Delta\Delta]}{n}=\frac{[vv]}{n}+\frac{[\Delta\Delta]}{n^2} \tag{5-33}$$

将中误差的定义公式 $m=\pm\sqrt{\dfrac{[\Delta\Delta]}{n}}$ 代入上式,则

$$m^2=\frac{[vv]}{n}+\frac{m^2}{n}$$

于是

$$m=\pm\sqrt{\frac{[vv]}{n-1}} \qquad\qquad (5\text{-}34)$$

该式就是当真值未知时用改正数来求观测值中误差的计算公式。

例 5-8　现对某角进行了 5 次等精度观测,观测结果见表 5-3,试求观测值中误差。

表 5-3

观测次数	观测值 l /° ′ ″			改正数 v /″	vv
1	68	25	30	0	0
2	68	25	36	−6	36
3	68	25	24	6	36
4	68	25	42	−12	144
5	68	25	18	12	144
Σ	342	07	30	0	360

解　$x=\dfrac{[l]}{n}=68°25'30''$

v 及 vv 的计算见表 5-3,则

$$m=\pm\sqrt{\frac{[vv]}{n-1}}=\pm\sqrt{\frac{360}{5-1}}=\pm9.5''$$

3. 算术平均值的中误差

设对某量进行了 n 次观测,每一观测的中误差为 m,则算术平均值中误差 M 为

$$M=\frac{m}{\sqrt{n}} \qquad\qquad (5\text{-}35)$$

式(5-35)推导如下:

$$x=\frac{[l]}{n}=\frac{l_1+l_2+\cdots+l_n}{n}=\frac{1}{n}l_1+\frac{1}{n}l_2+\cdots+\frac{1}{n}l_n$$

根据误差传播定律,得

$$M=\pm\sqrt{\left(\frac{1}{n}\right)^2 m_1^2+\left(\frac{1}{n}\right)^2 m_2^2+\cdots+\left(\frac{1}{n}\right)^2 m_n^2}$$

因为各次观测为等精度观测,即 $m_1=m_2=\cdots=m_n=m$,则有

$$M=\pm\sqrt{n\left(\frac{1}{n}\right)^2 m^2}=\pm\sqrt{\frac{m^2}{n}}=\frac{m}{\sqrt{n}}$$

即

$$M=\frac{m}{\sqrt{n}}$$

式(5-35)表明,算术平均值的中误差为每一观测值中误差的 $\dfrac{1}{\sqrt{n}}$,因而取多次观测值的

算术平均值,可以提高观测结果的精度。

但是,如表 5-4 所示,假如观测中误差不变,比如 $m=\pm 1$ 时,当观测次数增加到一定的程度时,算术平均值精度的提高很有限,如从 20 次增加到 100 次,精度也只提高了一倍。

表 5-4

n	1	2	4	6	8	10	20	50	100
M	± 1.00	± 0.71	± 0.50	± 0.41	± 0.35	± 0.32	± 0.22	± 0.14	± 0.10

所以要提高观测精度,不能单凭增加观测次数来提高。而应综合考虑,选用适当的观测方法和适当的观测次数来达到精度要求。

例 5-9 试求例 5-8 观测结果的算术平均值中误差。

解 $M=\dfrac{m}{\sqrt{n}}=\pm\dfrac{9.5}{\sqrt{5}}=\pm 4.2''$

例 5-10 已知 DJ6 光学经纬仪观测单角的精度为 $\pm 8.5''$,现要使某角的观测结果精度达到 $\pm 4.0''$,问需要观测几个测回?

解 根据 $M=\dfrac{m}{\sqrt{n}}$ 得

$$n=\left(\frac{m}{M}\right)^2=\left(\frac{\pm 8.5}{\pm 4.0}\right)^2=4.5$$

所以要观测 5 个测回才能达到 $\pm 4.0''$ 的精度。

第七节　非等精度观测的直接平差

前面所讨论的是从 n 次等精度观测的观测值中求未知量的最可靠值并评定其精度。在实际工作中,常要处理不同观测条件下的观测结果。本节讨论的问题就是如何从非等精度观测值中求最可靠值并评定其精度。

一、权

1. 权的概念

在对某一量进行非等精度观测的情况下,因各观测结果的中误差不同,使其具有不同的可靠性。在求观测量的最可靠值时,对较可靠的观测结果,我们可给予其对最后结果以较大的影响度。对观测值的可靠程度,可用一些数值来表示其"比重"关系,这些用来权衡轻重意义的数值称为观测值的权,通常用 p 表示。权的意义,不在于它们本身数值的大小,重要的是它们之间所存在的比例关系。如果说中误差是表示观测值的绝对精度,而权则表示观测值之间的相对精度。观测值误差愈小,精度愈高,结果愈可靠,相应的权也愈大。

例如,用经纬仪对某水平角分两组以不同测回数进行等精度观测,结果如表 5-5 所示。

表 5-5

组 别	观 测 值	观测值中误差	平均值	平均值中误差
1	l_1、l_2、l_3	m	$x_1 = \frac{1}{3}(l_1 + l_2 + l_3)$	$M_1 = \frac{m}{\sqrt{3}}$
2	l_4、l_5、l_6、l_7	m	$x_2 = \frac{1}{4}(l_4 + l_5 + l_6 + l_7)$	$M_2 = \frac{m}{\sqrt{4}}$

在 1、2 两组观测值中，x_1 为 3 个观测值的平均值，x_2 为 4 个观测值的平均值，由于 $M_1 > M_2$，所以 x_1 的精度要低于 x_2 的精度。因而 x_1 的权 p_1 应小于 x_2 的权 p_2。

2. 权的确定

在测量平差中，定权的基本方法是：观测结果的权与中误差的平方成反比。即

$$p_i = \frac{c}{m_i^2} (i = 1, 2, \cdots, n) \tag{5-36}$$

式中，c 为任意常数。

例如，在表 5-5 中，设 $c = m^2$，则 x_1、x_2 的权分别为

$$p_1 = \frac{c}{M_1^2} = 3$$

$$p_2 = \frac{c}{M_2^2} = 4$$

如设 $c = 2m^2$，则 x_1、x_2 的权分别为

$$p_1 = \frac{c}{M_1^2} = 6$$

$$p_2 = \frac{c}{M_2^2} = 8$$

应当指出，权在各观测值之间是相对的。以上 $p_1 = 3$、$p_2 = 4$ 与 $p_1 = 6$、$p_2 = 8$ 所表示的 x_1、x_2 相对权重关系是相同的。如果只有一个观测数据，权就没有意义。

3. 单位权

权 $p = 1$ 时，称为单位权，其相应的观测值的中误差称为单位权中误差，用 μ 表示。定权时，通常取一次观测、一测回、一千米长线路的测量误差为单位权中误差。这样，式（5-36）可表示为

$$p_i = \frac{\mu^2}{m_i^2} \tag{5-37}$$

例如，在表 5-5 中，取单位权中误差为一测回观测中误差 m，则 x_1、x_2 的权分别为

$$p_1 = \frac{m^2}{M_1^2} = 3$$

$$p_2 = \frac{m^2}{M_2^2} = 4$$

4. 高差观测值的权

设两个水准点间观测了 n 站，每站的高差中误差为 $m_{站}$，则 n 站高差之和为

$$h = h_1 + h_2 + \cdots + h_n$$

由式（5-14），得 h 的中误差为

$$m_h = m_{站}\sqrt{n} \tag{5-38}$$

设单位权中误差为 $\mu = m_{\text{站}}$，则各观测高差的权为

$$p_h = \frac{\mu^2}{m_h^2} = \frac{1}{n} \qquad\qquad (5\text{-}39)$$

如每站的距离 s 大致相等，则当两水准点间的路线长度为 L 时，则测站数为

$$n = \frac{L}{s}$$

上式代入式(5-38)，得

$$m_h = \frac{m_{\text{站}}}{\sqrt{s}}\sqrt{L} \qquad\qquad (5\text{-}40)$$

设单位权中误差为 $\mu = \dfrac{m_{\text{站}}}{\sqrt{s}}$，则各观测高差的权为

$$p_h = \frac{\mu^2}{m_h^2} = \frac{1}{L} \qquad\qquad (5\text{-}41)$$

由式(5-39)及式(5-41)可得，水准测量高差观测值的权与测站数或路线长度成反比。

5. 角度观测值的权

设对每角观测一测回的中误差为 m，则 n 测回的算术平均值的中误差 $M = \dfrac{m}{\sqrt{n}}$。如取一测回的观测中误差 m 为单位权中误差 μ，则角度观测值的权为

$$p_\beta = \frac{\mu^2}{M^2} = n \qquad\qquad (5\text{-}42)$$

由式(5-42)可得，角度观测值的权与测回数成正比。

二、求最可靠值

1. 加权平均值

若对某量进行 n 次非等精度观测，观测值为 $l_1, l_2, \cdots, l_n$，相应的权为 $p_1, p_2, \cdots, p_n$，则该量的加权平均值为

$$x = \frac{p_1 l_1 + p_2 l_2 + \cdots + p_n l_n}{p_1 + p_2 + \cdots + p_n} = \frac{[pl]}{[p]} \qquad\qquad (5\text{-}43)$$

2. 非等精度观测的加权平均值为最可靠值

设观测量的最可靠值为 $\hat{L}$，则根据最小二乘法原理，有

$$
\begin{aligned}
[pvv] &= p_1 v_1 v_1 + p_2 v_2 v_2 + \cdots + p_n v_n v_n \\
&= p_1(\hat{L} - l_1)^2 + p_2(\hat{L} - l_2)^2 + \cdots + p_n(\hat{L} - l_n)^2 \\
&= \min
\end{aligned}
\qquad\qquad (5\text{-}44)
$$

要满足上式，取一阶导数，并令其为零，得

$$\frac{\mathrm{d}[pvv]}{\mathrm{d}\hat{L}} = 2p_1(\hat{L} - l_1) + 2p_2(\hat{L} - l_2) + \cdots + 2p_n(\hat{L} - l_n) = 0$$

$$[p]\hat{L} - [pl] = 0$$

故有
$$\hat{L} = \frac{[pl]}{[p]} = x \qquad\qquad (5\text{-}45)$$

$\dfrac{[pl]}{[p]}$ 即为加权平均值。所以说在非等精度观测条件下，观测值的加权平均值就是该量

的最可靠值。

例 5-11　某角用同样的仪器及方法分别按三组进行观测,各组的测回数和观测值见表 5-6,试计算其加权平均值。

表 5-6

组　别	测回数	观测值 /° ′ ″
1	2	60　30　13
2	4	60　30　15
3	6	60　30　17

解　设一个测回的权为单位权,则有

$$p_1 = 2, p_2 = 4, p_3 = 6, [p] = 12$$

$$x = \frac{[pl]}{[p]} = 60°30'15.7''$$

三、精度评定

1. 单位权中误差

根据权与误差的关系 $p_i = \dfrac{\mu^2}{m_i^2}$ 得

$$\mu^2 = p_i m_i^2$$

对同一量的 n 个不同精度的观测值,则有

$$\left.\begin{array}{l} \mu^2 = p_1 m_1^2 \\ \mu^2 = p_2 m_2^2 \\ \cdots \\ \mu^2 = p_n m_n^2 \end{array}\right\} \tag{5-46}$$

上式等号两边相加,得

$$n\mu^2 = [pm^2]$$

整理后,得

$$\mu = \pm \sqrt{\frac{[pmm]}{n}} \tag{5-47}$$

上式中 $[pmm]$ 可近似地用 $[p\Delta\Delta]$ 来代替,则有

$$\mu = \pm \sqrt{\frac{[p\Delta\Delta]}{n}} \tag{5-48}$$

式中,Δ 为真误差,可用下式求得。

$$\Delta_i = l_i - X (i = 1, 2, \cdots, n) \tag{5-49}$$

式(5-48)即为已知观测量的真值的情况下,用真误差求单位权中误差的计算公式。

当观测量的真值不知道时,可用各非等精度观测值的改正数来计算单位权中误差。仿照式(5-27)的推导,可得

$$\mu = \pm \sqrt{\frac{[pvv]}{n-1}} \tag{5-50}$$

式中改正数 v 按下式计算

$$v_i = x - l_i (i = 1, 2, \cdots, n) \tag{5-51}$$

2. 加权平均值的中误差

由加权平均值计算公式(5-43)得

$$x = \frac{[pl]}{[p]} = \frac{p_1}{[p]}l_1 + \frac{p_2}{[p]}l_2 + \cdots + \frac{p_n}{[p]}l_n$$

根据误差传播定律式(5-12),加权平均值的中误差 M 为

$$M^2 = \frac{p_1^2}{[p]^2}m_1^2 + \frac{p_2^2}{[p]^2}m_2^2 + \cdots + \frac{p_n^2}{[p]^2}m_n^2$$

用 $m_i^2 = \frac{\mu^2}{p_i}$ 代入上式得

$$M^2 = \frac{p_1^2}{[p]^2} \cdot \frac{\mu^2}{p_1} + \frac{p_2^2}{[p]^2} \cdot \frac{\mu^2}{p_2} + \cdots + \frac{p_n^2}{[p]^2} \cdot \frac{\mu^2}{p_n}$$

$$= \frac{\mu^2(p_1 + p_2 + \cdots + p_n)}{[p]^2} = \frac{\mu^2}{[p]}$$

所以 $M = \frac{\mu}{\sqrt{[p]}}$ （5-52）

例 5-12 图 5-3 中,从三个已知高程点 A、B、C 出发,分别测得 E 点的三个高程观测值及路线长度如表 5-7 所示,求 E 点高程的最可靠值及其中误差。

表 5-7

测 段	高程观测值 H/米	路线长 L/千米
1($A-E$)	42.347	4.0
2($B-E$)	42.320	2.0
3($C-E$)	42.332	2.5

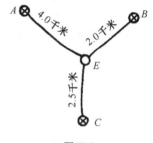

图 5-3

解 按 $p_i = \frac{1}{L_i}$ 来确定各路线的权:

$$p_1 = 0.25, p_2 = 0.50, p_3 = 0.40, [p] = 1.15$$

E 点高程的最可靠值为

$$H_E = \frac{[pl]}{[p]} = 42.330 \text{ 米}$$

单位权中误差为

$$v_1 = -0.017 \text{ 米}, v_2 = 0.010 \text{ 米}, v_3 = -0.002 \text{ 米}$$

$$\mu = \pm\sqrt{\frac{[pvv]}{n-1}} = \pm 0.008 \text{ 米}$$

加权平均值中误差为

$$M = \frac{\mu}{\sqrt{[p]}} = \pm 0.007 \text{ 米}$$

所以最后结果为 $H_E = 42.330 \pm 0.007$ 米。

习 题 五

1. 测量误差可分为哪两类?

2. 试述偶然误差的主要特性。

3. 研究测量误差的目的是什么?

4. 为什么说等精度观测值的算术平均值是最可靠值?

5. 通常用于衡量测量精度的指标有哪些?

6. 写出用观测值的真误差和观测值的改正数计算中误差的公式,并说明各自的适用情况。

7. 观测值中误差和算术平均值的中误差有什么关系?

8. 什么是权? 权与中误差有何关系?

9. 设对某三角形内角和观测了 9 次,其闭合差分别为:$+5''$、$-1''$、$-4''$、$+4''$、$-6''$、$+2''$、$-3''$、$-3''$、$+1''$,试计算三角形内角和的中误差。

10. 设对某一水平角观测了 9 个测回,观测值为:$130°25'18''$,$130°25'30''$,$130°25'12''$,$130°25'24''$,$130°25'06''$,$130°25'18''$,$130°25'24''$,$130°25'12''$,$130°25'06''$,求该角的最可靠值、观测值中误差和算术平均值中误差。

11. 已知观测角度一个测回的中误差为 $±8''.5$,欲使测角精度提高一倍,问应观测几个测回?

12. 设有函数 $y_1=3x$,$y_2=x_1+x_2+x_3$,若 $m_{x_1}=m_{x_2}=m_{x_3}=m_x$,且 x_1、x_2、x_3 互相独立,问 y_1 与 y_2 是否精度相同?

13. 观测一个四边形的三内角,中误差分别为 $±8''$、$±8''$ 和 $±6''$,求第四个内角的中误差?

14. 量得一球体的直径为 10.5 厘米,已知其测量中误差为 $±0.5$ 毫米,求该球的体积及其中误差。

15. 设观测一个方向的中误差 $μ=±6''$ 为单位权中误差,求观测一水平角一测回的角值的权。

16. 已知观测值 l_1、l_2、l_3 的中误差分别为 $±4''$、$±5''$、$±6''$。

(1)设 l_1 为单位权观测,求 l_1、l_2、l_3 的权;

(2)设 l_2 为单位权观测,求 l_1、l_2、l_3 的权。

17. 如右图所示,从已知水准点 A、B、C、D 出发进行水准测量测定 G 点高程,各水准路线的长度及 G 点的观测高程如下:$L_1=1$ 千米,$L_2=2$ 千米,$L_3=2$ 千米,$L_4=1$ 千米,$H_1=6.996$ 米,$H_2=7.016$ 米,$H_3=7.002$ 米,$H_4=6.999$ 米。试计算 G 点高程的最可靠值及其中误差。

第六章　定向测量

第一节　直线定向

要确定地面上任意两点的相对位置关系,除了需要测量两点之间的距离以外,还必须确定该两点所连直线的方向。在测量上,直线的方向是根据标准方向来确定的,确定一条直线与标准方向间的水平夹角关系称为直线定向。

一、标准方向的种类

1. 真子午线方向

通过地面上一点的真子午线的切线方向称为该点的真子午线方向。真子午线方向可通过天文观测太阳或其他恒星(如北极星)获得,也可以用陀螺经纬仪来测定。

2. 磁子午线方向

通过地面上一点的磁子午线的切线方向称为该点的磁子午线方向,它可用罗盘仪来测定,磁针静止时所指的方向即为磁子午线方向。

3. 坐标纵轴方向

我国采用高斯平面直角坐标系,其每一投影带中央子午线的投影为坐标纵轴方向,即 X 轴方向。

测量中常用这三个方向来作为定向的标准方向即所谓的三北方向,如图 6-1 所示。

二、表示直线方向的方法

1. 方位角

由标准方向的北端顺时针方向量至某直线的水平夹角,称为该直线的方位角,取值范围是 $0\sim360°$。

根据标准方向线的不同,方位角分为真方位角、磁方位角和坐标方位角三种。

2. 象限角

某直线与标准方向所夹的锐角称为象限角,其值在 $0\sim90°$ 之

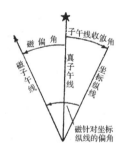

图 6-1

间,用 R 表示。如图 6-2 所示,直线 01、02、03 及 04 的象限角值分别为 R_{01}、R_{02}、R_{03} 和 R_{04}。

用象限角定向时,除了角值之外,还需要知道直线所在的象限。如图 6-2 中 01、02、03 和 04 的象限,分别为 Ⅰ～Ⅳ象限,分别用北东、南东、南西、北西表示。例如,03 在第Ⅲ象限,角值为 $45°$,则该象限角表示为南西 $45°$。

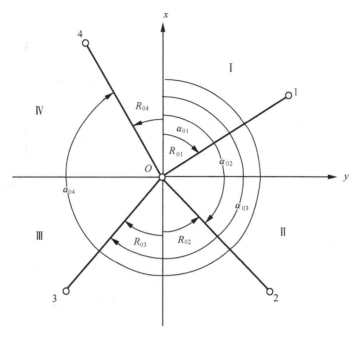

图 6-2

象限角与方位角之间的关系如表 6-1 所示。

表 6-1　方位角与象限角的换算

象限		方位角范围	由方位角求象限角	由象限角求方位角
编号	名称			
Ⅰ	北东(NE)	$0 \sim 90°$	$R = \alpha$	$\alpha = R$
Ⅱ	南东(SE)	$90 \sim 180°$	$R = 180° - \alpha$	$\alpha = 180° - R$
Ⅲ	南西(SW)	$180 \sim 270°$	$R = \alpha - 180°$	$\alpha = 180° + R$
Ⅳ	北西(NW)	$270 \sim 360°$	$R = 360° - \alpha$	$\alpha = 360° - R$

三、几种方位角之间的关系

1. 真方位角与磁方位角之间的关系

由于地球磁极与地球的南北极不重合,北磁极约位于西经 100.0°、北纬 76.1° 处,南磁极约位于东经 139.4°、南纬 76.8° 处,因此过地球上各点的真子午线与磁子午线不重合。同一点的磁子午线方向偏离真子午线方向的夹角称为磁偏角,用 δ 表示。如图6-3所示。真方位角 $A_{真}$ 与磁方位角 $A_{磁}$ 之间存在下列关系。

$$A_{真} = A_{磁} + \delta \tag{6-1}$$

式中,δ 的符号有正有负,磁子午线北端偏于真子午线以东为东偏(+),偏于真子午线以西为西偏(一)。

地球上不同地点磁偏角也不同。即使在同一地点,其磁偏角也有长期和周日变化,并且还有偶然性和磁反常现象,因此,以磁子午线作为标准方向线,仅适用于低精度测量。我国范围内的磁偏角在 $-10 \sim +6°$ 之间。

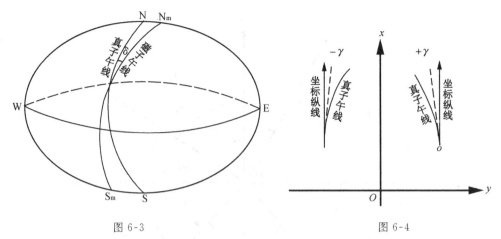

图 6-3

图 6-4

2. 真方位角与坐标方位角之间的关系

赤道上各点的真子午线方向是相互平行的,地面上其他各点的真子午线方向是不平行的,都收敛于地球两极。地面上各点的真子午线北方向与坐标纵线(中央子午线)北方向之间的夹角,称为子午线收敛角,用 γ 表示,如图 6-4 所示。真方位角与坐标方位角 α 的关系式如下:

$$A_{真} = \alpha + \gamma \tag{6-2}$$

式中 γ 值亦有正有负,在中央子午线以东地区,各点的坐标纵线北方向偏在真子午线的东边,γ 为正值,反之为负值。

子午线收敛角的近似计算公式为

$$\gamma = \Delta L \sin B \tag{6-3}$$

式中:B 为地面点的大地纬度,ΔL 为地面点的大地经度 L 与该点所在投影带的中央子午线经度 L_0 之差,即

$$\Delta L = L - L_0 \tag{6-4}$$

由式(6-3)可知,ΔL 越大,γ 就越大,说明离中央子午线越远,收敛角值越大;B 越大,γ 也越大,说明越接近北极,收敛角值也越大。

因为子午线(真子午线或磁子午线)间方向互不平行,使得从直线两端点确定该直线的方向时,计算不方便,所以在测量中广泛采用坐标纵线作为标准方向。

3. 坐标方位角与磁方位角之间关系

已知某点的子午线收敛角 γ 和磁偏角 δ,则坐标方位角与磁方位角之间的关系为

$$\alpha = A_{磁} + \delta - \gamma \tag{6-5}$$

第二节　坐标方位角的推算

一、正反坐标方位角

一条直线存在正、反两个方向,通常以直线前进的方向为正方向。如图 6-5 所示,如果从 A 点到 B 点为前进方向,则直线 AB 的坐标方位角 α_{AB} 为正方位角;相对于前进方向,由 B 点到 A 点为反方向,则直线 BA 的坐标方位角 α_{BA} 为 α_{AB} 的反方位角。

要注意,正、反方位角的概念是相对的,如果确定 B 点到 A 点为前进方向,则 α_{BA} 为正方位角,α_{AB} 为反方位角。

由于在一个高斯平面直角坐标系内各点处坐标北方向均是平行的,所以一条直线的正、反坐标方位角相差 $180°$,即

$$\alpha_{正} = \alpha_{反} \pm 180° \qquad (6\text{-}6)$$

式中:$\alpha_{反} \geqslant 180°$ 时,取"一"号;$\alpha_{反} < 180°$ 时,取"十"号。

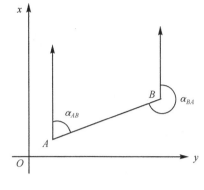

图 6-5

二、坐标方位角推算

实际测量工作中,并不直接测定每条直线的坐标方位角,而是通过已知坐标方位角和观测的水平夹角 β 来推算的。在推算时 β 角有左角和右角之分,其推算公式也不同。所谓左角(右角)是指该角位于推算前进方向左侧(右侧)的水平夹角。

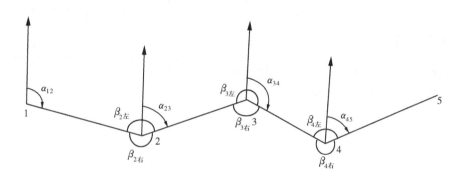

图 6-6

如图 6-6 所示,以 α_{12} 为起始方位角、各转折角为左角。从图中可以看出

$$\alpha_{23} = \alpha_{12} + \beta_{2左} - 180°$$

同理可得:

$$\alpha_{34} = \alpha_{23} + \beta_{3左} - 180°$$
$$\alpha_{45} = \alpha_{34} + \beta_{4左} - 180°$$

即可归纳出,按后面一边的已知坐标方位角 $\alpha_{后}$ 和左角 $\beta_{左}$,推算前进方向前面一边的坐标方位角 $\alpha_{前}$ 的一般公式为

$$\alpha_{前} = \alpha_{后} + \beta_{左} - 180° \qquad (6\text{-}7)$$

由于左角和右角关系为 $\beta_{左} + \beta_{右} = 360°$,因此,按右角推算前进方向各边坐标方位角的一般公式为

$$\alpha_{前} = \alpha_{后} + 180° - \beta_{右} \qquad (6\text{-}8)$$

坐标方位角的角值范围为 $0 \sim 360°$,不应有负值或大于 $360°$ 的值。如果算得结果大于 $360°$ 则减 $360°$,如果算得结果为负值,则加 $360°$。

第三节　坐标计算原理

一、坐标增量

两点平面直角坐标值之差称为坐标增量。如图 6-7 所示,在直角坐标系中有 A、B 两点,其坐标分别为(x_A,y_A)及(x_B,y_B),则 A、B 两点之间的坐标增量为

$$\left.\begin{array}{l}\Delta x_{AB}=x_B-x_A\\\Delta y_{AB}=y_B-y_A\end{array}\right\} \tag{6-9}$$

根据式(6-9),如果已知两点坐标,则可计算出坐标增量;如果已知一点坐标及该点至另一点的坐标增量,则可按下式计算出另一点的坐标。

$$\left.\begin{array}{l}x_B=x_A+\Delta x_{AB}\\y_B=y_A+\Delta y_{AB}\end{array}\right\} \tag{6-10}$$

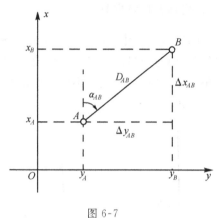

图 6-7

二、坐标正算

根据直线始点的坐标、直线长度及其坐标方位角计算直线终点的坐标,称为坐标正算。

由图 6-7 得

$$\left.\begin{array}{l}\Delta x_{AB}=D_{AB}\cos\alpha_{AB}\\\Delta y_{AB}=D_{AB}\sin\alpha_{AB}\end{array}\right\} \tag{6-11}$$

根据上式计算坐标增量时,sin 和 cos 函数值随着 α 角所在象限不同而有正负之分,因此算得的坐标增量同样具有正、负号。

将式(6-11)代入式(6-10),得

$$\left.\begin{array}{l}x_B=x_A+D_{AB}\cos\alpha_{AB}\\y_B=y_B+D_{AB}\sin\alpha_{AB}\end{array}\right\} \tag{6-12}$$

例 6-1　设 AB 边长为 $D_{AB}=123.45$ 米,方位角为 $\alpha_{AB}=78°36'48''$,若 A 点坐标为 $x_A=2\,345.67$ 米,$y_A=7\,234.78$ 米,试求 B 点坐标。

解　$x_B=2\,345.67+123.45\cos78°36'48''=2\,370.04$ 米

$y_B=7\,234.78+123.45\sin78°36'48''=7\,355.80$ 米

三、坐标反算

根据直线始点和终点的坐标,计算直线的边长和坐标方位角,称为坐标反算。

由图 6-7 可看出

$$D_{AB}=\sqrt{\Delta x_{AB}^2+\Delta y_{AB}^2}=\sqrt{(x_B-x_A)^2+(y_B-y_A)^2} \tag{6-13}$$

$$\alpha_{AB}=\arctan\frac{\Delta y_{AB}}{\Delta x_{AB}}=\arctan\frac{y_B-y_A}{x_B-x_A} \qquad (6\text{-}14)$$

应当注意的是,用式(6-14)计算方位角时,由于反三角函数的多值性,要根据坐标增量的正负号,来确定直线所在的象限。当用计算器计算时,得到的是反三角函数的主值,即为象限角,角值在$-90\sim90°$之间,如直线位于第 Ⅰ 象限,计算值就是坐标方位角;如直线位于第 Ⅱ、Ⅲ 象限,则应加 $180°$;如直线位于第 Ⅳ 象限,则应加 $360°$。

例 6-2 已知 A、B 两点的坐标分别为 $x_A=104\ 342.99$ 米,$y_A=573\ 814.29$ 米,$x_B=102\ 404.50$米,$y_B=570\ 525.72$米,试计算 AB 的边长及坐标方位角。

解
$$D_{AB}=\sqrt{(x_B-x_A)^2+(y_B-y_A)^2}$$
$$=\sqrt{(102\ 404.50-104\ 342.99)^2+(570\ 525.72-573\ 814.29)^2}=3\ 817.39\ 米$$

$$\alpha_{AB}=\arctan\frac{y_B-y_A}{x_B-x_A}$$
$$=\arctan\frac{570\ 525.72-573\ 814.29}{102\ 404.50-104\ 342.99}=239°28'56''$$

第四节　罗盘仪测定磁方位角

在小地区普通测量中,若没有已知方位角资料时,可用罗盘仪直接测定,虽精度不高,但能满足基本要求,又由于其结构简单,携带、使用方便,一般在小地区的独立坐标系中或在野外地质、地理调查中常用罗盘仪测定直线的磁方位角。

一、罗盘仪的构造

罗盘仪由磁针、度盘、瞄准设备三部分组成。图 6-8(a)所示为我国使用较多的一种国产罗盘仪。

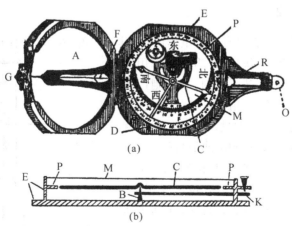

(a)

(b)

图 6-8

A. 反光镜;B. 顶针;C. 磁针;D. 按钮;E. 圆盒;F. 透明孔;G. 准星

K. 小杠杆;M. 玻璃盖;O. 觇孔;P. 度盘;R. 觇板

罗盘仪的度盘,按逆时针方向由 0° 注记到 360°,其 0° 注记在南北直径的北分划线处,如图 6-8(a)所示。

二、罗盘仪的使用

用罗盘仪来测定直线的磁方位角时,先将罗盘仪安置在直线的一端,使其水平(使盒内圆水准气泡居中),然后用准星和觇孔去瞄准直线另一端的标杆。松按钮使磁针在水平面内自由转动,待静止后按下列规则读取方位角:

1. 如接物觇板与刻度圈 0° 连在一起,则根据磁针北端读取磁方位角。

2. 如接物觇板与刻度圈 180° 连在一起,则根据磁针南端读取磁方位角。图 6-9 所示的磁方位角为 120°。

磁针北端一般涂成黑色,南端绕有铜丝,可消除磁针北端的下倾。

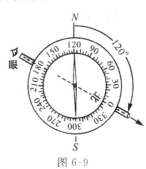

图 6-9

罗盘仪可拿在手里,也可放在三脚架上,如要使读数准确,也可将罗盘仪与经纬仪联合使用。

罗盘仪使用时应注意:罗盘仪须置平,磁针能自由转动;测量时应避开高压电线、铁质工具等对磁针有影响的物体;观测人员更不应随身携带铁质物体和用具。

第五节　陀螺经纬仪测定真方位角

陀螺经纬仪是陀螺仪和经纬仪相结合的定向仪器。陀螺仪内悬挂有三向自由旋转的陀螺,利用陀螺的特性定出真北方向,再用经纬仪测出北方向与直线的水平角,即可确定出直线的真方位角。隧道和矿山等工程的测量常用陀螺经纬仪定向。

一、陀螺仪的定向原理

自由陀螺有两项特性:①在没有外力矩作用时,其转轴的空间方位保持不变,即所谓定轴性;②在外力矩(定向力矩)作用下,当力矩作用的旋转轴与陀螺的转轴不在同一铅垂面时,转轴则产生"进动",沿最短路径向外力矩作用的旋转轴靠拢,直至两轴在同一铅垂面为止,即所谓进动性。陀螺仪就是利用自由陀螺这两项特性来达到寻北的目的。

如图 6-10 所示,当转轴 x 平行于地面东$_{\mathrm{I}}$—西$_{\mathrm{I}}$时,重量 Q 不引起定向力矩,x 轴的方位不受影响。但是在下一时刻,由于地球绕南北轴自转,在其角速度有效分量影响下,使得地平面绕其测站真北方向旋转,东半部下降,西半部上升,到东$_{\mathrm{II}}$—西$_{\mathrm{II}}$位置。这时相对地平东$_{\mathrm{II}}$—西$_{\mathrm{II}}$,则转轴 x 东端升起,西端下降,在子午线方向施加了一个由 Q' 引起的定向力矩,

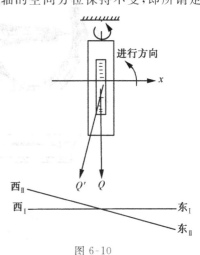

图 6-10

于是 x 的正端在水平面上向真北方向进动,直到两者位于同一铅垂面为止。从理论上讲,此时 x 轴应指向真北。但是由于陀螺仪的惯性,悬挂陀螺仪的扭力以及力矩引起的超过真北后的反向进动,使得 x 轴在真北方向左右摆动。为此,观测 x 轴在东西逆转点时的水平度盘读数,取其平均值,即可定出真北方向。

二、陀螺仪的构造

陀螺仪外观如图 6-11 所示。如图 6-12 所示,陀螺仪的陀螺马达(1)装在密封的陀螺房(2)中,通过悬挂柱(3)及悬挂带(4)悬挂,用三根导流丝(5)给陀螺马达供电,在悬挂柱上装有带光标和物镜的镜管(6),它们共同构成陀螺灵敏部。光标经照亮后通过物镜成像在目镜分划板(7)上,光标像在目镜视场内的摆动反映了陀螺灵敏部的摆动,(8)表示锁紧限幅机构,拧动仪器外部操作手轮,由凸轮(9)带动锁紧限幅机构的升降,从而使陀螺灵敏部托起(锁紧)和下放(摆动)。仪器外壳内壁装有磁屏蔽罩(10),用来防止外界磁场的干扰。陀螺仪和经纬仪的连接靠经纬仪上部桥形支架(11)及螺纹压(12)压紧来实现,二者连接的稳定性是通过桥形支架顶部三个球形顶尖插入陀螺仪底部三条向心"V"形槽,达到强制归心。

图 6-13 为陀螺仪结合全站仪的全站陀螺仪示意图。

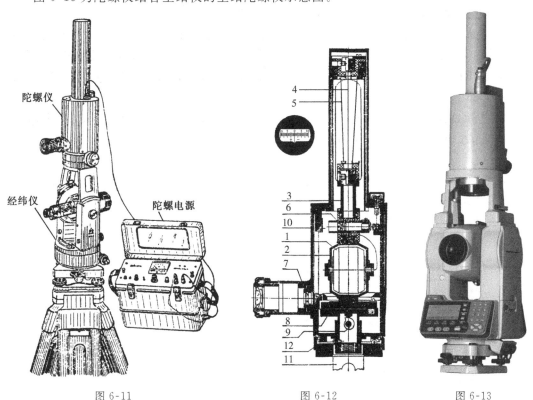

陀螺仪

经纬仪

陀螺电源

图 6-11　　　　　　　　图 6-12　　　　　　　　图 6-13

三、真方位角观测

1. 粗略定向

在测站上整置陀螺经纬仪,望远镜在盘左位置,近似指向北方。开动马达至额定转速,放下灵敏部,用手扶照准部跟踪,使目镜视场内的光标像随时与分化板 0 刻线重合。当陀螺运动至逆转点,光标出现短暂停顿时,随即在水平度盘上读数。同法继续向反方向跟踪,到达另一逆转点时,在度盘上读取另一读数,至此可拧动操作手轮,托起灵敏部,制动陀螺,取两读数的平均值,将照准部转到度盘读数为平均值的位置,望远镜则近似地指向北方。

2. 精密定向

在粗略定向的基础上,进行精密定向。将水平微动螺旋置于中程位置,开动马达至额定转速,放下灵敏部,待摆动稳定后开始用微动螺旋跟踪。当到达一个逆转点时,在水平读盘上读数,然后朝相反的方向继续跟踪和读数,通常最少需要连续读 5 个逆转点的读数。每三个连续的读数计算一个中心位置,最后取各中点的平均值。

习 题 六

1. 什么叫直线定向?为什么要进行直线定向?

2. 测量上作为定向依据的标准方向有哪些?什么叫方位角?

3. 真方位角、磁方位角、坐标方位角三者的关系是怎样的?

4. 已知 A 点的磁偏角为西偏 $18'$,过 A 点的真子午线与中央子午线的收敛角为 $+3'$,直线 AB 的坐标方位角 $\alpha = 66°22'$,求 AB 直线的真方位角与磁方位角。

5. 某五边形的各内角 $\beta_1 = 90°$、$\beta_2 = 130°$、$\beta_3 = 70°$、$\beta_4 = 128°$、$\beta_5 = 122°$,各角与点号对应,各点按逆时针方向编号,已知 1~2 边的坐标方位角为 $30°$,求其他各边的坐标方位角。

6. 设 EF 的边长为 240.74 米,方位角为 $127°39'12''$,若 E 点坐标为 $x_E = 1\ 246.37$ 米,$y_E = 979.65$ 米,求 F 的坐标。

7. 已知 A、B 两点的坐标为 $x_A = 697.54$ 米,$y_A = 1\ 248.52$ 米,$x_B = 1\ 295.24$ 米,$y_B = 866.44$ 米,求 AB 的边长及方位角。

测量学课堂测验(三)

姓名_____ 专业_____ 学号_____

1. 高程测量、角度测量、距离测量中,哪一种适合使用相对误差衡量测量精度?

2. 衡量测量精度的指标有哪些?

3. 写出误差传播定律的关系式。

4. 方位角的取值范围是多少?

5. 什么是坐标增量?

第七章 小地区控制测量

第一节 控制测量概述

在地形图的测绘以及工程建设的施工放样中，为了保证精度，防止测量误差的积累，必须遵循"从整体到局部"、"先控制后碎部"的原则。应先在测区内选择若干控制点，组成控制网，用比较精确的方法测出控制点的平面位置和高程，然后以这些点为依据进行碎部测量。

在全国范围内由一系列国家等级控制点所构成的控制网为国家基本控制网，它是全国各种比例尺测图和工程建设的基本控制。我国国家平面控制用三角测量、导线测量及全球定位系统(GPS)等方法施测，国家高程控制主要用水准测量方法施测。国家控制网按控制次序和施测精度分为一、二、三、四等，其中一等精度最高，点的密度则是一等最稀。

在为城镇、工矿企业、交通运输及能源等工程建设所进行的工程测量中，平面控制网的建立可采用卫星定位测量、导线测量、三角形网测量等方法。平面控制网精度等级的划分，卫星定位测量控制网依次为二、三、四等和一、二级，导线及导线网依次为三、四等和一、二、三级，三角形网依次为二、三、四等和一、二级。高程控制测量精度等级的划分，依次为二、三、四、五等；各等级高程控制测量宜采用水准测量，四等及以下等级可采用电磁波测距三角高程测量，五等也可采用 GPS 拟合高程。

当上述等级平面控制点和高程控制点的密度不能满足测图要求时，可根据需要在高级控制点间进行控制点的加密，这种直接用于测绘地形图的控制点称为图根控制点，简称图根点，也叫地形控制点，测定图根控制点的工作称为图根控制测量。图根平面控制可采用图根导线、极坐标法、边角交会和 GPS 测量等方法。图根高程控制，可采用图根水准测量、电磁波测距三角高程测量等方法。

在小范围内(一般面积在 15 平方千米以下)建立的控制网，称为小地区控制网。小地区控制网一般应与国家控制网联系起来；如果测区内或附近无高级控制点，也可建立测区独立控制网。小地区控制测量视测区大小及工程要求可分级建立，在全测区范围内建立的控制网，称为首级控制网。

一、平面控制测量

平面控制测量是确定控制点平面坐标的测量工作。

首先在测区范围内布设控制点，组成控制网，然后测出控制网中的边长或水平角，再根据已知点的平面坐标推算出未知点的平面坐标。控制网组成折线形的叫导线网，如图 7-1 所示；由一系列相连的三角形构成的控制网叫三角形网，三角形网是三角网、三边网和边角网的统称。如图 7-2 所示,当观测量为角度时,则称为三角网(三角网成锁状的称为三角锁,如图 7-3 所示),当观测量为边长时则叫三边网,当既观测边长又观测角度时则称为边角网。

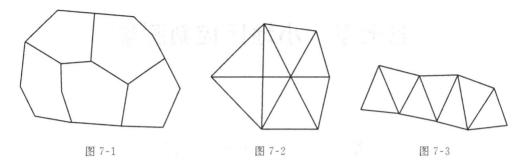

图 7-1　　　　　　　　图 7-2　　　　　　　　图 7-3

1. 国家平面控制网

国家平面控制网是确定地貌地物平面位置的坐标体系,按控制等级和施测精度分为一、二、三、四等网。目前提供使用的国家平面控制网含三角点、导线点共 154348 个,构成 1954 北京坐标系、1980 西安坐标系两套系统。

我国 GPS 控制网划分为 A、B、C、D、E 共五个等级。其中,A、B 级网是国家大地基本网;C 级以下用来加密大地基本网或其他 GPS 测量,例如工程测量控制网、城市测量控制网等。

"2000 国家 GPS 大地控制网"由国家测绘局布设的高精度 GPS A、B 级网,总参测绘局布设的 GPS 一、二级网,中国地震局、总参测绘局、中国科学院、国家测绘局共建的中国地壳运动观测网组成。该控制网整合了上述三个大型的、有重要影响力的 GPS 观测网的成果,共 2 609 个点;通过联合处理将其归于一个坐标参考框架,形成了紧密的联系体系,可满足现代测量技术对地心坐标的需求,同时为建立我国新一代的地心坐标系统打下了坚实的基础。

2. 工程控制网

为工程建设布设的测量控制网称为工程控制网。与国家控制网相比较,工程控制网的控制面积较小、边长较短、绝对误差较小。

工程平面控制网的布设,应遵循的原则为:首级控制网的布设,应因地制宜,且适当考虑发展;当与国家坐标系联测时,应同时考虑联测方案。首级控制网的等级,应根据工程规模、控制网的用途和精度要求合理确定。加密控制网,可越级布设或同等级扩展。

工程平面控制网的坐标系统,应在满足测区内投影长度变形不大于 2.5cm/km 的要求下,作下列选择:

1)采用统一的高斯投影 3° 带平面直角坐标系统。

2)采用高斯投影 3° 带,投影面为测区抵偿高程面或测区平均高程面的平面直角坐标系统;或任意带,投影面为 1985 国家高程基准面的平面直角坐标系统。

3)小测区或有特殊精度要求的控制网,可采用独立坐标系统。

4)在已有平面控制网的地区,可沿用原有的坐标系统。

5)厂区内可采用建筑坐标系统。

工程平面控制网的主要技术要求见表 7-1、表 7-2 及表 7-3。

表 7-1　卫星定位测量控制网的主要技术要求

等级	平均边长/千米	固定误差/毫米	比例误差系数/(毫米/千米)	约束点间的边长相对中误差	约束平差后最弱边相对中误差
二等	9	≤10	≤2	≤1/250 000	≤1/120 000
三等	4.5	≤10	≤5	≤1/150 000	≤1/70 000
四等	2	≤10	≤10	≤1/100 000	≤1/40 000
一级	1	≤10	≤20	≤1/40 000	≤1/20 000
二级	0.5	≤10	≤40	≤1/20 000	≤1/10 000

表 7-2　工程导线测量的主要技术要求

等级	导线长度/千米	平均边长/千米	测角中误差/″	测距中误差/毫米	测距相对中误差	测回数 1″级仪器	测回数 2″级仪器	测回数 6″级仪器	方位角闭合差/″	导线全长相对闭合差
三等	14	3	1.8	20	1/150 000	6	10	—	$3.6\sqrt{n}$	≤1/55 000
四等	9	1.5	2.5	18	1/80 000	4	6	—	$5\sqrt{n}$	≤1/35 000
一级	4	0.5	5	15	1/30 000	—	2	4	$10\sqrt{n}$	≤1/15 000
二级	2.4	0.25	8	15	1/10 000	—	1	3	$16\sqrt{n}$	≤1/10 000
三级	1.2	0.1	12	15	1/7 000	—	1	2	$24\sqrt{n}$	≤1/5 000

注：①表中 n 为测站数；②当测区测图的最大比例尺为 1：1 000 时，一、二、三级导线的平均边长及总长可适当放长，但最大长度不应大于表中规定的 2 倍。

表 7-3　工程三角形网的主要技术要求

等级	平均边长/千米	测角中误差/″	测边相对中误差	最弱边长相对中误差	测回数 1″级仪器	测回数 2″级仪器	测回数 6″级仪器	三角形最大闭合差/″
二等	9	1	≤1/25 万	≤1/12 万	12	—	—	3.5
三等	4.5	1.8	≤1/15 万	≤1/7 万	6	9	—	7
四等	2	2.5	≤1/10 万	≤1/4 万	4	6	—	9
一级	1	5	≤1/4 万	≤1/2 万	—	2	4	15
二级	0.5	10	≤1/2 万	≤1/1 万	—	1	2	30

注：当测区测图的最大比例尺为 1：1 000 时，一、二级网的平均边长可适当放长，但不应大于表中规定的 2 倍。

3. 图根控制

图根控制是直接为地形测图而建立的，图根控制是在高级控制点间加密，以满足测图的需要。图根点的精度，相对于邻近等级控制点的点位中误差，不应大于图上 0.1 毫米。图根平面控制常采用图根导线、极坐标法、边角交会和 GPS 测量等方法。

图根导线测量的主要技术要求见表 7-4。

表 7-4　图根导线测量的主要技术要求

导线长度/米	相对闭合差	测角中误差/″		DJ6 测回数	方位角闭合差/″	
		一般	首级		一般	首级
≤aM	1/(2 000a)	30	20	1	$60\sqrt{n}$	$40\sqrt{n}$

注：①a 为比例系数，取值宜为 1，当采用 1：500、1：1 000 比例尺测图时，其值可在 1～2 之间选用。

②M 为测图比例尺分母，但对于工矿区现状图测量，不论测图比例尺大小，M 均应取值为 500。

③隐蔽或施测困难地区相对闭合差可放宽，但不应大于 1/(1 000a)。

二、高程控制测量

高程控制测量是确定控制点高程的测量工作。

1. 国家水准测量

国家高程控制网是确定地貌地物海拔高程的坐标系统，按控制等级和施测精度分为一、二、三、四等网。目前提供使用的 1985 国家高程系统共有水准点成果 114 041 个，水准路线长度为 416 619.1 千米。

一等水准网是国家高程控制的骨干，除作为扩展低等级高程控制网的基础外，还为科学研究（如监测地壳运动和地面垂直运动等）提供依据。一等水准路线沿路面坡度平缓、交通不太繁忙的交通路线布设，水准路线闭合成环，并构成网状。

二等水准网是对一等水准网的加密，在一等水准环内布设，通常沿公路、大路及河流布设。

三、四等水准网是在一、二等水准网的基础上进一步加密，根据需要在高等级水准网内布设附合路线、环线或结点网，直接提供地形测图和各种工程建设所必需的高程控制点。

2. 工程高程控制测量

工程测量的高程控制按精度等级，依次为二、三、四、五等。各等级高程控制可采用水准测量，四等及以下等级可采用电磁波测距三角高程测量，五等也可采用 GPS 测量，各等级视需要，均可作为测区的首级高程控制。

首级网应布设成环形网，当加密时，应布设成附合路线或结点网。

工程测量的高程系统，宜采用 1985 国家高程基准。在已有高程控制网的地区进行测量时，也可用原高程系统；当小测区联测有困难时，亦可采用假定高程系统。工程水准测量的主要技术要求见表 7-5，工程电磁波测距三角高程测量的主要技术要求见表 7-6。

表 7-5　工程水准测量的主要技术要求

等级	每千米高差全中误差/毫米	路线长度/千米	水准仪型号	水准尺	观测次数		往返较差、附合或环线闭合差/毫米	
					与已知点联测	附合或环线	平地	山地
二等	2	—	DS₁	因瓦	往返各一次	往返各一次	$\pm4\sqrt{L}$	—
三等	6	≤50	DS₁	因瓦	往返各一次	往一次	$\pm12\sqrt{L}$	$\pm4\sqrt{n}$
			DS₃	双面		往返各一次		
四等	10	≤16	DS₃	双面	往返各一次	往一次	$\pm20\sqrt{L}$	$\pm6\sqrt{n}$
五等	15	—	DS₃	单面	往返各一次	往一次	$\pm30\sqrt{L}$	—

注：①结点之间或结点与高级点之间，其路线的长度，不应大于表中规定的 0.7 倍；

②L 为往返测段、附合或环线的水准路线长度（千米），n 为测站数；

③数字水准仪测量的技术要求和同等级的光学水准仪相同。

表 7-6 工程电磁波测距三角高程测量的主要技术要求

等级	每千米高差全中误差/毫米	边长/千米	观测方式	测回数	指标差较差/″	竖直角较差/″	对向观测较差/毫米	附合或环形闭合差/毫米
四等	10	≤1	对向观测	3	7	7	$40\sqrt{D}$	$20\sqrt{\sum D}$
五等	15	≤1	对向观测	2	10	10	$60\sqrt{D}$	$30\sqrt{\sum D}$

注:①D为电磁波测距边的长度(千米)。

②起讫点的精度等级,四等应起讫于不低于三等水准的高程点上,五等应起讫于不低于四等水准的高程点上。

③路线长度不应超过相应等级水准路线的长度限值。

3. 图根高程控制测量

图根高程控制,可采用图根水准、电磁波测距三角高程等方法。图根高程控制应起讫于不低于四等的高程点上,图根水准测量的主要技术要求见表 7-7,图根电磁波测距三角高程测量的主要技术要求见表 7-8。

表 7-7 图根水准测量的主要技术要求

每千米高差全中误差/毫米	附合路线长度/千米	水准仪型号	视线长度/米	观测次数		往返较差、附合或环线闭合差(毫米)	
				附合或闭合路线	支水准路线	平地	山地
20	≤5	DS$_{10}$	≤100	各一次	往返各一次	$\pm40\sqrt{L}$	$\pm12\sqrt{n}$

注:①L为往返测段、附合或环线的水准路线长度(千米),n为测站数。

②当水准路线布设成支线时,其路线长度不应大于 2.5 千米。

表 7-8 图根电磁波测距三角高程测量的主要技术要求

每千米高差全中误差/毫米	附合路线长度/千米	仪器精度等级	中丝法测回数	指标差较差/″	竖直角较差/″	对向观测较差/毫米	附合或环形闭合差/毫米
20	≤5	6″级仪器	2	5	25	$80\sqrt{D}$	$40\sqrt{\sum D}$

注:D为电磁波测距边的长度(千米)。

第二节 导线测量

一、导线的布设形式

在带状地区及通视条件较差的城镇建筑区、隐蔽区等测区进行控制测量时,常布设成导线形式。小地区控制的导线主要分一、二、三级及图根导线,主要技术要求见表 7-2,7-4。按照测区的实际情况和工程要求,小地区控制测量的导线通常布设成以下几种形式。

1. 闭合导线

如图 7-4 所示,闭合导线是从一个已知边的一个已知点出发,经过一系列导线点,最后仍回到起始点。

2. 附合导线

附合导线是从一个已知边的一个已知点出发,经过一系列导线点,最后附合到另一已知边的一个已知点上,如图 7-5 所示。

3. 支导线

如图 7-6 所示,支导线是从一个已知边的一个已知点出发,经过若干导线点,最后既不闭合到起始点,也不附合到另外已知点。

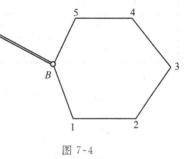

图 7-4

图 7-5

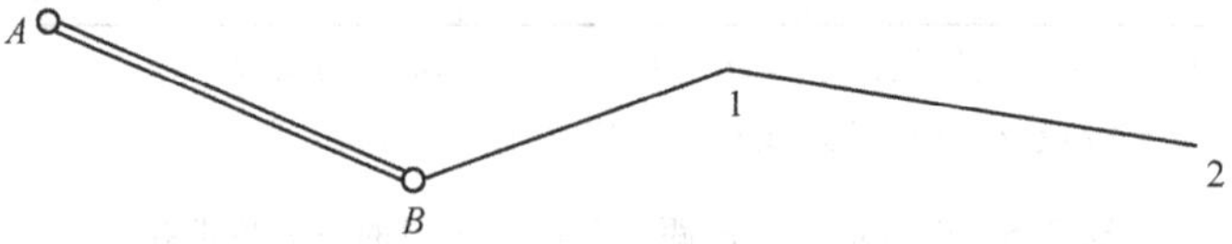

图 7-6

由于支导线没有检核条件,不易发现错误,一般用于难以布设闭合或附合导线的狭长地带及困难地区。支导线只能用于布设图根导线,导线平均边长及边数,应根据测图比例尺的不同,不超过表 7-9 的规定。

表 7-9　图根支导线平均边长及边数

测图比例尺	平均边长/米	导线边数
1∶500	100	3
1∶1 000	150	3
1∶2 000	250	4
1∶5 000	350	4

二、导线测量的外业工作

1. 踏勘选点及建立标志

在导线选点前,应先调查、收集测区已有的地形图和控制点的成果资料,然后到现场踏勘,了解测区现状和寻找已知点。根据测区具体情况和工程要求,先初步规划导线方案,然后在实地选定导线点。现场选点应注意以下几点:①相邻点间应通视良好,以便于测角及量边。导线边用钢尺丈量时,应选在地面平坦处。②点位应选在土质坚硬处,以便于安置仪器及保存标志。③导线点应选在视野开阔处,以便于施测碎部。④导线边的长度应大致相等。
⑤应有足够的密度,且分布均匀,便于控制整个测区。

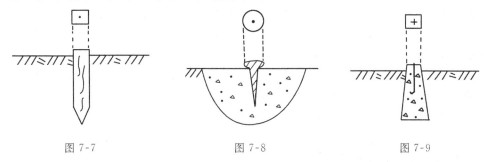

图 7-7   图 7-8   图 7-9

导线点选定后,应建立点的标志。临时性的一般在点位上打一木桩,桩顶钉一小钉,作
为标志的中心,如图 7-7 所示;在城市地区,导线一般沿道路布设,当不能打入木桩时,通常
打入大铁钉,称为道钉,道钉中心即为标志位置,如图 7-8 所示。如需长期保存,则要埋设混
凝土桩或标石,桩顶刻"十"字,作为标志中心,如图 7-9 所示。

导线点应统一编号,以便于测量资料的管理与计算。为方便寻找导线点,应在附近用红
漆写明导线点的编号;并量出导线点与附近固定地物点的距离,绘一草图,称为点之记,如图
7-10所示,三、四等导线点应绘点之记,其他控制点可视需要而定。

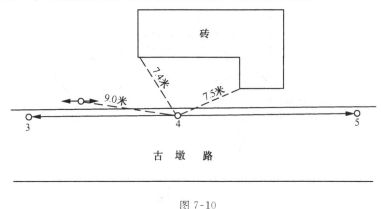

图 7-10

2. 量边

导线的边长可用全站仪或钢尺来施测。

对于图根导线,可采用电磁波测距仪单向施测;也可用钢尺丈量。当用钢尺往返测时,
其较差的相对误差应小于 1/3 000。当图根导线作为首级控制时,边长应往返丈量,其较差
的相对误差应小于 1/4 000。当图根导线布设成支导线时,往返测较差的相对误差应小于
1/3 000。

钢尺丈量的边长,当坡度大于 2%、温度超过钢尺检定温度 ±10℃ 或尺长修正大于
1/10 000时,应分别进行高差、温度、尺长的改正。

3. 测角

导线的水平角用经纬仪或全站仪测回法施测。闭合及附合图根导线用 6″级仪器观测
一测回。一般观测导线的左角或右角,为便于内业计算,防止混淆出错,应避免左、右角混
测。图根支导线的水平角用 6″仪器施测左、右角各一测回,其圆周角闭合差不应大于 40″。

三、导线测量的内业计算

导线测量内业计算的目的是计算各导线点的平面坐标。在计算之前,应全面检查外业观测记录成果,符合要求后,在导线略图上注明已知数据及实测的边长、转折角、连接角等观测数据,然后进行导线的坐标计算。

导线的内业计算应在规定的表格中进行,计算时,图根导线的角度值及方位角值通常取至秒;边长及坐标计算值通常取至毫米,坐标成果也可取至厘米。

1. 导线坐标计算的一般步骤

(1)角度闭合差的计算与调整。

(2)导线边方位角的推算。

(3)坐标增量的计算。

(4)坐标增量闭合差的计算与调整。

(5)导线点坐标计算。

2. 闭合导线坐标计算

图 7-11 所示为一图根闭合导线,1 点坐标及 1~2 边的坐标方位角为已知值,已知数据及观测数据见图,现要计算 2、3、4、5 点的坐标。计算过程如下(见表 7-10):

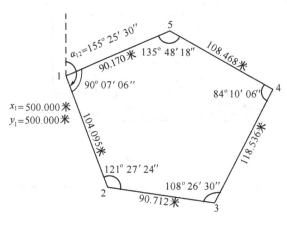

图 7-11

(1)角度闭合差的计算与调整

按照几何学原理,n 边形闭合导线内角和的理论值应为

$$\sum \beta_{理} = (n-2)180° \tag{7-1}$$

由于观测中不可避免地存在误差,使观测所得的闭合导线内角之和 $\sum \beta_{测}$ 不等于理论值,从而存在角度闭合差 f_β,即

$$f_\beta = \sum \beta_{测} - \sum \beta_{理} \tag{7-2}$$

图根导线的角度闭合差容许值 $f_{\beta容}$ 见表 7-4。

如果 $f_\beta > f_{\beta容}$,说明所测角度不满足要求,应重新检查计算,如计算无误,则应重新观测;如果 $f_\beta \leqslant f_{\beta容}$,则说明测角误差在容许范围内,满足精度要求,可进行角度闭合差的调整。

角度闭合差调整的方法是:反符号按角度个数平均分配。各角的改正数按下式计算

$$V_\beta = -\frac{f_\beta}{n} \tag{7-3}$$

改正数一般凑整至整秒,角度改正数写在各角度观测值的上方。

改正后内角和应为理论值 $\sum\beta_理$,并以此进行计算检核。

本例中角度个数 $n=5$, $\sum\beta_理 = (5-2)\times180° = 540°$, $\sum\beta_测 = 539°59'24''$, $f_\beta = -36''$, $f_{\beta容} = \pm60\sqrt{n} = \pm134''$,各角的改正数为 $V_\beta = 36/5 = 7''.2$,这时可任取一个角的改正数为 $8''$,其他 4 个角的改正数为 $7''$,改正后各内角之和为 $540°$。

表 7-10　闭合导线坐标计算

点号	转折角 /° ′ ″			改正后角值 /° ′ ″			方位角 /° ′ ″			边长 /米	坐标增量		改正后增量		坐标		点号
											Δx /米	Δy /米	Δx /米	Δy /米	x /米	y /米	
1							155	25	30	104.095	−0.027 −94.666	0.023 43.291	−94.693	43.314	500.000	500.000	1
2	121	27	24 (8)	121	27	32	96	53	02	90.712	−0.024 −10.873	0.020 90.058	−10.897	90.078	405.307	543.314	2
3	108	26	30 (7)	108	26	37	25	19	39	118.536	−0.031 107.142	0.026 50.709	107.111	50.735	394.410	633.392	3
4	84	10	06 (7)	84	10	13	289	29	52	108.468	−0.028 36.203	0.024 −102.248	36.175	−102.224	501.521	684.127	4
5	135	48	18 (7)	135	48	25	245	18	17	90.170	−0.024 −37.672	0.020 −81.923	−37.696	−81.903	537.696	581.903	5
1	90	07	06 (7)	90	07	13	155	25	30						500.000	500.000	1
2																	2
Σ	539	59	24	540	00	00				511.981	0.134	−0.113	0	0			

$\sum\beta_测 = 539°59'24''$ 　 $f_\beta = -36''$ 　 $f_x = 0.134$ 米 　 $f = \sqrt{f_x^2 + f_y^2} \doteq 0.175$ 米

$\sum\beta_理 = 540°00'00''$ 　 $f_{\beta容} = \pm60\sqrt{n} = \pm134''$ 　 $f_y = -0.113$ 米 　 $T = \dfrac{f}{\sum D} = \dfrac{1}{2\,900}$

(2)方位角推算

导线方位角的推算可按式(6-7)或式(6-8)进行,本例表 7-10 中导线计算的各点计算顺序为 1—2—3—4—5—1,对照图 7-11,则各转折角为左角,故应按式(6-7),即 $\alpha_前 = \alpha_后 + \beta_左 - 180°$ 来推算各导线边的方位角,有

$\alpha_{23} = \alpha_{12} + \beta_2 - 180° = 155°25'30'' + 121°27'32'' - 180° = 96°53'02''$

$\alpha_{34} = \alpha_{23} + \beta_3 - 180° = 25°19'39''$

$\alpha_{45} = \alpha_{34} + \beta_4 - 180° = 289°29'52''$

$\alpha_{51} = \alpha_{45} + \beta_5 - 180° = 245°18'17''$

$\alpha_{12} = \alpha_{51} + \beta_1 - 180° = 155°25'30''$

由上述方法推算得到的已知边 12 的方位角值应与已知数值相同,以此来作为计算的检核。

（3）坐标增量的计算

按式（6-11）计算各导线边的坐标增量。例如 12 边的坐标增量为

$$\Delta x_{12} = D_{12}\cos\alpha_{12} = 104.095\cos155°25'30'' = -94.666 \text{ 米}$$

$$\Delta y_{12} = D_{12}\sin\alpha_{12} = 104.095\sin155°25'30'' = 43.291 \text{ 米}$$

（4）坐标增量闭合差的计算与调整

由图 7-12 可看出，坐标增量有正、有负的，而闭合导线纵、横坐标增量之和的理论值应为零，即

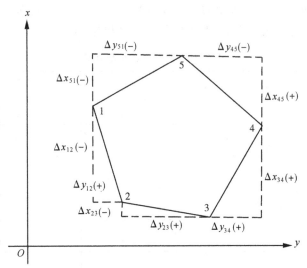

图 7-12

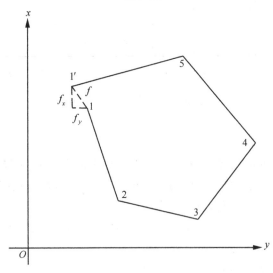

图 7-13

$$\left. \begin{array}{l} \sum\Delta x_{\text{理}} = 0 \\ \sum\Delta y_{\text{理}} = 0 \end{array} \right\} \qquad (7\text{-}4)$$

由于导线测量中的量边误差以及角度闭合差调整后的角度残余误差,使据此计算而得的纵、横坐标增量也带有误差,$\sum \Delta x_{测}$ 及 $\sum \Delta y_{测}$ 不等于零,从而产生纵、横坐标增量闭合差 f_x、f_y,即

$$
\left.
\begin{aligned}
f_x &= \sum \Delta x_{测} - \sum \Delta x_{理} = \sum \Delta x_{测} \\
f_y &= \sum \Delta y_{测} - \sum \Delta y_{理} = \sum \Delta y_{测}
\end{aligned}
\right\}
\tag{7-5}
$$

由于 f_x、f_y 的存在,使闭合导线不能闭合,如图 7-13 所示,图中 1-1′ 的间距是由导线的起点推算至终点位置与原有已知点位置的差距,这个差距称为导线全长闭合差,其值 f 可用下式计算:

$$
f = \sqrt{f_x^2 + f_y^2}
\tag{7-6}
$$

因为测量误差的积累性,导线越长,测边、测角误差的积累就越大,所以 f 与导线全长 $\sum D$ 有关,仅从 f 值的大小不能判定导线测量的精度。一般用 f 值与 $\sum D$ 之比来衡量导线测量的精度,并以分子为 1 的分式来表示。这个比值 T,也就是导线全长闭合差与导线全长之比,称为导线相对闭合差,即

$$
T = \frac{f}{\sum D} = \frac{1}{\dfrac{\sum D}{f}}
\tag{7-7}
$$

T 值越小,表示导线测量精度越高。图根导线容许的相对闭合差一般为 1/2 000(见表 7-4)。如果 $T > T_容$,则说明导线成果不合格,这时应检查计算有无错误,必要时重新观测;如果 $T \leqslant T_容$,说明满足精度要求,则可进行坐标增量闭合差的调整。

坐标增量闭合差的调整方法是:反符号按边长比例分配。各坐标增量的改正数按下式计算:

$$
\left.
\begin{aligned}
V_{\Delta x ij} &= -\frac{f_x}{\sum D} D_{ij} \\
V_{\Delta y ij} &= -\frac{f_y}{\sum D} D_{ij}
\end{aligned}
\right\}
\tag{7-8}
$$

闭合导线改正后的坐标增量之和应等于理论值零。本例中,$f_x = 0.134$ 米,$f_y = -0.113$ 米,$f = 0.175$ 米,$\sum D = 511.981$ 米,$T = 1/2\,900$,$T_容 = 1/2\,000$。由于 $T < T_容$,故可进行坐标增量闭合差的调整,其中 1−2 边的坐标增量改正数为

$$
V_{\Delta x12} = -\frac{f_x}{\sum D} D_{12} = -\frac{0.134}{511.981} \times 104.095 = -0.027 \text{ 米}
$$

$$
V_{\Delta y12} = -\frac{f_y}{\sum D} D_{12} = -\frac{-0.113}{511.981} \times 104.095 = 0.023 \text{ 米}
$$

其余各边的坐标增量改正数见表 7-10。坐标增量改正数写在各坐标增量的上方。

(5)导线点的坐标计算

坐标增量闭合差调整后,可根据起始点的已知坐标和改正后的坐标增量按式(6-10)推算出各导线点的坐标。例如,本例中 2 点的坐标为

$$
x_2 = x_1 + \Delta x_{12} = 500.00 - 94.693 = 405.307 \text{ 米}
$$

$$
y_2 = y_1 + \Delta y_{12} = 500.000 + 43.314 = 543.314 \text{ 米}
$$

其余各点的坐标计算方法同上。

闭合导线中,通过各点的坐标计算,最后求得的起始点的坐标应与原有的已知坐标相等,以此作为计算检核。

3. 附合导线坐标计算

附合导线的坐标计算步骤与闭合导线完全相同。由于导线形式及已知点的分布不同,仅是在计算角度闭合差及坐标增量闭合差时有所不同。

图 7-14 是某用于一般控制的图根导线,A、B、C、D 为已知点,导线起始边的方位角 α_{AB} 及终了边的方位角 α_{CD} 可用坐标反算方法求得。已知数据及观测数据注明于图上,导线坐标计算在表 7-11 中进行。下面主要介绍与闭合导线不同之处的计算方法。

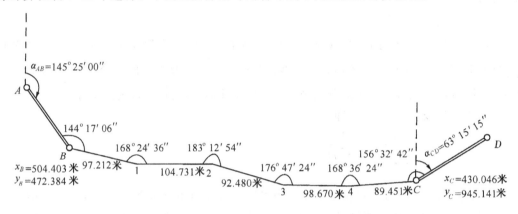

图 7-14

(1)角度闭合差的计算

根据起始边的方位角及观测所得各导线角,可推算出各导线边的方位角,本例所观测的是左角,可按式(6-8)来推算,由图可得

$$\alpha_{B1} = \alpha_{AB} + \beta_B - 180°$$
$$\alpha_{12} = \alpha_{B1} + \beta_1 - 180°$$
$$\alpha_{23} = \alpha_{12} + \beta_2 - 180°$$
$$\alpha_{34} = \alpha_{23} + \beta_3 - 180°$$
$$\alpha_{4C} = \alpha_{34} + \beta_4 - 180°$$
$$\alpha_{CD} = \alpha_{4C} + \beta_C - 180°$$

将以上各式相加,得

$$\alpha_{CD} = \alpha_{AB} + \sum\beta - 6 \times 180°$$
$$\sum\beta = \alpha_{CD} - \alpha_{AB} + 6 \times 180°$$

如果导线的角度观测不存在误差,则上式中的 $\sum\beta$ 即为附合导线各导线左角之和的理论值,写成通式则有

$$\sum\beta_{左理} = \alpha_{终} - \alpha_{始} + 180° n \tag{7-9}$$

式中,$\alpha_{终}$ 为终了边的方位角,$\alpha_{始}$ 为起始边的方位角,n 为角度个数。

如观测角度为右角,同样可得出附合导线各导线右角之和的理论值,即

$$\sum \beta_{右理} = \alpha_{始} - \alpha_{终} + 180° n \qquad (7\text{-}10)$$

由于观测中不可避免地存在误差,实际测得的各导线角之和 $\sum \beta_{测}$ 不等于理论值 $\sum \beta_{理}$,从而产生了角度闭合差 f_β。

$$f_\beta = \sum \beta_{测} - \sum \beta_{理} \qquad (7\text{-}11)$$

本例中,观测角度为左角,$\sum \beta_{左测} = 997°51'06''$,而 $\alpha_{始} = 145°25'00''$,$\alpha_{终} = 63°15'15''$,$n = 6$,则 $\sum \beta_{左理}$ 为

$$\sum \beta_{左理} = 63°15'15'' - 145°25'00'' + 6 \times 180° = 997°50'15''$$

因此 $f_\beta = \sum \beta_{测} - \sum \beta_{理} = 997°51'06'' - 997°50'15'' = 51''$

角度容许闭合差为

$$f_{\beta容} = \pm 60 \sqrt{n} = \pm 147''$$

由于 $f_\beta < f_{\beta容}$,则可进行角度闭合差的调整,调整方法与闭合导线相同(见表 7-11)。

表 7-11　附合导线坐标计算

点号	转折角 /° ′ ″			改正后角值 /° ′ ″			方位角 /° ′ ″			边长 /米	坐标增量 Δx/米	坐标增量 Δy/米	改正后增量 Δx/米	改正后增量 Δy/米	坐标 x/米	坐标 y/米	点号
A							145	25	00								A
B	144	17	06	144	16	57					0.023	−0.024			504.403	472.384	B
			−9				109	41	57	97.212	−32.768	91.523	−32.745	91.499			
1	168	24	36	168	24	27					0.025	−0.026			471.658	563.883	1
			−9				98	06	24	104.731	−14.768	103.684	−14.743	103.658			
2	183	12	54	183	12	45					0.022	−0.023			456.915	667.541	2
			−9				101	19	09	92.480	−18.151	90.681	−18.129	90.658			
3	176	47	24	176	47	16					0.023	−0.024			438.786	758.199	3
			−8				98	06	25	98.670	−13.915	97.684	−13.892	97.660			
4	168	36	24	168	36	16					0.021	−0.022			424.894	855.859	4
			−8				86	42	41	89.451	5.131	89.304	5.152	89.282			
C	156	32	42	156	32	34									430.046	945.141	C
			−8				63	15	15								
D																	D
Σ	997	51	06	997	50	15				482.544	−74.471	472.876	−74.357	472.757			

$$\sum \beta_{测} = 997°51'06'' \qquad f_\beta = \sum \beta_{测} - \sum \beta_{理} = 51'' \qquad f_x = -0.114 \text{ 米} \qquad f = \sqrt{f_x^2 + f_y^2} = 0.165 \text{ 米}$$

$$\sum \beta_{理} = 997°50'15'' \qquad f_{\beta容} = \pm 60 \sqrt{n} = \pm 147'' \qquad f_y = 0.119 \text{ 米} \qquad T = \frac{f}{\sum D} = \frac{1}{2\,900}$$

(2)坐标增量闭合差的计算

附合导线的起点及终点是已知点,因而坐标增量之和的理论值应为

$$\left. \begin{array}{l} \sum \Delta x_{理} = x_{终} - x_{始} \\ \sum \Delta y_{理} = y_{终} - y_{始} \end{array} \right\} \qquad (7\text{-}12)$$

式中:$x_始$、$y_始$、$x_终$、$y_终$ 分别为起点及终点的已知坐标。则坐标增量闭合差为

$$
\left.
\begin{aligned}
f_x &= \sum \Delta x_测 - \sum \Delta x_理 = \sum \Delta x_测 - (x_终 - x_始) \\
f_y &= \sum \Delta y_测 - \sum \Delta y_理 = \sum \Delta x_测 - (y_终 - y_始)
\end{aligned}
\right\}
\tag{7-13}
$$

本例中,$x_始 = 504.403$ 米,$y_始 = 472.384$ 米,$x_终 = 430.046$ 米,$y_终 = 945.141$ 米,因此 $\sum \Delta x_理$、$\sum \Delta y_理$ 分别为

$$\sum \Delta x_理 = 430.046 - 504.403 = -74.357 \text{ 米}$$

$$\sum \Delta y_理 = 945.141 - 472.384 = 472.757 \text{ 米}$$

而根据坐标增量的计算,得 $\sum \Delta x_测 = -74.471$ 米,$\sum \Delta y_测 = 472.876$ 米,所以坐标增量闭合差为

$$f_x = -74.471 - (-74.357) = -0.114 \text{ 米}$$

$$f_y = 472.876 - 472.757 = 0.119 \text{ 米}$$

$$f = \sqrt{(-0.114)^2 + 0.119^2} = 0.165 \text{ 米}$$

$$T = \frac{0.165}{482.544} = \frac{1}{2\,900}$$

4. 支导线坐标计算

由于支导线中没有多余观测量,因此也没有闭合差产生,因而在坐标计算中也不需进行闭合差的调整,所以支导线的计算比闭合导线及附合导线要简单,其计算步骤为:①将已知数据及观测数据填入导线坐标计算表。②导线边方位角的推算。③坐标增量的计算。④导线点坐标计算。

以上各步骤的计算方法与闭合导线或附合导线相同。

第三节　交会定点与极坐标法定点

为了满足测绘地形图的需要,控制点应具有足够的密度。图根控制点(包括高级点)的密度取决于测图比例尺和地形的复杂程度。一般地区图根点的个数,应不少于表 7-12 的要求。

表 7-12　一般地区解析图根点的个数

测图比例尺	图幅尺寸/厘米	解析图根点数量/个		
		全站仪测图	GPS-RTK 测图	平板测图
1∶500	50×50	2	1	8
1∶1 000	50×50	3	1~2	12
1∶2 000	50×50	4	2	15
1∶5 000	40×40	6	3	20

当导线点和其他控制点的密度不能满足测图或放样的要求时,需加密控制点。这时常用的方法是交会定点及极坐标法定点。其施测技术要求与图根导线一致。

一、测角交会

1. 前方交会

如图 7-15 所示,A、B 为已知点,P 为待定点,在 A、B 两点上观测了 α 与 β 角,从而可计算出 P 点的坐标。这种在两个已知控制点上,对待定点观测水平角,然后根据已知点坐标和观测角值,计算出待定点的坐标的方法,称为前方交会。为了保证交会点的精度,交会角 r 应在 $30\sim150°$ 之间。

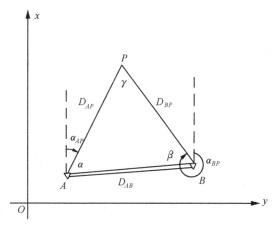

图 7-15

(1)间接计算法

已知点坐标反算:根据两已知点的坐标,按坐标反算公式计算已知点之间的边长 D_{AB} 及方位角 α_{AB}。

未知边边长计算:如图 7-15 所示,由正弦定理,得

$$\left.\begin{aligned} D_{AP} &= D_{AB}\frac{\sin\beta}{\sin\gamma} \\ D_{BP} &= D_{AB}\frac{\sin\alpha}{\sin\gamma} \end{aligned}\right\} \tag{7-14}$$

式中:$\gamma = 180° - \alpha - \beta$

未知边方位角计算:

$$\left.\begin{aligned} \alpha_{AP} &= \alpha_{AB} - \alpha \\ \alpha_{BP} &= \alpha_{BA} + \beta \end{aligned}\right\} \tag{7-15}$$

坐标计算:

$$\left.\begin{aligned} x_P &= x_A + D_{AP}\cos\alpha_{AP} \\ y_P &= y_A + D_{AP}\sin\alpha_{AP} \end{aligned}\right\} \tag{7-16}$$

$$\left.\begin{aligned} x_P &= x_B + D_{BP}\cos\alpha_{BP} \\ y_P &= y_B + D_{BP}\sin\alpha_{BP} \end{aligned}\right\} \tag{7-17}$$

以上两组坐标分别由 A、B 点推算,所得结果应当相等,可作为计算的检核。

（2）直接计算法

计算公式：

$$x_P = \frac{x_A \cot\beta + x_B \cot\alpha + y_B - y_A}{\cot\alpha + \cot\beta}$$
$$y_P = \frac{y_A \cot\beta + y_B \cot\alpha + x_A - x_B}{\cot\alpha + \cot\beta}$$

(7-18)

式(7-18)也叫余切公式。必须注意，用以上公式直接计算前方交会点的坐标时，已知点 A、B 和待定点 P 要按 A、B、P 逆时针编号，在 A 点观测为 α 角，在 B 点观测为 β 角，决不能对调或任意编号。

2. 侧方交会

如图 7-16 所示，A、B 为已知点，P 为待定点，在 A、P 两点上观测水平角 α 和 γ，从而可计算出 P 点的坐标。这种在一个已知点及待定点上，分别对另一个已知点观测水平角，然后根据已知点坐标和观测角值，计算出待定点坐标的方法，称为侧方交会。

侧方交会的坐标计算时，通常先按 $\beta = 180° - (\alpha + \gamma)$ 求出 B 点的水平角 β 值，然后再根据 A、B 两点坐标和 α、β 值，用前方交会方法计算 P 点坐标。

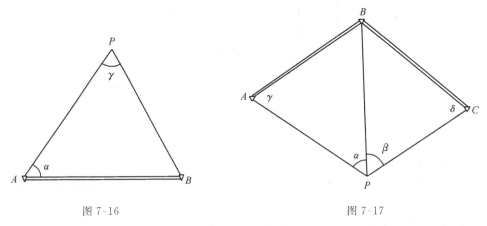

图 7-16   图 7-17

3. 后方交会

如图 7-17 所示，A、B、C 为已知点，P 为待定点，在 P 点观测了水平角 α、β，则可计算出 P 点的坐标。这种在待定点上对 3 个已知控制点观测 3 个方向间的两个水平角，然后根据 3 个已知点的坐标及两个观测角值，计算出待定点的坐标的方法，称为后方交会。

（1）后方交会的计算

如图 7-17 所示，设 $\angle BAP = \gamma$，$\angle PCB = \delta$，$\gamma + \delta = \varphi$，则有

$$\varphi = 360° - \alpha - \beta - \angle CBA$$

由正弦定律，得

$$\frac{D_{BP}}{\sin\gamma} = \frac{D_{AB}}{\sin\alpha}$$

$$\frac{D_{BP}}{\sin\delta} = \frac{D_{BC}}{\sin\beta}$$

由上两式可得

$$\frac{D_{AB}\sin\beta}{D_{BC}\sin\alpha}=\frac{\sin\delta}{\sin\gamma}$$

$$=\frac{\sin(\varphi-\gamma)}{\sin\gamma}$$

$$=\frac{\sin\varphi\cos\gamma-\cos\varphi\sin\gamma}{\sin\gamma}$$

$$=\sin\varphi\cot\gamma-\cos\varphi$$

所以

$$\cot\gamma=\cot\varphi+\frac{D_{AB}\sin\beta}{D_{BC}\sin\alpha\sin\varphi} \tag{7-19}$$

$$\gamma=\operatorname{arccot}\left(\cot\varphi+\frac{D_{AB}\sin\beta}{D_{BC}\sin\alpha\sin\varphi}\right) \tag{7-20}$$

$$\alpha_{AP}=\alpha_{AB}+\gamma \tag{7-21}$$

$$D_{AP}=\frac{\sin(180^\circ-\alpha-\gamma)}{\sin\alpha}D_{AB} \tag{7-22}$$

$$\left.\begin{array}{l} x_P=x_A+D_{AP}\cos\alpha_{AP} \\ y_P=y_A+D_{AP}\sin\alpha_{AP} \end{array}\right\} \tag{7-23}$$

（2）后方交会的危险圆问题

如图 7-18 所示，当待定点 P 正好位于通过 3 个已知点 A、B、C 的圆周上时，则无解（或无穷多解）。因为 P 点处在圆周的任何位置上，其 α 和 β 角均不变，此时后方交会就无法解算。因此，我们把通过 3 个已知点的圆称为危险圆。在进行后方交会时，应尽量避免待定点位于危险圆上及附近。

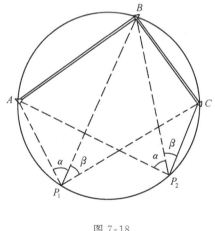

图 7-18

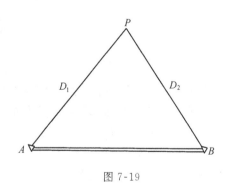

图 7-19

二、测边交会

如图 7-19 所示，A、B 为已知点，P 为待定点，测量 AP 及 BP 的边长 D_1 及 D_2，从而可计算出 P 点的坐标。这种观测待定点至两个已知点间的距离然后根据已知点坐标及观测边长，求出待定点的坐标的方法称为测边交会。

1. 已知点坐标反算

根据两已知点的坐标，按坐标反算公式计算已知点之间的边长 D_{AB} 及方位角 α_{AB}。

2. 计算 AP 及 BP 的方位角

由图 7-19,按余弦定理,得

$$\left.\begin{aligned} \angle A &= \arccos \frac{D_{AB}^2 + D_1^2 - D_2^2}{2D_{AB}D_1} \\ \angle B &= \arccos \frac{D_{AB}^2 + D_2^2 - D_1^2}{2D_{AB}D_2} \end{aligned}\right\} \tag{7-24}$$

所以

$$\left.\begin{aligned} \alpha_{AP} &= \alpha_{AB} - \angle A \\ \alpha_{BP} &= \alpha_{BA} + \angle B \end{aligned}\right\} \tag{7-25}$$

3. 待定点坐标计算。

$$\left.\begin{aligned} x_P &= x_A + D_{AP}\cos\alpha_{AP} \\ y_P &= y_A + D_{AP}\sin\alpha_{AP} \end{aligned}\right\} \tag{7-26}$$

$$\left.\begin{aligned} x_P &= x_B + D_{BP}\cos\alpha_{BP} \\ y_P &= y_B + D_{BP}\sin\alpha_{BP} \end{aligned}\right\} \tag{7-27}$$

以上两组坐标分别由 A、B 点推算,所得结果应当相同,可作为计算的检核。

三、全站仪极坐标法

全站仪极坐标法是以全站仪测角和测边,
按极坐标法确定图根点坐标的方法。随着全站仪的普及,用极坐标法来布设图根点已得到
了广泛的使用。

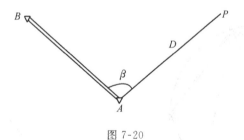

图 7-20

如图 7-20 所示,设 A、B 为已知点,P 为待定点,在 A 点用全站仪测出 β 角及边长 D,则
可根据 A 点的已知坐标及 AB 的方位角推算出 P 点坐标,即

$$\left.\begin{aligned} x_P &= x_A + D\cos(\alpha_{AB} + \beta) \\ y_P &= y_A + D\sin(\alpha_{AB} + \beta) \end{aligned}\right\} \tag{7-28}$$

1. 全站仪极坐标法的观测

全站仪极坐标法用全站仪施测。没有全站仪时,可用电磁波测距仪测边,用经纬仪测
角。用本法布设图根控制时,水平角可用 DJ6 经纬仪施测一测回,边长采用电磁波测距仪
施测一测回。观测时,半测回归零差应不大于 $20''$,两半测回角度较差不大于 $30''$,测距读数
较差不大于 20 毫米。

用全站仪极坐标法来加密图根控制点操作方便,布点灵活,并可在同一测站上同时布设
多个图根控制点,如图 7-21 所示。

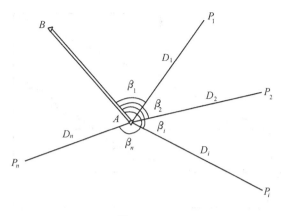

图 7-21

2. 算例

如图 7-21,已知 A、B 两点坐标为 $x_A=1\ 646.328$ 米,$y_A=830.660$ 米,$x_B=1\ 807.041$ 米,$y_B=719.853$ 米,测得 $\beta=89°\ 15'12''$,$D=205.936$ 米,求 P 点坐标。

解
$$\alpha_{AB}=\arctan\frac{y_B-y_A}{x_B-x_A}=325°\ 24'53''$$
$$x_P=x_A+D\cos(\alpha_{AB}+\beta)=1\ 765.423\ \text{米}$$
$$y_P=y_A+D\sin(\alpha_{AB}+\beta)=998.666\ \text{米}$$

第四节　三角高程测量

高程控制测量常用的方法有水准测量及三角高程测量。小地区高程控制的水准测量主要有三、四、五等水准测量及图根水准测量,其主要技术要求见表 7-5 及表 7-7,施测方法见第二章水准测量。

一、三角高程测量原理

如图 7-22 所示,A、B 为地面上两点,已知 A 点高程为 H_A,现欲测出 B 点高程 H_B。在 A 点安置经纬仪,B 点竖立觇标,瞄准觇标,测得竖直角 α,量取测站仪器高度 i 和觇标高度 l,若 A、B 两点间水平距离 D 已知,则可按下式算出 A、B 点的高差。
$$h_{AB}=D\tan\alpha+i-l \tag{7-29}$$
则 B 点高程为
$$H_B=H_A+h_{AB}=H_A+D\tan\alpha+i-l \tag{7-30}$$

二、地球曲率和大气折光的影响

式(7-29)是在假定地球表面为水平面,观测视线为直线的条件上导出的。实际上,由于地球曲率的缘故,用水平面代替水准面对高差将产生影响,这种影响称为地球曲率差。另一方面,由于受大气折光的影响,观测视线并非为一直线,而是一弧线,如用直线代替弧线,将对高差产生影响,这种影响称为大气折光差。以上两种误差简称"两差"。

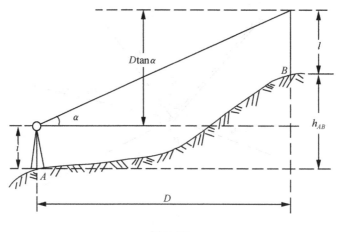

图 7-22

通常用加改正数的方法来消除地球曲率及大气折光对三角高程测量的影响。地球曲率差的改正数称为球差改正：

$$f_1 = \frac{D^2}{2R} \tag{7-31}$$

式中，f_1 为球差改正，D 为两点间水平距离，R 为地球半径，一般取平均值 6 371 千米。

大气折光差的改正数称为气差改正：

$$f_2 = -K\frac{D^2}{2R} \tag{7-32}$$

式中，f_2 为气差改正，K 为大气折光系数，K 值主要随大气的温度和压力而变化，一般在 0.10~0.16 之间，通常取 0.14。

球差改正恒为正值，气差改正恒为负值。球差改正和气差改正合在一起称为两差改正，即

$$f = f_1 + f_2 = (1-K)\frac{D^2}{2R} \tag{7-33}$$

取 $K = 0.14$，则有

$$f = 0.43\frac{D^2}{R} \tag{7-34}$$

由于 $f_1 > f_2$，所以两差改正 f 恒为正值。

当距离不大时，两差改正一般较小。当三角高程用于图根控制时，如 D 不大于 400 米，可不必考虑两差改正。加两差改正时，两点间高差为

$$h_{AB} = D\tan\alpha + i - l + f \tag{7-35}$$

当仅从 A 点向 B 点观测时，称为单向观测；如果不仅从 A 点向 B 点观测，而且也从 B 点向 A 点观测，则称为对向观测。对向观测时，其高差分别为

$$\left.\begin{array}{l} h_{AB} = D\tan\alpha_1 + i_1 - l_1 + f \\ h_{BA} = D\tan\alpha_2 + i_2 - l_2 + f \end{array}\right\} \tag{7-36}$$

对向观测取高差的平均值时，由于 h_{AB}、h_{BA} 符号相反，因而平均值中不含 f，所以对向观测不仅可提高观测精度，并且能消除地球曲率及大气折光对高差的影响，故通常应采用对向观测。

三、电磁波测距三角高程的观测

三角高程控制,一般在平面控制点的基础上进行。电磁波测距三角高程测量,通常分为四、五等及图根电磁波测距三角高程,其精度分别相当于四、五等及图根水准测量。

竖直角观测时,四等、五等应用 2″级仪器,图根可用 6″级仪器。仪器高度、觇标高度应在观测前后量测,精确量至 1 毫米。三角高程边长的测定,四等及五等应用 10mm 级仪器,四等采用往返各一次,五等及图根三角高程采用往一次施测。

电磁波测距三角高程测量的其他主要技术要求见表 7-6、7-8。

四、算例

已知 A 点高程为 38.365 米,现用图根电磁波测距三角高程测量 P 点的高程,观测数据及计算数据见表 7-13。

表 7-13　三角高程计算

待　求　点	P	
起　算　点	A	
观　　测	往	返
平距 D/米	486.720	486.720
竖直角 α	$4°54'42''$	$-4°55'30''$
$D\tan\alpha$/米	41.826	-41.941
仪高 i/米	1.522	1.492
觇标高 l/米	1.456	1.501
两差改正 f/米	0.016	0.016
高差/米	41.908	-41.934
往返测之差/米	-0.026	限差　　　0.056
平均高差/米	41.921	
起算点高程/米	38.365	
待求点高程/米	80.286	

第五节　全球导航卫星系统(GNSS)

一、卫星定位原理

卫星定位技术是在已知卫星在每一时刻的位置和速度的基础上,以卫星为空间基准点,通过测站接收设备,测定测站至卫星的距离来确定测站的位置的。

如图 7-23,设 P 为待定点,A、B、C 为空间 3 颗卫星,在某观测时刻,同时测定待定点至 3 颗卫星之间的距离 S_{AP}、S_{BP}、S_{CP},则可根据卫星的已知位置,按下式解算出 P 点的坐标。

$$\left.\begin{array}{l} S_{AP}{}^2=(x_A-x_P)^2+(y_A-y_P)^2+(z_A-z_P)^2 \\ S_{BP}{}^2=(x_B-x_P)^2+(y_B-y_P)^2+(z_B-z_P)^2 \\ S_{CP}{}^2=(x_C-x_P)^2+(y_C-y_P)^2+(z_C-z_P)^2 \end{array}\right\} \tag{7-37}$$

式中，(x_A,y_A,z_A)、(x_B,y_B,z_B)、(x_C,y_C,z_C) 分别为 3 颗卫星在某一时刻的三维坐标，(x_P,y_P,z_P) 为 P 点的三维坐标。利用坐标转换，可以将 P 点的三维空间坐标转换为平面直角坐标(x,y)和高程(H)。在原理上，有三颗卫星信号就可定出 P 点位置，但由于接收机时钟存在钟差，S_{AP}、S_{BP}、S_{CP} 不是准确的距离，称为伪距，所以必须有 4 颗以上卫星信号，才能较准确地定出 P 点坐标。

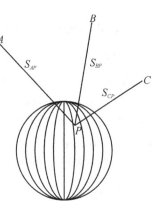

图 7-23

二、GNSS 的组成

GNSS 由空间卫星、地面监控系统和用户接收机三部分组成。以 GPS 为例，各部分如图 7-24 所示。

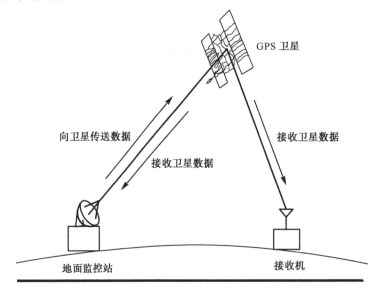

图 7-24

1. GPS 卫星

全球定位系统的空间卫星星座，由 24 颗卫星组成，其中包括 3 颗备用卫星。卫星分布在 6 个轨道面内，每个轨道面上分布 4 颗卫星，轨道平均高度为 20 200 千米，卫星运行周期为 11 小时 58 分。在同一观测站上，每天出现的卫星分布图形相同，每颗卫星每天约有 5 个小时在地平线以上，同时位于地平线以上的卫星数目，随时间和地点而异，最少为 4 颗，最多为 11 颗。每颗卫星能发送两种载波信号 L_1 和 L_2，频率分别为 $L_1 = 1\ 575.42\mathrm{MHz}$、$L_2 = 1\ 227.60\mathrm{MHz}$。

全球定位系统的工作卫星在空间的分布情况如图 7-25 所示。

GPS 卫星的主体呈柱形，如图 7-26 所示，直径约 1.5 米，两侧设有太阳能板。GPS 卫星的基本功能为：①接收和储存由地面监控站发来的导航信息；接收并执行监控站的控制指令。②进行必要的数据处理工作。③提供精密的时间标准。④向用户发送导航定位信息。⑤接收并执行地面监控站发送的调度命令。

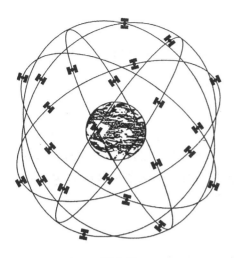

图 7-25 　　　　　　　　　　　　　　　　图 7-26

2. 地面监控系统

地面监控系统由 5 个地面站组成,其中包括 1 个主控站、3 个注入站和 5 个监测站,分别位于美国的科罗拉多、大西洋的阿松森群岛、印度洋的狄哥伽西亚、太平洋的卡瓦加兰及夏威夷。

地面监控系统的主要功能为:①跟踪观测 GPS 卫星。②收集数据。③编算导航电文。④诊断状态。⑤向 GPS 卫星注入导航电文。⑥调度卫星。

3. 用户接收机

GPS 接收机主要由主机、天线、电源及数据处理软件等组成。GPS接收机的型号有很多。如图 7-27 所示为南方 NGS9600 GPS 接收机。

GPS 接收机的主要功能为:①接收 GPS 卫星发射的无线电信号。②获得必要的定位信息及观测值。③进行数据处理完成导航定位工作。

三、GNSS 的特点

GNSS 定位技术相对经典测量技术,具有如下特点:

1. 定位精度高。应用 GNSS 技术,测定两点间相对位置的精度可达 $10^{-6} \sim 10^{-8}$。

2. 观测时间短。运用实时动态定位,其观测时间仅需数秒钟。

图 7-27

3. 操作简便。GNSS 测量的自动化程度很高,对卫星的捕获、跟踪观测、记录等均由仪器自动完成。

4. 全天候作业。GNSS 观测工作,可以在任何地点、任何时间连续地进行,一般不受天气状况的影响。

5. 观测站之间无须通视。GNSS 测量不要求控制网相邻点之间相互通视,因而布点较为灵活方便。

6. 提供三维坐标。GNSS 测量不仅能精确测定观测站的平面位置,而且能精确测定观测站的大地高程。

四、GNSS 定位的坐标系统

各 GNSS 都有自己的坐标系统,如 GPS 使用的坐标系统为 1984 年世界大地坐标系统 WGS-84,其地球椭球参数为

$$a = 6\ 378\ 137\ \text{米}$$
$$f = 1/298.257\ 223\ 563$$

要将 GNSS 测量所得的坐标转化为我国的高斯平面直角坐标或独立坐标系坐标,则需进行坐标转换。为了实现坐标转换,在布设 GNSS 控制网时,应联测若干已知控制点,这些联测的控制点经 GNSS 观测后,同时具有两套坐标,根据这两套坐标之间的差异,就可确定出两个坐标系统间的关系从而实现坐标系统之间的转换。

五、GNSS 定位的方法

GNSS 定位的方法有许多种,可以依据不同的用途采用不同的方法。GNSS 定位的方法可有如下分类。

1. 按接收机在作业中所处的状态来分

(1)静态定位

若接收机的位置是固定的叫静态定位。

(2)动态定位

若接收机的天线在定位过程中处于运动状态,则叫动态定位。

2. 如按参考点的不同位置划分

(1)绝对定位

绝对定位又叫单点定位,即在一个待定点上,用一台 GNSS 接收机同时接收 4 颗以上 GNSS 卫星的信号,测定接收机至卫星的距离后,解算出待定点的坐标。

绝对定位的优点是只需一台接收机即可独立定位,观测方便,数据处理简单。按照接收机天线所处的运动状态可分为静态单点定位和动态单点定位。

由于受卫星轨道偏差、卫星钟差、卫星信号传播误差及接收机本身误差的影响,单点定位的精度较低。当利用 GNSS 卫星发射的载波上的精码(即所谓 P 码),用其精密星历,单点实时定位精度为 5~10 米。由于 P 码是保密码,如 GPS 非经美国政府特许的广大用户只能使用无线电载波上的粗码(即所谓 C/A 码),加上美国政府的 SA 政策(也叫有选择可用性政策,即对卫星信号进行人为干扰,而用 P 码的用户,可用密匙自动消除 SA 的影响),单点定位的精度约为 100 米;如无 SA 政策,利用 C/A 码的广播星历,单点定位的精度为 20 米。2000 年 5 月,美国政府已取消了 SA 政策。

绝对定位通常用于飞机、舰船、车辆导航及矿产勘探、卫星遥感、军事作战等领域。

(2)相对定位

在 2 个或 2 个以上观测站上,设置 GNSS 接收机,同时跟踪观测相同的 GNSS 卫星,测定观测点之间的相对位置,称为相对定位,也叫差分 GNSS 定位。

因为相对定位是在两个或多个观测站,同步观测相同的卫星,因此可以有效地消除或减弱卫星的轨道误差、卫星钟的钟差、卫星星历误差、卫星信号在大气中的传播延迟误差及 SA 的影响等,从而可获得很高的相对定位精度。

相对定位中,因要求各站接收机必须同步跟踪观测相同的卫星,因而作业组织和实施较为复杂。根据用户接收机在定位过程中所处的状态不同,相对定位可分为静态相对定位和动态相对定位。

在相对定位中,如有位置是已知的基准点,则可精确地求得其他点的坐标。静态相对定位的精度可达毫米级。相对定位是最高精度的定位方法,广泛用于国家基本控制测量、工程控制测量、精密工程测量、高精度变形观测等。

3. 按所采用的观测量来分

(1)伪距定位

采用的观测量为 GNSS 伪距观测量,可以是 C/A 码伪距,也可以是 P 码伪距。伪距定位精度较低。

(2)载波相位定位

采用的观测量为 GNSS 的载波相位观测量,即载波信号 L_1 和 L_2 或它们的某种组合。

4. 按获得定位结果的时间来分

(1)实时定位

根据观测量可以实时地解算接收机天线的位置。

(2)非实时定位

对观测数据事后进行处理,从而获得定位结果。

必须注意,以上的定位分类都只考虑了 GNSS 定位的某一特征,在实际测量作业时,往往是几种定位方法的组合,如载波相位实时动态差分(简称 RTK)。

六、GNSS 网的精度标准

GNSS 网的精度要求,取决于网的用途。精度指标通常以网中相邻点之间的距离误差来表示,其计算式为

$$\sigma = \sqrt{a_0^2 + (b_0 D)^2} \tag{7-38}$$

式中:σ—网中相邻点间的距离误差(毫米);a_0—与接收设备有关的常量误差(毫米);b_0—比例误差(10^{-6});D—相邻点间的距离(千米)。

GNSS 相对定位的精度划分见表 7-14。

表 7-14　GNSS 相对定位的精度指标

测量分级	常量误差 a_0/毫米	比例误差 b_0/10^{-6}	相邻点间的距离/千米
A	≤5	≤0.1	100~200
B	≤8	≤1	15~250
C	≤10	≤5	5~40
D	≤10	≤10	2~15
E	≤10	≤20	1~10

七、GNSS 测量的实施

GNSS 测量工作与常规测量工作相类似,也分外业和内业两部分,主要包括技术设计、选点及建立标志、野外观测、观测成果检核、测后数据处理和技术总结等工作内容。

1. GNSS 网的技术设计

根据 GNSS 控制网的用途和用户要求,确定精度指标,设计网的图形结构和控制点的分布。

技术设计是一项基础性、全局性的工作,只有精心设计,选择最优方案,才能达到高精度、高效益。

2. 选点与建立标志

因为 GNSS 测量的观测站之间不要求相互通视,所以选点工作较为简便。选点时应注意以下几点:①观测站应远离大功率的无线电发射台和高压输电线等,以避免其电磁场对 GNSS 卫星信号的干扰,一般应远离 200 米以上。②观测站附近不应有强反射的大面积水域、平坦光滑的地面等对电磁波反射强烈的物体,以减弱 GNSS 卫星信号多路径误差的影响。③观测站设在视野开阔的地方,以避免测站附近的地貌、地物引起的较强的反射波及造成卫星信号的遮挡。通常视场内周围障碍物的高度角不大于 15°。

选点完成,应设置具有中心标志的标石,以确定标志点位。并应绘出 GNSS 点之记及点的环视图。

3. 观测。

(1)天线安置。

(2)观测作业

主要任务是捕获 GNSS 卫星,并对其进行跟踪、处理和测量,以获得所需的定位信息和观测数据。

(3)观测记录

观测记录主要有 2 种:①观测值记录。观测值由接收机自动形成,并自动记录在存储器上。②测量手簿。测量手簿由观测人员填写,用来记录天线高度、气象数据和观测人员、观测时间、观测仪器等。

(4)外业观测成果的检核

当外业观测完成后,在测区及时对观测数据的质量进行检核,以便及时发现不合格成果,并根据情况采取淘汰、重测或补测措施。

(5)观测数据的测后处理

GNSS 测量数据的测后处理,一般借助与接收机相应的后处理软件自动完成。随着定位技术的迅速发展,GNSS 测量数据处理软件的功能和自动化程度将不断增强和提高。

(6)技术总结

GNSS 测量的外业工作和数据处理结束后,应及时编写技术总结,提交有关成果资料。

习 题 七

1. 控制测量内容主要包括哪两个方面? 小地区平面控制测量的方法有哪些?

2. 小地区控制的导线有哪几种布设形式?

3. 闭合导线与附合导线在计算过程中有哪些异同?

4. 已知一条图根附合导线 A、B、1、2、M、N 的方位角 $\alpha_{AB}=149°40'20''$,$\alpha_{MN}=8°52'55''$,观测了所有的左角为:$\beta_B=168°03'14''$,$\beta_1=145°20'38''$,$\beta_2=216°46'26''$,$\beta_M=49°02'37''$,各

边长为：$D_{B1}=236.020$ 米，$D_{12}=189.110$ 米，$D_{2M}=147.620$ 米。已知坐标为：$x_B=5$ 806.000 米，$y_B=5\ 785.000$ 米，$x_M=5\ 475.600$ 米，$y_M=6\ 223.100$ 米，求 1、2 点的坐标。

5. 已知一条图根闭合导线 1、2、3、4、1，方位角 $\alpha_{12}=64°30'45''$，观测了 4 个内角（右角）分别为：$\angle1=86°18'06''$，$\angle2=86°25'37''$，$\angle3=89°36'23''$，$\angle4=97°39'54''$，4 条边长为：$D_{12}=177.970$ 米，$D_{23}=138.003$ 米，$D_{34}=161.822$ 米，$D_{41}=126.924$ 米，且 1 号点的坐标 $x_1=610.148$ 米，$y_1=813.818$ 米，求各点的坐标。

6. 有一条图根闭合导线 A、B、C、D、E、A，已知方位角 $\alpha_{AB}=96°51'36''$，观测了 5 个内角（左角）分别为：$\angle A=121°27'00''$，$\angle B=108°27'00''$，$\angle C=84°10'30''$，$\angle D=135°49'00''$，$\angle E=90°07'30''$，5 条边的边长为：$D_{AB}=201.602$ 米，$D_{BC}=263.403$ 米，$D_{CD}=241.000$ 米，$D_{DE}=200.404$ 米，$D_{EA}=231.300$ 米，又知 A 点的坐标为 $x_A=4\ 565.344$ 米，$y_A=3\ 455.472$ 米，试计算该闭合导线中 B、C、D、E 4 点的坐标。

7. GNSS 由哪几部分组成？

8. GNSS 定位技术有什么特点？

9. GNSS 测量工作内容有哪些？

第八章　地形图的基本知识

地形图是按一定的方法,将地面上的地物和地貌用规定的符号,依照一定的比例尺缩绘而成的正射投影图。所谓地物指的是地面上的固定物体,包括人工地物和自然地物,如城镇、厂矿、房屋、道路、桥梁、河流、湖泊等,用符号加注记来表示;而地貌则是指地球表面高低起伏、倾斜变化的形态,如高山、丘陵、平原、盆地等,用等高线来表示。

图 8-1 为城区居民地地形图,图 8-2 为山区等高线地形图。

地形图所表达的内容很多、很丰富,但主要包括数学要素、地理要素和整饰要素三大部分。

第一节　地形图的数学要素

一、比例尺

某一条直线的图上长度与实地长度之比称为比例尺。为了满足经济建设和国防建设的需要及避免编绘地形图时比例尺的零乱,我国的地形图比例尺系列规定为 1∶100 万、1∶50 万、1∶25 万、1∶10 万、1∶5 万、1∶2.5 万、1∶1 万、1∶5 千、1∶2 千、1∶1 千、1∶5 百等。工程测量中所涉及的地形图是比 1∶1 万比例尺更大的地形图,主要是 1∶2 000、1∶1 000 和 1∶500 等。

不管何种比例尺,我们把地形图上 0.1 毫米所表示的地面实际长度称为比例尺精度。根据比例尺精度,就可在测图时确定出量距应达到的准确程度,也可按图上需要表示出的实地最小距离来确定测图比例尺。如根据某工程设计需要,在图上要能表示出 0.05 米的实地距离,按上述原理,应采用的测图比例尺为:

$$\frac{1}{M} = \frac{0.1\text{mm}}{0.05\text{m}} = \frac{1}{500}$$

比例尺越大则精度越高,表示地面状况就越详细、准确,但同时所耗费的人力、物力也较大,甚至在使用上也不一定方便。一般工程中,地形图测图的比例尺,根据工程的设计阶段、规模大小和运营管理需要,可按表 8-1 选用。

城区居民地

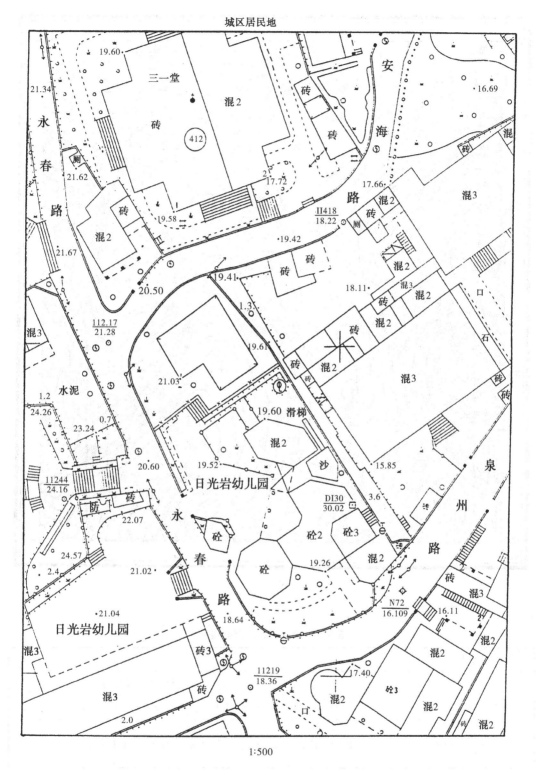

1:500

图 8-1

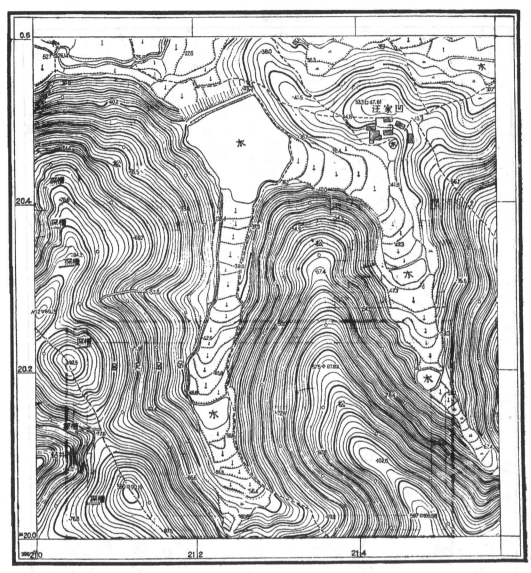

1:2000

图 8-2

表 8-1 地形图比例尺的选择

比例尺	用途
1:5 000	可行性研究、总体规划、厂址选择、初步设计等
1:2 000	可行性研究、初步设计、矿山总图管理、城镇详细规划等
1:1 000	初步设计、施工图设计;城镇、工矿总图管理;竣工验收等
1:500	

二、坐标网

坐标网即坐标格网,中、小比例尺地形图用的是地理坐标网;大比例尺地形图用的是直角坐标网。大比例尺地形图通常为 0.1 米×0.1 米的方格网,注有以千米为单位的坐标值。

三、控制点

测量控制点包括平面控制点和高程控制点,是地形测量、工程施工放样的依据。在地形图上必须精确地标出它们的位置,不同类型的控制点用不同的符号表示(见表8-2),符号的几何中心,就是实地上控制点标志的中心位置。

四、地形图定向

确定地形图上图形的方向叫地形图定向。规定图纸上方为北方,其余按顺时针依次为右东、下南、左西。大比例尺地形图通常用坐标北作为标准方向。

第二节　地形图的地理要素

一、地形图符号

1. 地物符号

(1)依比例尺符号

实地物体的形状和大小按测图比例尺缩绘的符号称为依比例尺符号,通常表示房屋、街道、湖泊等轮廓较大的地物。

(2)不依比例尺符号

实地物体的形状和大小不按测图比例尺表示的符号称为不依比例尺符号,通常表示控制点、面积较小的独立地物等无法按比例表示的地物。

(3)线形符号

凡线形延伸的地物,其长度按比例尺缩绘而宽度不按比例尺缩绘的符号称为线形符号,也叫半依比例尺符号,如电力线、通信线、栅栏及篱笆等。线形符号的中心线即实际地物的中线位置。

在地形图上,对于某个具体地物,究竟是用依比例尺符号还是不依比例尺符号,主要取决于测图比例尺的大小。另外,为了统一标准和方便使用,国家有关部门系统地制定了各种比例尺地形图的地物和地貌符号(称之为地形图图式),作为绘制地形图的依据,如表 8-2 所示为部分 1∶500、1∶1 000、1∶2 000 地形图图式示例。

表 8-2 地形图图式示例

编 号	符号名称	符 号 式 样			符号细部图	多色图色值
		1：500	1：1 000	1：2 000		
4.1.1	三角点 a. 土堆上的 张湾岭、黄土岗——点名 156.718、203.623——高程 5.0——比高		3.0 △ $\dfrac{张湾岭}{156.718}$ a 5.0 ⟁ $\dfrac{黄土岗}{203.623}$			K100
4.1.2	小三角点 a. 土堆上的 摩天岭、张庄——点名 294.91、156.71——高程 4.0——比高		3.0 ▽ $\dfrac{摩天岭}{294.91}$ a 4.0 ⟱ $\dfrac{张庄}{156.71}$			K100
4.1.3	导线点 a. 土堆上的 I16、I23——等级、点号 84.46、94.40——高程 2.4——比高		2.0 ⊙ $\dfrac{I16}{84.46}$ a 2.4 ⊕ $\dfrac{I23}{94.40}$			K100
4.1.4	埋石图根点 a. 土堆上的 12、16——点号 275.46、175.64——高程 2.5——比高		2.0 ⊞ $\dfrac{12}{275.46}$ a 2.5 ⊞ $\dfrac{16}{175.64}$			K100
4.1.5	不埋石图根点 19——点号 84.47——高程		2.0 □ $\dfrac{19}{84.47}$			K100
4.1.6	水准点 II——等级 京石5——点名点号 32.805——高程		2.0 ⊗ $\dfrac{II京石5}{32.805}$			K100
4.1.7	卫星定位等级点 B——等级 14——点号 495.263——高程		3.0 ⟁ $\dfrac{B14}{495.263}$			K100
4.3.1	单幢房屋 a. 一般房屋 b. 有地下室的房屋 c. 突出房屋 d. 简易房屋 混、钢——房屋结构 1、3、28——房屋层数 -2——地下房屋层数	a 混1 b 混3-2 c 钢28 d 简		3 c 28		K100

编　号	符号名称	符　号　式　样			符号细部图	多色图色值
		1：500	1：1 000	1：2 000		
4.3.2	建筑中房屋	建				K100
4.3.3	棚房 a. 四边有墙的 b. 一边有墙的 c. 无墙的	a ：1.0 b ：1.0 c ：1.0 1.0 0.5				K100
4.3.4	破坏房屋	破 2.0 1.0				K100
4.3.5	架空房 3、4——楼层 /1、/2——空层层数	砼4 砼3/1 砼4 2.5 0.5	4 3/2 4 2.5 0.5			K100
4.3.6	廊房 a. 廊房 b. 飘楼	a 混3 ：1.0 2.5 0.5	b 混3 ：2.5 ：0.5			K100
4.3.92	地类界	1.6 0.3				与所表示的 地 物 颜 色 一致
4.3.93	地下建筑物出入口 a. 地铁站出入口 　a1. 依比例尺的 　a2. 不依比例尺的 b. 建筑物出入口 　b1. 出入口标识 　b2. 敞开式的 　　b2.1 有台阶的 　　b2.2 无台阶的 　b3. 有雨棚的 　b4. 屋式的 　b5. 不依比例尺的	a a1 a2 Ⓓ b b1 b2 b2.1 b2.2 b3 b4 b5 2.5 1.8			a2 1.8 Ⓓ 3.0 0.2 1.4 b1 2.5 1.8 ：1.2	K100
4.3.94	地下建筑物通风口 a. 地下室的天窗 b. 其他通风口	a b 2.6 ：1.6			1.4 4.2	K100
4.3.95	柱廊 a. 无墙壁的 b. 一边有墙壁的	a ：1.0 0.5 1.0 b				K100
4.3.96	门顶、雨罩 a. 门顶 b. 雨罩	a 1.0	b 混5 雨 ：1.0 1.0 0.5			K100
4.3.97	阳台	砖5 2.0 1.0				K100

编　号	符号名称	符　号　式　样			符号细部图	多色图色值
		1：500	1：1 000	1：2 000		
4.3.98	檐廊、挑廊 　a. 檐廊 　b. 挑廊	a 砼4　1.0 0.5		b 砼4　2.0 1.0		K100
4.3.99	悬空通廊	砼4 ⊠ 砼4				K100
4.3.100	门洞、下跨道	砖 5			1.0　1.0　2.0	K100
4.3.101	台阶	0.6　1.0　：1.0				K100
4.3.102	室外楼梯 　a. 上楼方向	砼8 a				K100
4.3.103	院门 　a. 围墙门 　b. 有门房的	a ：0.6　1.0　45° b 砖				K100
4.3.104	门墩 　a. 依比例尺的 　b. 不依比例尺的	a b		1.0		K100
4.3.105	支柱、墩、钢架 　a. 依比例尺的 　b. 不依比例尺的	a1 ⬭ ▢ ◯ ⊠ a2 0.5 ：1.0 ⊠ b1 ⬒ ⬓ 1.0 1.0　b2 ◼ 1.0				K100
4.3.106	路灯	⚲			1.4.　0.3　2.8　0.8　1.0	K100
4.3.107	照射灯 　a. 杆式 　b. 桥式 　c. 塔式	a 1.6　4.0：1.6　b ⊠◦⊠　c ⊠ 2.0				K100
4.3.108	岗亭、岗楼 　a. 依比例尺的 　b. 不依比例尺的	a ⬣　b ⛫			90°　2.5　1.4　1.2	K100
4.3.109	宣传橱窗、广告牌 　a. 双柱或多柱的 　b. 单柱的	a 1.0：　：2.0 b 3.0			3.0　1.0　：2.0　1.0	K100
4.3.110	喷水池	⊛	⚶		R0.6　1.2.　0.6　0.5　1.0　0.5　1.0　1.0	K100 面色 C10

2. 地貌符号

(1)用等高线表示地貌原理

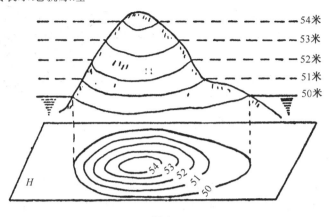

图 8-3

等高线是地面上高程相同的相邻点连成的闭合曲线。如图 8-3 所示,设在平静的湖水中有一个小岛,水面与小岛的交线就是一条等高线。它是封闭的曲线,曲线上各点高程相等。假设水面高程为 50 米,则可得 50 米等高线,如果水位上升 1 米,又可得 51 米等高线,以此类推,便可得到一组高差为 1 米的等高线。设想把小岛上的这组等高线垂直投影到水平面上,并按一定的比例尺缩小后绘到图纸上,就得到一张用等高线表示该岛地面起伏变化的地形图。

(2)等高距与等高线平距

相邻两条等高线之间的高差称为等高距,用 h_d 表示。在同一测区、同一比例尺的地形图中,等高距应是相同的。如图 8-3 中的等高距为 1 米,不同比例尺和不同地形类别的地形图,其等高距应符合表 8-3 的要求。

表 8-3　地形图的基本等高距　　　　　　　　　　　　单位:米

地形类别	1:500	1:1000	1:2000
平　　　地	0.5	0.5	1.0
丘　陵　地	0.5	1.0	2.0
山　　　地	1.0	1.0	2.0
高　山　地	1.0	2.0	2.0

相邻两条等高线之间的水平距离称为等高线平距,用 D 表示。由于等高距是固定不变的,因此随着地面坡度的变化,等高线平距必然随之变化。如用 i 表示坡度,则坡度、等高距和等高线平距三者间的关系可用下式表示:

$$i = \frac{h_d}{D} \tag{8-1}$$

由上式可知,地面坡度越大,等高线平距就越小,等高线则越密集;反之,地面坡度越平缓等高线越稀疏。根据等高线的疏密变化,就可判断地面坡度的陡缓。

(3)等高线的种类

1)首曲线

按规定的等高距测绘的等高线称为首曲线,也叫基本等高线,用 0.15 毫米粗的实线表示,如图 8-4 中的 49、51、52、53、54 和 56 米等高线。

2)计曲线

为了读图方便,从零米起算,每隔四条首曲线加粗描绘的一条等高线称为计曲线,亦叫加粗等高线,用 0.3 毫米粗的实线表示。在计曲线上注写有高程数字,以米为单位,字列平行于等高线,字头朝向高处,如图 8-4 中的 50 米和 55 米等高线。

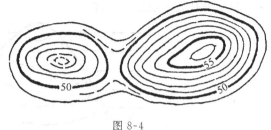

图 8-4

3)间曲线和助曲线

间曲线又称半距等高线,是以二分之一等高距描绘的等高线,用长虚线表示。助曲线又称辅助等高线,是以四分之一等高距描绘的等高线,用短虚线表示,如图 8-4 所示。间曲线和助曲线仅用来表示局部的较小、较平缓的地貌形态,描绘时可不闭合。

(4)几种典型地貌的等高线

1)山头与洼地

山头与洼地的等高线皆是一组封闭的曲线。山头的等高线,高程注记由外圈向里圈逐渐增大,洼地的等高线则正好与此相反,高程注记由外向内逐渐减少。如等高线上没有高程注记,则需用示坡线表示之,它是一条垂直于等高线而指向下坡方向的细短线。示坡线向外的为山头,示坡线向内的为洼地,见图 8-5(a)、(b)。

2)山脊与山谷

从山头顺着某个方向延伸的凸棱部分称为山脊,山脊上最高点的连线是雨水分流的界线,称山脊线或分水线。山脊的等高线表现为一组凸向低处的曲线,见图8-5(c)。位于两山脊之间向一个方向延伸的凹部,称为山谷,山谷中最低点的连线是雨水汇集之处,称为山谷线或集水线。山谷的等高线表现为一组凸向高处的曲线。

3)鞍部

鞍部又称垭口,是山脊上相邻两个山头之间呈马鞍形的低凹部位,往往是山区道路的必经之地,也是两个山脊和两个山谷会合的地方。其等高线的特点为在一圈大的闭合曲线内套有两组小的闭合曲线,见图 8-5(d)。

4)悬崖、冲沟、绝壁(陡崖)、梯田的等高线见图 8-5(e)、(f)、(g)、(h)。

(5)等高线的基本特性

1)同一条等高线上的各点高程相等。

2)等高线为封闭曲线,若不在本幅图内封闭,则必在邻幅或其他图内封闭。

3)除陡崖或悬崖外,不同高程的等高线不会相交。

4)山脊线与山谷线合称地性线,等高线与地性线垂直相交。

5)同一幅图内,等高距相同。

3. 注记

注记包括居民地名称注记、地理名称注记、说明注记和数学注记。

(1)居民地名称注记

(2)各种说明注记

图 8-5

居民地名称说明注记，包括政府机关、工厂、学校、矿区等企事业单位的名称以及突出的高层建筑、居住小区、公共设施的名称；性质注记，包括建筑物结构注记、工业产品种类注记、各种园地的品种注记、地物分类说明注记以及各种特殊情况说明注记等；其他说明地物体的注记。

（3）地理名称

包括水系、地貌、交通和其他地理名称。地理名称一般注当地常用的自然名称。

（4）各种数学注记

测量控制点点号及高程，公路技术等级及编号，高程点高程、流速、水深、比高、房屋层数及其他注记等。

二、定位符号的定位点和定位线

1. 符号图形中有一个点的，该点为地物的实地中心位置。

2. 圆形、正方形、长方形等符号，定位点在其几何图形中心。

3. 宽底符号（蒙古包、烟囱、水塔等）定位点在其底线中心。

4. 底部为直角的符号（风车、路标、独立树等）定位点在其直角的顶点。

5. 几种图形组成的符号（敖包、教学、气象站等）定位点在其下方图形的中心点或交叉点。

6. 下方没有底线的符号(窑、亭、山洞等)定位点在其下方两端点连线的中心点。

7. 不依比例尺表示的其他符号(桥梁、水闸、拦水坝、岩溶漏斗等)定位点在其符号的中心点。

8. 线状符号(道路、河流等)定位线在其符号的中轴线;依比例尺表示时,在两侧线的中轴线。

第三节　地形图的整饰要素

为便于读图和用图,在地形图周围布置的说明性文字和工具性图表等辅助内容,称为地形图的整饰要素。如图名、图号、邻接图表、图廓、比例尺、坐标系统、高程系统、测图方法、等高距、测图日期和测绘单位及人员等,见图 8-6。

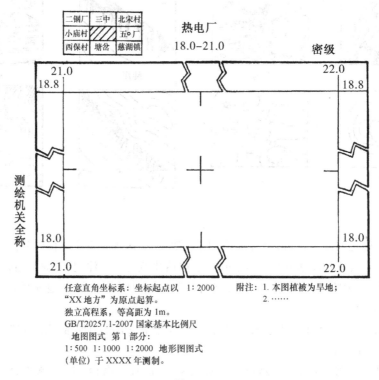

图 8-6

图名即一幅图的名称,一般以该图幅内的主要地名或机关、企事业等单位名称来命名,如图 8-6 中的热电厂。

图号是一幅图的编号,注于图名下方,如图 8-6 中的 18.0—21.0。

邻接图表用来表明本图幅与相邻图幅的联系,标于图幅的左上方。

图廓由内图廓和外图廓组成。内图廓是地形图的实际边界线,东西内图廓平行于纵坐标轴,南北内图廓平行于横坐标轴。外图廓为图的最外边界线,以较粗的实线绘制,主要起修饰作用。内、外图廓有规定的间距和粗细。

第四节　地形图的分幅与编号

地形图的分幅有国际分幅和矩形分幅两种,随采用的测图比例尺不同而不同。中、小比例尺地形图采用国际分幅,大比例尺地形图采用矩形分幅。

一、国际分幅与编号

1. 分幅

我国基本比例尺地形图均以 1 : 1 000 000 地形图为基础,按规定的经差和纬差划分图幅。

1 : 1 000 000 地形图的分幅采用国际 1 : 1 000 000 地形图分幅标准。每幅 1 : 1 000 000地形图的范围是经差 6°、纬差 4°;纬度 60°～76° 为经差 12°、纬差 4°;纬度 76°～88° 为经差 24°、纬差 4°(在我国范围内没有纬度 60° 以上的需要合幅的图幅)。

每幅 1 : 1 000 000 地形图划分为 2 行 2 列,共 4 幅 1 : 500 000 地形图,每幅1 : 500 000 地形图的范围是经差 3°、纬差 2°。

每幅 1 : 1 000 000 地形图划分为 4 行 4 列,共 16 幅 1 : 250 000 地形图,每幅 1 : 250 000地形图的范围是经差 1°30′、纬差 1°。

每幅 1 : 1 000 000 地形图划分为 12 行 12 列,共 144 幅 1 : 100 000 地形图,每幅 1 : 100 000地形图的范围是经差 30′、纬差 20′。

每幅 1 : 1 000 000 地形图划分为 24 行 24 列,共 576 幅 1 : 50 000 地形图,每幅 1 : 50 000地形图的范围是经差 15′、纬差 10′。

每幅 1 : 1 000 000 地形图划分为 48 行 48 列,共 2304 幅 1 : 25 000 地形图,每幅 1 : 25 000地形图的范围是经差 7′30″、纬差 5′。

每幅 1 : 1 000 000 地形图划分为 96 行 96 列,共 9216 幅 1 : 10 000 地形图,每幅 1 : 10 000地形图的范围是经差 3′45″、纬差 2′30″。

每幅 1 : 1 000 000 地形图划分为 192 行 192 列,共 36 864 幅 1 : 5 000 地形图,每幅 1 : 5 000地形图的范围是经差 1′52.5″、纬差 1′15″。

各比例尺地形图的经纬差、行列数和图幅数成简单的倍数关系,见表 8-4。

表 8-4

比例尺		$\frac{1}{1\ 000\ 000}$	$\frac{1}{500\ 000}$	$\frac{1}{250\ 000}$	$\frac{1}{100\ 000}$	$\frac{1}{50\ 000}$	$\frac{1}{25\ 000}$	$\frac{1}{10\ 000}$	$\frac{1}{5\ 000}$
图幅范围	经差	6°	3°	1°30′	30′	15′	7′30″	3′45″	1′52.5″
	纬差	4°	2°	1°	20′	10′	5′	2′30″	1′15″
行列数量关系	行数	1	2	4	12	24	48	96	192
	列数	1	2	4	12	24	48	96	192
图幅数量关系		1	4	16	144	576	2 304	9 216	36 864
			1	4	36	144	576	2 304	9 216
				1	9	36	144	576	2 340
					1	4	16	64	256
						1	4	16	64
							1	4	16
								1	4

2. 编号

(1)1∶1 000 000 地形图的编号

1∶1 000 000 地形图的编号采用国际 1∶1 000 000 地图编号标准。从赤道起算,每纬差 4° 为一行,至南、北纬 88° 各分为 22 行,依次用大写拉丁字母(字符码)A,B,C,…,V 表示其相应行号;从 180° 经线起算,自西向东每经差 6° 为一列,全球分为 60 列,依次用阿拉伯数字(数字码)1,2,3,…,60 表示其相应列号。由经线和纬线所围成的每一个梯形小格(见图 8-7)为一幅 1∶1 000 000 地形图,它们的编号由该图所在的行号与列号组合而成,如北京所在 1∶1 000 000 地形图的图号为 J50。

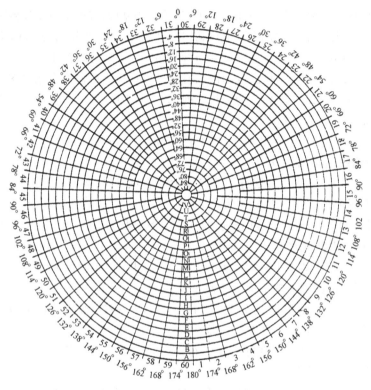

图 8-7 北半球 1∶1 000 000 地形图分幅编号

我国地处东半球赤道以北,如图 8-8 所示,图幅范围在东经 72～138°、北纬 0～56° 内,包括行号为 A,B,C,…,N 的 14 行,列号为 43,44,…,53 的 11 列。

(2)1∶500 000～1∶5 000 地形图的编号

1∶500 000～1∶5 000 地形图的编号均以 1∶1 000 000 地形图编号为基础,采用行列编号方法。即将 1∶1 000 000 地形图按所含各比例尺地形图的经差和纬差划分成若干行和列,横行从上到下、纵列从左到右按顺序用三位阿拉伯数字(数字码)表示,不足三位者前面补零,取行号在前、列号在后的排列形式标记。各比例尺地形图采用不同的字符作为比例尺的代码,如表 8-5 所示。1∶500 000～1∶5 000 地形图的图号均由其所在 1∶1 000 000 地形图的图号、比例尺代码和各图幅的行列号共十位码组成,如图 8-9 所示。

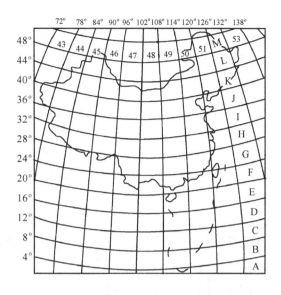

图 8-8　我国 1∶1 000 000 地形图的分幅编号

表 8-5

比例尺	1∶500 000	1∶250 000	1∶100 000	1∶50 000	1∶25 000	1∶10 000	1∶5 000
代　码	B	C	D	E	F	G	H

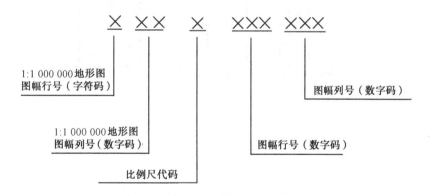

图 8-9

　　例如,图 8-10 中,晕线所示 1∶500 000 地形图的图号为 J50B001002。图 8-11 中,晕线所示 1∶250 000 地形图的图号为 J50C003003。图 8-12 中,单斜线所示 1∶100 000 地形图的图号为 J50D010010;双晕线所示 1∶50 000 地形图的图号为 J50E017016;平行晕线所示 1∶25 000 地形图的图号为 J50F042002;黑块所示 1∶10 000 地形图的图号为 J50G093004;1∶1 000 000 地形图图幅最东南角的 1∶5 000 地形图的图号为 J50H192192。

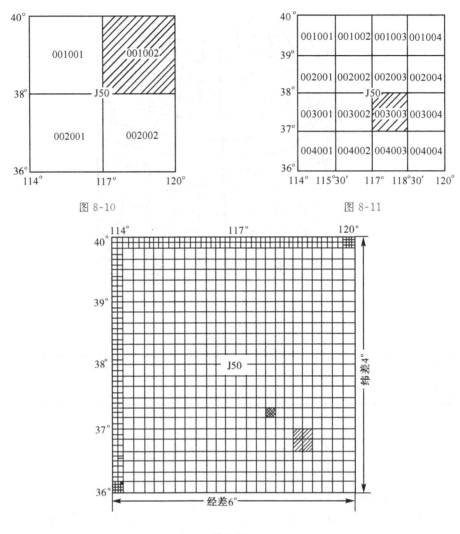

图 8-10   图 8-11

图 8-12

二、矩形分幅与编号

1. 分幅

1：500、1：1 000、1：2 000 大比例尺地形图通常采用 50 厘米×50 厘米正方形分幅或 40 厘米×50 厘米矩形分幅。1：5 000 比例尺地形图也可采用 40 厘米×40 厘米正方形分幅。各种大比例尺地形图常用的图幅规格见表 8-6。

表 8-6 大比例尺地形图图幅规格

比例尺	图幅大小 /（厘米×厘米）	实地面积 /平方千米	一幅 1：5 000 的图幅 所包括本图幅的数目
1：5 000	40×40	4	1
1：2 000	50×50	1	4
1：1 000	50×50	0.25	16
1：500	50×50	0.0625	64

2．编号

(1)图廓西南角坐标公里数编号法

用一幅图的西南角坐标公里数来编号,并以"纵坐标—横坐标"的格式表示,如图 8-6 中的 18.0—21.0。1∶500 地形图取至 0.01 千米,1∶1 000 和 1∶2 000 地形图取至 0.1 千米,1∶5 000 地形图取至整千米数。

(2)流水编号法

一般从左至右、由上到下用阿拉伯数字依次编号,如图 8-13 所示。

(3)行列编号法

一般由上到下为横行,从左至右为纵列,以一定代号按先行后列的顺序编号,如图 8-14 所示。

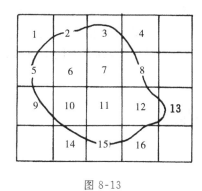

图 8-13

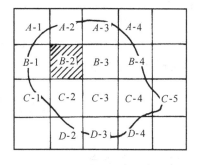

图 8-14

第五节　数字地形图

一、地形图的分类特征

地形图可分为纸质地形图和数字地形图。纸质地形图与数字地形图的特征比较如表 8-7 所示。

表 8-7　地形图的分类特征

特　征	分　类	
	数字地形图	纸质地形图
信息载体	适合计算机存取的介质等	纸质
表达方法	计算机可识别的代码系统和属性特征	线划、颜色、符号、注记等
数学精度	测量精度	测量及图解精度
测绘产品	各类文件,如原始文件、成果文件、图形信息数据文件等	图纸、必要时附细部点成果表
工程应用	借助计算机及其外部设备	几何作图

二、数字地图

数字地图是以数字形式记录和存储的地图,也就是把地图上所有内容经过数字化转换成所有点的 x、y 平面坐标和 z 特征值,用磁带或光盘记录储存,形成由数据值组成的空间地图模型,并同计算机连接可随时进行分析处理和应用。数字地图是一种不显示图形的地图,是用数字形式描述地图要素的定位、属性及其关系的数据集合。

三、电子地图

电子地图是以地图数据库为基础,在适当尺寸的屏幕上显示的地图。它可实时地显示各种信息,具有漫游、动画、开窗、缩放、增删、修改、编辑等功能,并可进行各种量算、数据及图形输出打印,便于人们使用。随着多媒体技术的发展,电子地图可与音像等内容结合起来,极大地丰富了地图的表示内容,全方位、多角度地介绍与地理环境相关的各种信息,使地图更富有表现力。电子地图是数字地图符号化处理后的数据集合,具有地图的符号化数据特征,能实现计算机屏幕快速显示。

第六节　数字地球

一、数字地球的概念

数字地球是以计算机技术、多媒体技术和大规模存储技术为基础,以宽带网络为纽带,运用海量地球信息对地球进行多分辨率、多尺度、多时空和多种类的三维描述,并利用它作为工具来支持和改善人类活动和生活质量。

数字地球,可以理解为对真实地球及其相关现象统一的数字化重现和认识。其核心思想是用数字化的手段来处理整个地球的自然和社会活动诸方面的问题,最大限度地利用资源,并使普通百姓能够通过一定方式方便地获得他们所想了解的有关地球的信息,其特点是嵌入海量地理数据,实现多分辨率、三维的地球的描述,即"虚拟地球"。通俗地讲,就是用数字的方法将地球、地球上的活动及整个地球环境的时空变化装入电脑中,实现在网络上的流通,并使之最大限度地为人类的生存、可持续发展和日常的工作、学习、生活、娱乐服务。

数字地球的提出是全球信息化的必然产物,它是一项长期的战略目标,需要经过全人类的共同努力才能实现。同时,数字地球的建设与发展将加快全球信息化的步伐,在很大程度上改变人们的生活方式,并创造出巨大的社会财富,为人类社会的发展作出巨大的贡献。

二、数字地球的技术基础

要在电子计算机上实现数字地球不是一件很简单的事,它需要诸多学科,特别是信息科学技术的支撑。这其中主要包括:信息高速公路和计算机宽带高速网络技术、高分辨率卫星影像、空间信息技术、大容量数据处理与存储技术、科学计算以及可视化和虚拟现实技术。

1. 信息高速公路和计算机宽带高速网

一个数字地球所需要的数据已不能通过单一的数据库来存储,而需要由成千上万的不同组织来维护。这意味着参与数字地球的服务器将主要由高速网络来连接。

2. 高分辨率卫星影像

卫星影像的分辨率指空间分辨率、光谱分辨率和时间分辨率。空间分辨率指影像上所能看到的地面最小目标尺寸，用像元在地面的大小来表示。光谱分辨率指成像的波段范围，分得愈细，波段愈多，光谱分辨率就愈高，现在的技术可达到 5～6 纳米量级、400 多个波段。时间分辨率指重访周期的长短。

高分辨率卫星遥感图像将以优于 1 米的空间分辨率，每隔 3～5 天为人类提供反映地表动态变化的翔实数据。

3. 空间信息技术与空间数据基础设施

空间信息是指与空间和地理分布有关的信息，空间信息用于地球研究即为地理信息系统（GIS）。为了满足数字地球的要求，利用影像数据库、矢量图形库和数字高程模型（DEM）三库一体化管理的 GIS 软件和网络 GPS，可实现不同层次的互操作，一个 GIS 应用软件产生的地理信息将被另一个软件读取。

在数字地球上进行处理、发布和查询信息时，大量的信息都与地理空间位置有关。例如，查询两城市之间的交通连接，查询旅游景点和路线，购房时选择价廉而又环境适宜的住宅等都需要有地理空间参考。建立空间数据参考框架，可在万维网上将有关的信息连接到地理空间参考上。因此，国家空间数据基础设施是数字地球的基础。国家空间数据基础设施主要包括空间数据协调管理与分发的体系和机构，空间数据交换网站、空间数据交换标准及数字地球空间数据框架。

4. 大容量数据存储及元数据

一方面、数字地球将需要存储海量的数据和信息。另一方面，为了在海量数据中迅速找到需要的数据，元数据库的建设是非常必要的，它是关于数据的数据，通过它可以了解有关数据的名称、位置、属性等信息，从而大大减少用户寻找所需数据的时间。

5. 科学计算

地球是一个复杂的巨系统，地球上发生的许多事件，变化和过程又十分复杂而呈非线性特征，时间和空间的跨度变化大小不等，差别很大，只有利用高速计算机，才有可能来模拟一些不能观测到的现象。利用数据挖掘技术，我们将能够更好地认识和分析所观测到的海量数据，从中找出规律和知识。科学计算将使我们突破实验和理论科学的限制，建模和模拟可以使我们更加深入地探索搜集到有关我们星球的数据。

6. 可视化和虚拟现实技术

可视化是实现数字地球与人交互的窗口和工具，没有可视化技术，计算机中的一堆数字是无任何意义的。数字地球的一个显著的技术特点是虚拟现实技术。虚拟现实技术为人类观察自然、欣赏景观、了解实体提供了身临其境的感觉。最近几年，虚拟现实技术发展很快。虚拟现实造型语言是一种面向 Web、面向对象的三维造型语言，而且它是一种解释性语言。它不仅支持数据和过程的三维表示，而且能使用户走进视听效果逼真的虚拟世界，实现数字地球的表示，并通过数字地球，实现对各种地球现象的研究和人们的日常应用。

三、数字地球的应用

1. 数字地球对全球变化与社会可持续发展的作用

全球变化与社会可持续发展已成为当今世界人们关注的重要问题，数字化表示的地球为我们研究这一问题提供了非常有利的条件。在计算机中利用数字地球可以对全球变化的过程、规律、影响以及对策进行各种模拟和仿真,从而提高人类应对全球变化的能力。数字地球可以广泛地应用于对全球气候变化、海平面变化、荒漠化、生态与环境变化、土地利用变化的监测等。与此同时,利用数字地球,还可以对社会可持续发展的许多问题进行综合分析与预测,如自然资源与经济发展、人口增长与社会发展、灾害预测与防御等。

2. 数字地球对社会经济的影响

数字地球将容纳大量行业部门、企业和私人添加的信息,进行大量数据在空间和时间分布上的研究和分析。例如国家基础设施建设的规划,全国铁路、交通运输的规划,城市发展的规划,海岸带开发,西部开发等。

3. 数字地球与精细农业

农业要走集约化的道路,实现节水农业、优质高产无污染农业,可依托数字地球。每隔3～5天给农民送去他们的庄稼地的高分辨率卫星影像,农民在计算机网络终端上可以从影像图中获得他的农田的长势征兆,通过 GIS 作分析,制定出耕作计划,然后在车载 GPS 和电子地图指引下,实施农田作业,及时预防病虫害,把杀虫剂、化肥和水用到必须用的地方,而尽可能减少化学残留物污染土地、粮食和种子,实现真正的绿色农业。

4. 数字地球与智能化交通

智能运输系统是基于数字地球建立国家和省、市、自治区的路面管理系统、桥梁管理系统、交通阻塞、交通安全以及高速公路监控系统,并将先进的信息技术、数据通讯传输技术、电子传感技术、电子控制技术以及计算机处理技术等有效地集成运用于整个地面运输管理体系,而建立起的一种在大范围内、全方位发挥作用的、实时、准确、高效的综合运输和管理系统,实现运输工具在道路上的运行功能智能化。从而使公众能够高效地使用公路交通设施和能源。

5. 数字地球与城市管理

基于高分辨率正射影像、城市地理信息系统、建筑 CAD,建立虚拟城市和数字化城市,实现真三维和多时相的城市漫游、查询分析和可视化。数字地球服务于城市规划、市政管理、城市环境、城市通讯与交通、公安消防、保险与银行、旅游与娱乐等,以保障城市的可持续发展和提高市民的生活质量。

6. 数字地球为专家服务

数字地球用数字方式为研究地球及其环境的科学家提供了重要手段。地壳运动、地质现象、地震预报、气象预报、土地动态监测、资源调查、灾害预测和防治、环境保护等无不需要利用数字地球。而且数据的不断积累,最终将有可能使人类能够更好地认识和了解我们生存和生活的这个星球,运用海量地球信息对地球进行多分辨率、多时空和多种类的三维描述将不再是幻想。

7. 数字地球与现代化战争

数字地球是后冷战时期星球大战计划的继续和发展,在现代化战争和国防建设中,数字地球具有十分重大的意义。建立服务于战略、战术和战役的各种军事地理信息系统,并运用虚拟现实技术建立数字化战场,这是数字地球在国防建设中的应用。数字地球是一个典型的平战结合、军民结合的系统工程,建设中国的数字地球工程符合我国国防建设的发展方向。

习　题　八

1. 地形图有哪些要素？

2. 试述大比例尺地形图的矩形分幅和编号方法。

3. 什么是地物和地貌？

4. 有长为 110.6 米、宽为 41.4 米的一个操场，试问在 1∶1 000 地形图上，这个操场的图上大小为多少？

5. 什么叫比例尺？什么叫比例尺精度？比例尺精度有何作用？

6. 什么是等高线平距、等高距？

7. 等高线的特性有哪些？

8. 在 1∶2 000 地形图上，量得两点间的距离为 12.3 厘米，问：实地长度为多少？在 1∶1 000 地形图上，实地长度为 489 米，图上距离为多少？这两种比例尺的比例尺精度分别为多少？

9. 我国国家基本比例尺地形图是如何分幅的？某幅地形图的编号为 J50E020020，则该地形图的比例尺为多少？1∶1 000 000 地形图 I50 的图幅最西南角的 1∶10 000 地形图的图号是多少？

10. 什么是数字地图？什么是电子地图？什么是数字地球？

第九章　地形图的测绘

使用测绘仪器测绘地形图的工作称为地形测图。地形图测绘是在控制测量工作之后，以控制点为测站，使用测绘仪器按一定的方法测定其周围的地物、地貌的特征点的平面位置和高程，把地物、地貌按测图比例尺缩小，并根据地形图图式规定的线划和符号，勾绘出地物和地貌的位置、形状及大小，从而测绘成地形图。测图的比例尺不同，成图的方法和要求也不相同。一般来说，大比例尺地形图具有测区范围小、地形要素表示详细、精度要求高的特点，通常采用平板仪、经纬仪或全站仪在野外将地形直接测绘到图纸上；中比例尺地形图一般采用航空摄影测量方法成图或根据大比例尺地形图编绘成图；小比例尺地形图通常根据大中比例尺地形图和其他资料编绘成图。随着科学技术和仪器设备的创新与发展，目前大比例尺地形图也可以用航空摄影测量或数字测图方法成图。

第一节　测图的准备工作

测图前不仅要做好仪器和工具、资料的准备工作，还要做好以下工作。

一、图纸准备

为了保证测图的质量，应选择质量较好的地形原图图纸。一般使用一种一面打毛、厚为 $0.07 \sim 0.1$ 毫米，伸缩率小于 0.2% 的聚酯薄膜测图。它具有透明度好、伸缩性小、牢固耐用、不怕潮湿、便于保存和可以洗涤等优点。

二、绘制坐标格网

为了使控制点能精确地展绘在图纸上，需在图纸上精确地绘制边长为 10 厘米×10 厘米的直角坐标方格网，绘制方法通常有对角线法和坐标格网尺法。

市场出售的专用聚酯薄膜图纸通常都绘有坐标格网。

坐标格网的精度要求如下：

1. 坐标格网线粗不超过 0.1 毫米。

2. 方格边长与理论长度（10 厘米）之差不超过 0.2 毫米，图廓边长及对角线长与理论长度之差不超过 0.3 毫米。

3. 纵横格网线严格正交，同一条对角线上各方格顶点应位于一直线上，其偏离值不超过 0.2 毫米。

数字地形图的图廓和坐标格网可采用成图软件自动生成。

三、展绘控制点

坐标格网画好后,根据分幅及编号,在图上注明格网线的坐标,然后根据控制点的坐标值把控制点展绘到图上。展点时,首先应确定所展之点所在的方格。如图 9-1 所示,假设 1 号点的坐标为 $x_1 = 680.32$ 米,$y_1 = 580.54$ 米,则它位于以 k、l、m、n 表示的方格内,分别从 k、l 向上量取 80.32 毫米(相当于实地 80.32 米),得 a、b 点,再分别从 k、n 向右量取80.54毫米(相当于实地 80.54 米),得 c、d 点,a、b 连线和 c、d 连线的交点即为 1 号点的图上位置。用同样的方法可展绘出其他各控制点。

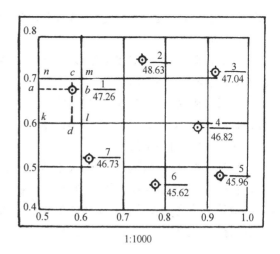

1:1000

图 9-1

控制点展绘完毕,应检查有无差错及是否满足要求。在图上量取相邻控制点间的距离与已知距离相比,其差值不应超过图上 0.3 毫米。

控制点展好后,还应注上点号和高程。在点的右侧画一细短线,上方标注点号,下方注写高程。

第二节 碎部点的选择

地形图测绘的实质,是根据图纸上所展绘的控制点,测定其邻近地物、地貌点的平面位置及高程。这些地物、地貌点统称为碎部点,因而把测定地物、地貌点的工作称为碎部测量。

一、碎部点的选择

对于地物应选择能反映其平面形状的特征点作碎部点,如房角、道路交叉口、河流转弯处以及独立地物的中心等。对于一些凹凸较多的房屋,也可只测其主要的转折角,用皮尺量取其他有关长度,再按几何关系画出轮廓。对于圆形建筑,可测出其中心,量出半径,或者测出外廓上至少三点,然后作圆。对于一排电杆,可只测起终点中心位置,其他电杆的位置可按量得的间距在连线上插绘。道路可只测路的一边,另一边按量得的宽度绘出,或测出路的中心线再按路宽绘出两边线。

各类建(构)筑物及其附属设施均应进行测绘。居民区可根据测图比例尺大小或用图需要,对测绘内容和取舍范围适当加以综合。临时性建筑可不测。建(构)筑物用其外轮廓表示,房屋外廓以墙角为准。当建(构)筑物轮廓凸凹部分在 1∶500 比例尺图上小于 1 毫米或在其他比例尺图上小于 0.5 毫米时,可用直线连接。

独立性地物的测绘,能按比例尺表示的,应实测外廓,填绘符号;不能按比例尺表示的,应准确表示其定位点或定位线。

管线转角部分,均应实测,线路密集部分或居民区的低压电力线和通信线,可选择主干线测绘;当管线直线部分的支架、线杆和附属设施密集时,可适当取舍;当多种线路在同一杆柱上时,应择其主要表示。

交通及附属设施,应按实际形状测绘。铁路应测注轨道面高程,在曲线段应测注内轨面高程;涵洞应测注洞底高程。

水系及附属设施按实际形状测绘,水渠应测注渠顶边高程;堤、坝应测注顶部及坡脚高程;水井应测注井台高程;水坝应测注塘边线及塘底高程。当河沟、水渠在地形图上的宽度小于1毫米时,可用单线表示。

植被应按其经济价值和面积大小适当取舍。农业用地按稻田、旱地、菜地、经济作物地等进行区分,并配置相应符号。地类界与线状地物重合时,只绘线状地物符号。

地貌用等高线表示。崩塌残蚀地貌、坡、坎和其他地貌用相应符号表示。山顶、鞍部、凹地、山脊、谷底及倾斜变换处,应测注高程点。露岩、独立石、土堆、陡坎等,应注记高程或比高。

二、地形点的最大点位间距

在工程用图中,不但要使用等高线,而且还要使用施测的地形点,各种比例尺地形图的地形点最大点位间距要求见表 9-1。

表 9-1 地形点的最大点位间距(米)

比例尺		1:500	1:1 000	1:2 000	1:5 000
一般地区		15	30	50	100
水 域	断面间	10	20	40	100
	断面上测点间	5	10	20	50

注:水域测图的断面间距和断面的测点间距,根据地形变化和用图要求,可适当加密或放宽。

第三节 地形测量的精度要求

地形测量按区域类型,划分为一般地区、城镇建筑区、工矿区和水域。

一、地形图的等高距

1. 地形类别

根据地面倾角(α)的大小,地型类别划分如下:

平坦地:α≤3°

丘陵地:3°≤α<10°

山地:10°≤α<25°

高山地:α≥25°

2. 地形图的基本等高距

大比例尺地形图的基本等高距见表 9-2。

表 9-2　地形图的基本等高距

地型类别	比例尺			
	1：500	1：1 000	1：2 000	1：5 000
平坦地	0.5	0.5	1	2
丘陵地	0.5	1	2	5
山　　地	1	1	2	5
高山地	1	2	2	5

二、地形测量的基本精度要求

1. 地物点的点位中误差

地形图图上地物点相对于邻近图根点的点位中误差要求见表 9-3。

表 9-3　图上地物点的点位中误差

区域类别	点位中误差/毫米
一般地区	0.8
城镇建筑区、工矿区	0.6
水　　域	1.2

注：①隐蔽或施测困难的一般地区测图，可放宽 50%。

②1：500 比例尺水域测图、其他比例尺的大面积平坦水域或水深超出 20 米的开阔水域测图，根据具体情况，可放宽至 2 毫米。

2. 等高线的插求点的高程中误差

等高线的插求点或数字高程模型格网点相对于邻近图根点的高程中误差要求见表 9-4。

表 9-4　等高线插求点或数字高程模型格网点的高程中误差

地形类别	平坦地	丘陵地	山　　地	高山地
一般地区高程中误差/米	$\frac{1}{3}h_d$	$\frac{1}{2}h_d$	$\frac{2}{3}h_d$	$1h_d$

注：h_d 为地形图的基本等高距（米）。

隐蔽或施测困难的一般地区，可放宽 50%。

3. 细部坐标点的点位和高程中误差

对于工矿区，建（构）筑物要测量其主要细部点的坐标，细部坐标点的点位和高程中误差要求见表 9-5。

表 9-5　细部坐标点的点位和高程中误差

地物类别	点位中误差/厘米	高程中误差/厘米
主要建（构）筑物	5	2
一般建（构）筑物	7	3

4. 地形图上高程点的注记，当基本等高距为 0.5 米时，精确至 0.01 米；当基本等高距大于 0.5 米时，精确至 0.1 米。

第四节　地形图的测绘

一、地形测图方法

地形测图,可采用全站仪测图、GPS-RTK 测图和平板测图等方法。测图常用的仪器有经纬仪、光电测距仪、平板仪、全站仪、GPS 接收机等。

1. 平板测图

平板测图相对于全站仪测图、GPS-RTK 测图,是过去长期使用的方法,是传统的手工成图法,即采用经纬仪或平板仪确定方向和视距,在平板上展绘成图。由于测绘新技术的不断发展,平板测图虽然目前在有些部门还在使用,已基本被全站仪测图等方法取代。平板测图常用的方法有:经纬仪配合量角器测绘法、大平板仪测绘法、经纬仪(或水准仪)配合小平板仪测绘法等。

(1)经纬仪配合量角器测绘法

将经纬仪安置在测站上,图板一般由绘图员安置在一旁。用经纬仪测出碎部点方向与起始方向的夹角,并用视距测量方法测出测站到碎部点的距离及高差,绘图员根据水平角值及距离,用量角器和比例尺在图上定出碎部点的位置,并注上高程。

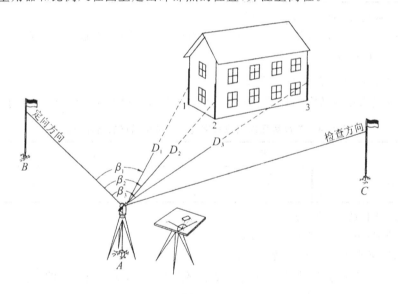

图 9-2

如图 9-2 所示,其作业步骤如下:

1)在测站 A 安置经纬仪,经整平后,量取仪高 i。

2)瞄准另一控制点 B,使水平度盘读数为 0° 00′00″。

3)在碎部点上立尺。

4)经纬仪瞄准碎部点,读取上、中、下三丝读数,测出水平角 β 和竖直角 α。水平角和竖直角观测可只测盘左一个位置。

5)计算出经纬仪至碎部点的水平距离及碎部点的高程。

$$D = Kn\cos^2\alpha, \tag{9-1}$$

$$H = H_A + \frac{1}{2}Kn\sin 2\alpha + i - l \tag{9-2}$$

6)用量角器在图上以 ab 方向为基准量取 β 角,定出碎部点方向,把实地距离按测图比例尺换算成图上距离,在该方向上定出碎部点,在其右边注上高程。

(2)经纬仪配合小平板仪测图法

1)小平板仪的构造

如图 9-3 所示,小平板仪主要由照准器、图板和三脚架组成,附件有对点器、水准器及长盒罗盘。照准器主要用来瞄准目标及在图纸上画方向线。

2)平板仪的安置

用平板仪测图时,必须将图板安置在测站上,其安置工作包括对点、整平和定向三个步骤。

对点的目的是使已展绘在图纸上的控制点与相应的地面控制点位于同一铅垂线上。先将对点器金属架上的尖端对准图纸上的测站点,然后平移三脚架使对点器下方的垂球对准相应的地面点。对点的容许误差为 $0.05M$ 毫米,M 为测图比例尺分母。

图 9-3
1. 照准器　　2. 图板
3. 三脚架　　4. 对点器
5. 水准器　　6. 长盒罗盘

整平的目的是使图板处于水平状态。可上下倾仰图板或转动脚螺旋使水准器气泡居中即可。

定向的目的是使图上的已知方向与地面上相应的方向一致或平行,定向的方法有根据已知边定向和磁针定向两种。根据已知边定向是将照准器的直尺边紧贴已知边,转动图板,使照准器瞄准地面点,然后固定图板。定向时,必须用另一个已知方向进行校核。为了提高定向精度,应尽可能选择较长的边定向。磁针定向是将长盒罗盘的边紧贴图纸的南北方向图廓线,转动图板,使磁针对准盒内的零点,然后固定图板。磁针定向的精度较低,有控制点时不得用此法。

3)经纬仪配合小平板仪测图

如图 9-4 所示,其作业步骤如下:①在离测站点 A 约 2 米左右 A' 处安置经纬仪,经整平后,将望远镜设置成视线水平。②在测站点 A 竖立视距尺,用望远镜十字丝中丝读数得 l_0,则经纬仪的仪器高程为 $H_i = H_A + l_0$。③在测站点 A 安置小平板仪,经过对点、整平和

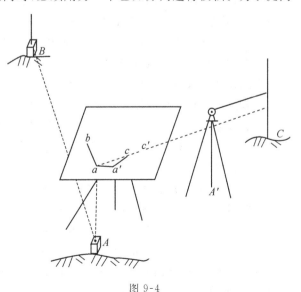

图 9-4

定向后,用照准器瞄准经纬仪的垂球线并画一方向线,用皮尺量取测站至经纬仪的水平距离,确定出经纬仪在图上的位置 a'。④在碎部点 C 上立尺,用照准器瞄准 C,画出方向线 ac'。⑤用经纬仪进行视距测量,确定出经纬仪至碎部点的水平距离及碎部点的高程($D = Kn\cos^2\alpha, H = H_i + \frac{1}{2}Kn\sin2\alpha - l$)。⑥用比例尺定出 D 的图上距离 d,以 a' 为圆心、d 为半径画弧,交 ac' 方向线于 c,c 即为碎部点 C 的图上位置,高程注在 c 点的右侧。

（3）平板测图的最大视距长度

用视距测量方法来测定测站至碎部点的水平距离及高差时,因测量精度与距离长短有关,视距越长精度越低,所以必须对视距长度加以限制。其中城市建筑区 1：500 地形图测绘的地物点,应实地丈量。各种比例尺测绘的最大视距长度见表 9-6。

表 9-6 最大视距和碎部点间距要求

比例尺	一般地区		城镇建筑区	
	地物点/米	地貌点/米	地物点/米	地貌点/米
1：500	60	100	实量	70
1：1 000	100	150	80	120
1：2 000	180	250	150	200

2. 全站仪测图

这种方法与经纬仪测绘法原理相同,不同的主要是用全站仪取代了经纬仪视距测量。棱镜固定在专用标杆上,全站仪能自动显示水平距离及高差,自动换算坐标增量,从而能立即得到碎部点的平面坐标和高程,此时可用直角坐标法展绘碎部点。经纬仪配合测距仪测图法也归类于全站仪测图法。

利用全站仪测图,可将测得的地形点三维坐标自动记录存储,再传输给计算机,应用绘图软件,实现数字测图。

全站仪测图所使用的仪器可为 6″级全站仪,其测距标称精度,固定误差不应大于 10 毫米,比例误差系数不应大于 5 毫米/千米。

全站仪测图的应用程序,应满足内业数据处理和图形编辑的基本要求。数据传输后,应将测量数据转换为常用数据格式。

全站仪测图仪器的对中误差不应大于 5 毫米,仪器高和反光镜高量取应精确至 1 毫米。应选择较远的图根点作为测站定向点,并施测另一图根点的坐标和高程作为检核,检核点的平面位置较差不应大于图上 0.2 毫米,高程较差不应大于基本等高距的 1/5。

当用手工记录时,观测的水平角和竖直角读记至秒,距离读记至厘米,坐标和高程的计算（或读记）精确至 1 厘米。

全站仪测图的方法,可采用草图法、编码法或内外业一体化的实时成图法等。采用草图法作业时,按测站绘制草图,并对测点进行编号,编号应与仪器的记录点号相一致,草图绘制时,简化标示地形要素的位置、属性和相互关系等。采用编码法作业时,用通用编码格式,也可使用软件的自定义功能和扩展功能建立用户的编码系统进行作业。采用内外一体化的实时成图法作业时,应实时确立测点的属性、连接关系和逻辑关系等。在建筑物密集的地区作业时,对全站仪无法直接测量的点位,可采用支距法、线交会法等几何作图方法进行测量,并记录相关数据。对采集的数据应进行检查处理,对检查修改后的数据,应及时与计算机联机通信,生成原始数据文件并做备份。

全站仪测图的测距长度要求见表9-7。

表 9-7　全站仪测图的最大测距长度(米)

比例尺	地物点	地貌点
1:500	160	300
1:1 000	300	500
1:2 000	450	700
1:5 000	700	1000

3. GPS-RTK 测图

GPS-RTK(Real Time Kinematic,又称载波相位差分)方法,是近十年来逐渐普及的一项新技术。其基本原理是:参考站实时地将测量的载波相位观测值、伪距观测值、参考站坐标等用无线电台实时传送给流动站,流动站将载波相位观测值进行差分处理,即得到参考站和流动站间的基线向量$(\Delta X, \Delta Y, \Delta Z)$;基线向量加上参考站坐标即为流动站 WGS-84 坐标系的坐标值,经坐标转换得出流动站在地方坐标系的坐标和高程值。

GPS-RTK 测图作业前,应搜集的资料包括:测区控制点成果及 GPS 测量资料;测区的坐标系统和高程基准的参数,包括参考椭球参数、中央子午线经度、纵横坐标的加常数、投影面正常高、平均高程异常等;WGS-84 坐标系与测区地方坐标系的转换参数及 WGS-84 坐标系的大地高基准与测区的地方高程基准的转换参数。

选择参考站,应根据测区面积、地形地貌和数据链的通信覆盖范围,均匀分布参考站。参考站站点的地势应相对较高,周围无高度角超过 $15°$ 的障碍物和强烈干扰接收卫星信号或反射卫星信号的物体。参考站的有效半径不超过 10 千米。

参考站接收机天线应精确对中、整平,对中误差不大于 5 毫米,天线高量取精确至 1 毫米。正确连接天线电缆、电源电缆和通信电缆等,接收机天线与电台天线之间的距离不宜小于 3 米。正确输入参考站的相关数据,包括点名、坐标、高程、天线高、基准参数、坐标高程转换参数等。电台频率不应与作业区其他无线通信频率相冲突。

流动站的作业有效卫星不少于 5 个,PDOP 值应小于 6,并采用固定解成果。正确设置和选择测量模式、基准参数、转换参数和数据链的通信频率等,其设置值应与参考站一致。流动站的初始化应在比较开阔的地点进行。作业前检测 2 个以上不低于图根精度的已知点,检测结果与已知成果的平面较差不大于图上 0.2 毫米,高程较差不应大于基本等高距的 1/5。作业中,如出现卫星信号失锁,应重新初始化,并经重合点测量检查合格后,方能继续作业。结束前,应进行已知点检查。每日观测结束,应及时转存测量数据至计算机并做好数据备份。对采集的数据应进行检查处理,删除或标注作废数据,重测超限数据,补测错漏数据。

二、地形图的绘制要求

1. 轮廓符号的绘制

依比例尺绘制的轮廓符号,应保持轮廓位置的精度;半依比例尺绘制的线状符号,应保持主线位置的几何精度;不依比例尺绘制的符号,应保持其主点位置的几何精度。

2. 居民地的绘制

城镇和农村的街区、房屋,均应按外轮廓线准确绘制;街区与道路的衔接处,应留出 0.2 毫米的间隔。

3. 水系的绘制

水系应先绘桥、闸,其次绘双线河、湖泊、渠、海岸线、单线河,然后绘堤岸、陡岸、沙滩和渡口等;当河流遇桥梁时应中断;单线沟渠与双线河相交时,应将水涯线断开,弯曲交于一点;当双线河相交时,应互相衔接。

4. 交通及附属设施的绘制

当绘制道路时,应先绘铁路,再绘公路及大车路等;当实线道路与虚线道路、虚线道路与虚线道路相交时,应实部相交;当公路遇桥梁时,公路和桥梁应留 0.2 毫米的间隔。

5. 等高线的绘制

应保证精度,线划均匀、光滑自然;当图上的等高线遇双线河、渠和不依比例尺绘制的符号时,应中断。

6. 境界线的绘制

凡绘制有国界线的地形图,必须符合国务院批准的有关国境界线的绘制规定;境界线的转角处,不得有间断,并应在转角上绘出点或曲折线。

7. 各种注记的配置

文字注记,应使所指示的地物能明确判读。一般情况下,字头应朝北。道路河流名称,可随现状弯曲的方向排行。各字侧边或底边,应垂直或平行于线状物体。各字间隔尺寸应在 0.5 毫米以上,远间隔的也不宜超过字号的 8 倍。注字应避免遮断主要地物和地形的特征部分。

高程的注记,应注于点的右方,离点位的间隔应为 0.5 毫米。

等高线的注记字头,应指向山顶或高地,字头不应朝向图纸的下方。

三、等高线勾绘

当碎部点测绘在图上后,除了及时描绘地物外,还要对照实地,根据山头、鞍部、山脊、山谷和坡脚等的位置与地性线的走向(如图 9-5 中点画线代表山脊线、短虚线代表山谷线)以及碎部点的高程,按规定的等高距勾绘出等高线。

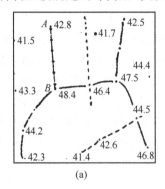

(a)

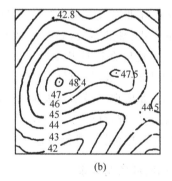

(b)

图 9-5

由于相邻两地形点一般选在地面坡度变化处,所以可以认为相邻两地形点之间的坡度是均匀的,因此其等高线间的平距相等,各等高线的位置可根据图上两点的高程和平距内插求得。

如图 9-5(a)所示,A 点高程为 42.8 米,B 点高程为 48.4 米,若等高距为 1 米,则 A、B 间应有 6 条等高线,它们是 43、44、45、46、47 和 48 米等高线。用目估法确定 A、B 间各条等高线位置。同理可定出其他相邻地形点间的等高线位置,最后把高程相等的相邻点圆滑地连接起来,即得不同高程的各条等高线,如图 9-5(b)所示。在等高线上注出高程,字头朝向高处。

四、地形图的拼接、检查和整饰

1. 地形图的拼接

当测区较大,采用分幅测图时,为了保证相邻图幅的正确衔接,每幅图均应测出内图廓外 5 毫米。

如非薄膜测图,拼接的方法是,将一幅图的图边用透明纸蒙绘下来,用于和其相邻的另一幅图边相比较。采用聚酯薄膜测图时,不必描绘图边,可利用薄膜的透明性直接拼接。由于测量误差的影响,两幅图相接处的地物及等高线一般不会完全吻合,如图 9-6 所示。当偏差小于表 9-3、表 9-4 中所规定的 $2\sqrt{2}$ 倍时,可取平均位置进行修正。

2. 地形图的检查

(1)室内检查

主要检查地物、地貌的线条是否正确、清晰,连接是否合理,各种符号是否有错,图边拼接是否符合要求等。

(2)室外检查

1)野外巡视　把图纸拿到现场,与实地进行全面核对,检查地物、地貌表示是否与实地相符,有无遗漏,各种注记是否正确等。

2)仪器检查　在室内检查和野外巡视的基础上,在实地选取一些点用仪器进行实测检查,同时将检查发现的错误和遗漏进行更正及补测。

3. 地形图的整饰

地形图拼接和检查工作完毕后,要用铅笔进行整饰。按图式规定,用光滑线条描绘好地物及等高线,擦去不必要的线条、符号和数字,用工整的字体进行注记,最后绘制图廓线,并作好图廓外图名、图号、邻接图表、测图日期、方法、比例尺、坐标及高程系统等各项要素的整饰工作。

另外,为了永久保存和复制的需要,应对铅笔整饰的地形图进行上墨清绘。清绘工作结束后得到一张地形图底图,供地图制印。也可采用蓝晒法或复印复制地形图。

应用地图数字化技术可以不用上墨清绘而直接采用手扶跟踪数字化或扫描数字化的方法,对铅笔原图进行数字化,由计算机利用绘图软件综合处理,再由绘图仪绘制出地形图。

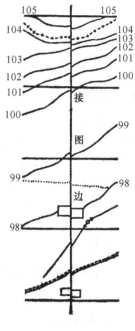

图 9-6

第五节 地籍测量

地产和房产是不动产的主要组成部分,土地和房屋是人类赖以生存和从事生产的基础,因而,土地及其附着物的有效管理和合理利用与社会经济的发展密切相关。目前,随着我国土地有偿使用和城镇住宅商品化的政策深化,土地和房产的权属、位置、面积等基础资料,日益受到政府和社会的关注。政府主管部门或有关单位,通过调查和测量取得上述资料。一方面,所取得的资料是具有法律效力的权属证明,使土地使用人或房产拥有人的合法权益可由此得到充分的保障。另一方面,通过这种调查和测量,还可使政府主管部门及时全面掌握辖区内土地和房产的地籍、产权现状,为土地和房产的日常管理和开发利用提供准确适时的依据。

地籍最初是政府为了征税而建立的一种有关土地的簿册,也就是土地的档案,它是土地的位置、尺寸、类型、等级、利用情况等要素及隶属关系的总称。现在,地籍资料可为不动产产权管理、税收、规划、市政、环境保护、统计等各种用途提供定位系统和基础资料。地籍资料主要通过地籍测绘来获得。

地籍测绘是调查和测定地籍要素、编制地籍图、建立和管理地籍信息系统的技术。地籍测绘的目的是获取和表述不动产的权属、位置、形状、数量等有关信息,为有关部门提供地籍基础资料。

一、地籍测绘成果的特点

1. 地籍测绘成果

地籍测绘成果包括地籍数据集、地籍簿册和地籍图。

地籍数据包括各地块的界址点坐标、建筑物角点坐标等。地籍簿册是以地块为单位综合表述地籍资料和信息的表册。地籍图是不动产地籍的图形部分。图 9-7 为一地籍图示例。地籍图幅面规格采用 50 厘米 × 50 厘米。在城镇地区地籍图的比例尺一般采用1:1 000,郊区地籍图的比例尺一般采用1:2 000,复杂地区和特殊需要地区地籍图的比例尺采用1:500。

在地籍图上应表示以下一些基本内容:界址点、界址线;地块及其编号;地籍区、地籍子区编号,地籍区名称;土地利用类别;永久性的建筑物和构筑物;地籍区与地籍子区界;行政区划界;平面控制点;有关地理名称及重要单位名称;道路和水域。

另外,根据需要,在考虑图面清晰的前提下,可择要表示其他要素。

2. 地籍测绘成果的特点

在地籍测绘所获得的最后成果中,地籍图是以表示地籍要素为主、地形要素为辅的专题地图,它与一般地形图相比,在内容、特点和表示方法上均有不同。地籍图上必须明确表示地块的界址和界线、权属,房屋建筑的结构类型、状况和权属,而且必须明确表示出土地质量、利用现状。地籍簿册是地籍的各种调查登记册,记载有大量的地籍元素,并大都以数字化的编号和代号表示。地籍图上的各种要素与地籍册、地籍数据集相对应,地籍簿册是地籍图的具体内容和补充。

地籍测绘成果与地形图相比,主要有以下几个特点:

(1)地块的划分与编号

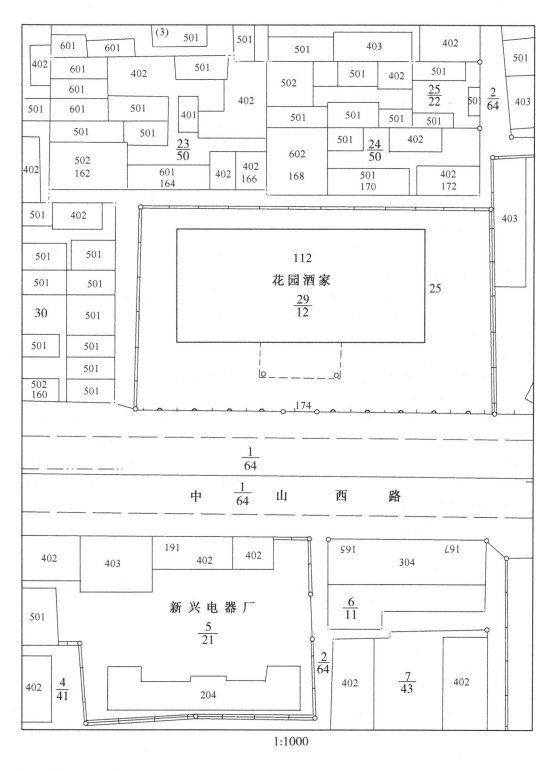

1:1000

图 9-7

地块是地籍的最小单元,是地球表面上一块有边界、有确定权属主和利用类别的土地。一个地块只属于一个产权单位,一个产权单位可包含一个或多个地块。地块按省、市、区(县)、地籍区、地籍子区、地块六级编号。

(2)不同权属的地块界线分明

在地籍图上,不同权属的各地块界线分明。

(3)地块界址点坐标

在地籍数据集中注有所在地块界址点的坐标,以便精确地计算面积及定位。

(4)地籍图精度高

地籍图的精度优于相同比例尺地形图的精度。

(5)地块权属

地块权属是指地块所有权或使用权的归属。

(6)土地利用现状分类

土地利用分类主要根据土地的用途、经营特点、利用方式和覆盖特征、建筑物的用途及土地使用的经济价值等因素来划分。城镇土地利用分类分为商业金融业用地,工业、仓储用地,市政用地,公共建筑用地,住宅用地,交通用地,特殊用地,水域用地,农用地及其他用地共 10 个一级类型;在一级类型下又共分为 24 个二级类型。

(7)土地等级

土地等级是当地有关部门根据商业繁华程度、市政设施情况、公用事业及交通状况,并考虑到发展规划、工程地质条件及自然生态环境等因素制定的。

(8)建筑物角点坐标

目前从房地产产籍管理到房地产的开发与经营以及其他一些需要房产资料的部门都还没有提出普遍需要高精度的建筑物角点坐标,而需要的是建筑物在图上的准确轮廓与相对位置以及建筑物的边长和面积。但一旦经济条件具备,需要测定建筑物角点坐标的要求将会越来越多。当需要测定建筑物角点的坐标时,地籍资料中的建筑物角点坐标的要求通常与界址点的要求标准相同。

二、地籍测绘的内容及精度要求

1. 地籍测绘的内容

地籍测绘的内容包括地籍平面控制测量、地籍要素调查、地籍要素测量、地籍图绘制、面积量算等。

2. 地籍测绘的精度要求

(1)地籍平面控制点的精度

地籍平面控制点相对于起算点的点位中误差不超过±0.05 米。

(2)界址点的精度

界址点的精度分三级,等级的选用应根据土地价值、开发利用程度和规划的长远需要而定。一般大中城市的繁华地区、商业区、小城市的中心地区可选用一级;其他街区选用二级;郊区一般选用二级或三级。各级界址点相对于邻近控制点的点位误差和间距超过 50 米的相邻界址点间的间距误差不应超过表 9-8 的规定;间距未超过 50 米的界址点间的间距误差限差不应超过按式(9-3)计算的结果。

表 9-8

界址点等级	界址点相对于邻近控制点点位误差和相邻界址点间的间距误差限制	
	限差/米	中误差/米
一	±0.10	±0.05
二	±0.20	±0.10
三	±0.30	±0.15

$$\Delta D = \pm(m_j + 0.02 m_j D) \tag{9-3}$$

式中：m_j——相应等级界址点规定的点位中误差，以米为单位；

D——相邻界址点间的距离，以米为单位；

ΔD——界址点坐标的边长与实量边长较差的限差，以米为单位。

（3）地籍图的精度

地籍图上坐标点的最大展点误差不超过图上±0.1毫米，其他地物点相对于邻近控制点的点位中误差不超过图上±0.5毫米，相邻地物点之间的间距中误差不超过图上±0.4毫米。

（4）建筑物角点的精度

需要测定建筑物角点的坐标时，建筑物角点坐标的精度等级和限差执行与界址点相同的标准；不要求测定建筑物角点坐标时应将建筑物按地籍图上地物点的精度要求表示于地籍图上。

第六节　数字测图

随着计算机制图的发展及测绘技术与装备的更新，可以由全站仪和电子记录手簿组成野外数据采集系统，记录的数据传输给计算机，在相应的程序系统下进行人机交互处理，形成大比例尺地形图图形数据。这种图形数据既可以数字形式贮存在数据载体上（称之为数字地图），也可以用自动绘图仪绘制成图解地图，但其相对于常规的图解地图已有了质的差别。

一、大比例尺数字地图的作业方法

大比例尺数字地图的建立分为三个阶段：数据采集、数据处理和地图数据的输出。数据采集是在野外和室内利用电子测量与记录仪器获取数据，这些数据要按照计算机能够接受的和应用程序所规定的格式记录。根据数据采集方式的不同，建立大比例尺数字地图的作业方法通常有以下三种：

1. 现有地图的数字化方法

纸质地形图的数字化，是将原有的纸质地形图转化为数字地形图。纸质地形图的数字化方法主要有图形扫描仪扫描数字化法和数字化仪手扶跟踪数字化法。

图形扫描仪扫描数字化法是将原有纸质地形图扫描为栅格图（又称为数字栅格图DRG），通过矢量化后生成数字地形图（又称为数字线划图DLG）的过程。其数字化速度较快,但在扫描过程中,会出现微小变形而降低精度。

数字化仪手扶跟踪数字化法是通过数字化仪直接在原图上进行采点并生成数字地形图的过程。其数字化精度较高,但速度较慢。

2. 基于影像的数字化方法

利用航空相片或卫星相片,通过解析测图仪或数字摄影测量系统进行数据采集,通过计算机程序处理,建立数字地图。

3. 地面数字测图方法

这种方法也称为内外业一体化数字测图方法。在野外对地图上所有需要表示的地物、地貌点进行测量和计算它们的精确坐标,并用代码给出点的连接关系和地图符号信息,通过计算机程序处理,建立数字地图。这种方法的特点是精度高,重要地物点相对于邻近控制点的位置精度在 50 毫米以内。

二、大比例尺数字测图的基本作业过程

大比例尺地面数字测图要经过数据采集与编码、计算机数据处理和自动绘制地形图等几个阶段。数据采集与编码是计算机绘图的基础,这项工作主要在外业完成。内业通过计算机进行数据处理,在人机交互方式下进行图形编辑,生成绘图文件,由绘图仪绘制大比例尺地图。

图 9-8 是大比例尺地面数字测图的流程示意图。

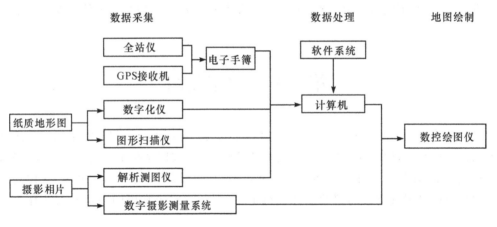

图 9-8

地面数字测图系统的基本硬件为:全站仪或测距经纬仪、GPS 接收机、电子记录手簿、计算机、打印机、数字化仪、扫描仪、绘图仪等。

软件系统功能为:碎部测量数据的图形处理、在交互方式下的图形编辑、等高线自动生成、地图数字化、地图绘制。

1. 数据采集与编码

地面数字测图的外业工作仅完成地图数据的采集与编码。测量工作包括图根控制测量、测站点的增补和地形碎部点的测量工作。采用全站仪等进行观测,用电子手簿记录观测数据或经计算后的测点坐标。每一个碎部点的记录,通常有点号、观测值或坐标,除此以外还有与地图符号有关的符号码以及点之间的连接关系码。这些信息码以规定的数字代码表示。信息码的输入可在地形碎部测量的同时进行,也可在碎部测量时绘制草图,随后按草图输入碎部点的信息码。

数字测图记录的数据，很难在实地进行对照检查。为克服数字测图记录的不直观性，在观测数据编码后，可用便携机显示图形，对照草图检查。更好的办法是用简易绘图仪绘制工作图，进行外业巡视检查，考查是否有漏测，地物和地貌表示是否与实地一致。特别在作业地点远离内业地点的情况下，必须有一定的措施对记录数据和编码进行检查，以保证内业工作的顺利进行。

2. 数据处理和图形文件生成

外业记录的原始数据经计算机数据处理，生成图块文件，在计算机屏幕上显示图形。然后在人机交互方式下进行地图的编辑，生成数字地图的图形文件。

数据处理分数据预处理、地物点的图形处理和地貌点的等高线处理。数据预处理是对原始记录数据作检查，删除已作废除标记的记录和删去与图形生成无关的记录，补充碎部点的坐标计算和修改有错误的信息码。数据预处理后生成点文件。点文件以点为记录单元，记录内容是点号、符号码、点之间的连接关系码和点的坐标。根据点文件形成图块文件，将与地物有关的点记录生成地物图块文件，与等高线有关的点记录生成等高线图块文件。然后便可将图块文件以图形方式显示到计算机屏幕上，进行人机交互方式下的地图编辑，主要包括删除错误的和不需要表示的图形，修正不合理的符号表示，增添植被、土壤等配置符号以及进行地图注记等工作。编辑过程中，屏幕上的图形被修改时会对相应的图块文件作出修改，形成新的图块文件。图块文件经人机交互编辑后形成数字地图的图形文件。

3. 地图绘制

人机交互编辑形成的数字地图图形文件可以贮存在磁带、磁盘等数据载体上，以便随时调用或通过自动绘图仪直接绘制成地图。微机制图一般采用联机方式，将计算机和绘图仪直接连接，绘图仪按照计算机发送的指令和数据进行工作，自动绘制地图。

第七节　航空摄影测量

航空摄影测量（简称航测）是将航空摄影机安装在飞机上，对地面进行有计划的摄影，将所摄取的航空底片作为原始资料，对相片进行量测，确定地物和地貌的形状、大小、位置及高程，从而将其测绘成地形原图。

一、航空摄影

航空摄影是将航摄机安装在飞机上，选择晴朗的天气，按照一定的飞行要求，在空中对地面进行摄影，获取航摄底片，经摄影处理获得航摄相片。一张相片可根据摄影比例尺大小覆盖若干平方公里的地面面积，与整个测区相比，一张相片的面积是很小的，整个测区需要拍摄许多相片。因此，航摄需有计划、有规划地进行，完整无漏地摄取整个测区地形。在摄影过程中，飞机按航线飞行，每隔一定时间曝光一次拍摄一张相片。相邻两张相片之间应保持一定的重叠度（一般为 60% 左右）称为航向重叠。一条航线摄完后，再平行于前一条航线作下一条航线的摄影。两条航线相隔的距离应使航线间保持 30% 左右的重叠度，此称为旁向重叠，见图 9-9。

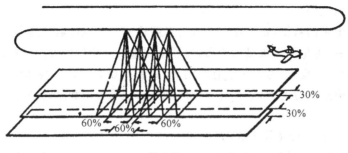

图 9-9

二、航测外业

1. 控制测量

航空摄影时由于飞机航高变化、相片倾斜及地面起伏不平而产生各种误差,需要利用一定数量的已知平面坐标和高程的控制点作为依据来加以纠正。航测外业控制测量就是根据国家基本控制网点,用野外控制测量的方法测定相片预定范围内的地面控制点的坐标及高程,把相片与国家基本控制网联测起来。所以,这些地面控制点又称为相片控制点,是内业测绘地形图的重要依据。

一个测区或一张相片需测定多少个控制点,取决于测图精度要求、成图方法和地形情况等条件。

2. 相片判读调绘

航摄相片虽然客观真实地记录了地表面各种地物、地貌的景观,但是不能显示地名、植被的种类、通讯及电力线缆等图上不可缺少的要素,因此,要在航摄相片上,根据地物的成像规律和特征,识别出地面上相应物体的性质、位置和大小,这项工作称相片判读。此外,还要带着相片到实地调查、补充相片上没有显示的各种地形图要素并加以标记,以便在内业绘制地形图时将这些要素转绘上去,这项工作称相片调绘。

三、航测内业

航测内业工作除了电算加密控制点和内业测图外,还包括对航摄底片进行复制、晒像、纠正、放大等摄影处理,取得各种复制品,供航测内、外业各工序使用。内业工序根据确定的成图方法,利用各类航测仪器进行控制点电算加密、相片图制作或立体量测地形图。航测内业测图又可分单像测图和双像测图。

在航摄时如果飞机没有倾斜并且地面又是平坦的,这时拍摄的航摄相片可以直接当作平面图使用。事实上,由于每张相片都会有倾斜,加之地面起伏不平,所以每张相片都存在倾斜误差和投影误差,不能作为平面图来使用。把倾斜的相对平坦地区的航摄相片变换为影像平面图是单张相片测图要解决的主题。通常采用光学纠正仪和正射投影仪,根据已知控制点改正相片的倾斜误差和投影误差,并化算为要求的比例尺。这一作业过程称为相片纠正或微分纠正制作影像平面图。

有时根据用图要求,在相片平面图上用普通地形测量方法补测高程描绘等高线,是综合法成图的常用方法。

双像测图通常称立体测图。立体测图可以确定地面点的三维坐标 x、y、z，它是利用两张相邻且具有一定重叠度的航空相片组成立体像对，作为作业单元，在立体测图仪上恢复摄影光束，建立与地面相似的立体几何模型进行量测，从而测绘出地形图。

四、航空摄影测量成图方法

1. 模拟法

模拟法是根据摄影的几何反转原理，利用光学投影器或机械投影器在室内将航摄相片模拟建立成与地面相似的立体模型，量测该模型从而绘制出地形图。

2. 解析法

解析法是根据物点、像点及摄影中心之间的数学关系，利用解析测图仪将航摄相片建立成地面的数字立体模型，并量测该模型上点坐标，以数字形式存入计算机，通过数控绘图仪绘制出地形图。

3. 数字摄影测量

数字摄影测量是利用数字影像或数字化影像在计算机上进行处理，从而获得各种数字地图。数字影像可以直接由数字摄影机获得，数字化影像可以用数字扫描仪对航摄相片进行扫描获得。

第八节 遥 感(RS)

一、遥感的概念

遥感(RS, remote sensing)，通常是指通过某种传感器装置，在不与研究对象直接接触的情况下，获得其特征信息，并对这些信息进行提取、加工、表达和应用的一门科学技术。

作为一个术语，遥感出现于 1962 年，而遥感技术在世界范围内迅速的发展和广泛的使用，是在 1972 年地球资源技术卫星成功发射并获取了大量的卫星图像之后。近年来，随着地理信息系统技术的发展，遥感技术与之紧密结合，发展更加迅猛。

遥感技术的基础，是通过观测电磁波判读和分析地表的目标以及现象，其中利用了地物的电磁波特性，即"一切物体，由于其种类及环境条件不同，因而具有反射或辐射不同波长电磁波的特性"，所以遥感也可以说是一种利用物体反射或辐射电磁波的固有特性，通过观测电磁波、识别物体以及物体存在环境条件的技术。

在遥感技术中，接收从目标反射或辐射电磁波的装置叫作遥感器，而搭载这些遥感器的移动体叫作遥感平台，包括飞机、人造卫星等，甚至地面观测车也属于遥感平台。通常称用机载平台的为航空遥感，而用星载平台的称为航天遥感。

按照遥感器的工作原理，可以将遥感分为被动式遥感和主动式遥感两种，而每种方式又分为扫描方式和非扫描方式。

从遥感的定义中可以看出，首先，遥感器不与研究对象直接接触，也就是说，这里的遥并非指遥远；其次，遥感的目的是为了得到研究对象的特征信息；第三，通过传感器装置得到的数据，在被使用之前，还要经过一个处理问题。

　　遥感数据的处理通常是图像形式的遥感数据的处理,主要包括纠正(包括辐射纠正和几何纠正)、增强、变换、滤波、分类等,其目的主要是为了提取各种专题信息,如土地建设情况、植被覆盖率、农作物产量和水深等等。遥感图像处理可以采取光学处理和数字处理两种方式,数字图像处理由于其可重复性好、便于与 GIS 结合等特点,目前已被广泛采用。

二、现代遥感技术系统的构成

　　遥感技术系统是实现遥感目的的方法、设备和技术的总称,它是一个多维、多平台、多层次的立体化观测系统,一般由四部分组成。

　　1. 空间信息采集系统

　　空间信息采集系统主要包括遥感平台和遥感器两部分。遥感平台是运载遥感器并为其提供工作条件的工具,它可以是航空飞行器,例如飞机和气球等,也可以是航天飞行器,例如人造地球卫星、宇宙飞船、航天飞机等。显然,遥感平台的运行状态会直接影响遥感器的工作性能和信息获取的精确性。遥感器是收集、记录被测目标的特征信息(反射或发射电磁波)并发送至地面接收站的设备。感遥器是整个遥感技术系统的核心,体现着遥感技术的水平。

　　在空间信息采集中,通常有多平台信息获取、多时相信息获取、多波段或多光谱信息获取几种形式。多平台信息是指同一地区采用不同的运载工具获取的信息;多时相信息是指同一地区不同时间(年、月、周、日)获取的信息;多波段信息是指遥感器使用不同的电磁波段获取的信息,如可见光波段、红外波段、微波波段等;多光谱信息是指遥感器使用某一电磁波段中不同光谱范围获取的信息,如可见光波段中的 0.4～0.5 微米、0.5～0.6 微米、0.6～0.7 微米等。多波段和多光谱有时互为通用。

　　2. 地面接收和预处理系统

　　航空遥感获取的信息,可以直接送回地面并进行一定的处理。航天遥感获取的信息一般都是以无线电的形式进行实时或非实时性地发送并被地面接收站接收和进行预处理(又称前处理或粗处理)。预处理的主要作用是对信息所含有的噪音和误差进行辐射校正和几何校正、图像的分幅和注记(如地理坐标网等)、为用户提供信息产品。

　　3. 地面实况调查系统

　　地面实况调查系统主要包括在空间遥感信息获取前所进行的地物波谱特征(地物反射电磁波及发射电磁波的特性)测量,在空间遥感信息获取的同时所进行的与遥感目的有关的各种遥感数据的采集(如区域的环境和气象等数据)。前者是为设计遥感器和分析应用遥感器信息提供依据,后者则主要用于遥感信息的校正处理。

　　4. 信息分析应用系统

　　信息分析应用系统是用户为一定目的而应用遥感信息时所采取的各种技术,主要包括遥感信息的选择技术、应用处理技术、专题信息提取技术、制图技术、参数量算和数据统计技术等内容。其中遥感信息的选择技术是指根据用户需求的目的、任务、内容、时间和条件(经济、技术、设备等),在已有各种遥感信息的情况下,选择其中一种或多种信息时必须考虑的技术。当需要最新遥感信息时(如航空遥感),应按照遥感图像的特点(如多波段或多光谱),因地制宜,讲求实效地提出遥感的技术指标。

三、遥感技术的应用

遥感应用主要包括对某种对象或过程的调查制图、动态监测、预测预报及规划管理等不同的层次,广泛应用于农业、林业、地质、地理、海洋、水文、气象、环境监测、地球资源探测及军事侦察等各个领域。它们可以由用户直接分析从遥感数据中提取出来的有用信息来实现,也可以在地理信息系统的支持下实现。

实践证明,现代遥感技术在地球资源、环境及自然灾害调查、监测和评价中的应用,具有许多其他技术不能取代的优势,如宏观、快速、准确、直观、动态性和适应性等。但是,也应看到,这种技术如果不和其他相关技术(如现代通讯、对地定位、常规调查、台站观测、地理信息系统及专业研究)结合起来,其优势也很难充分发挥出来。

习　题　九

1. 测图的准备工作有哪些?

2. 如何展绘控制点? 怎样检查展点的正确性?

3. 地形测图时,应怎样选择碎部点?

4. 简述经纬仪测绘法测图的工作程序和方法。

5. 什么叫地籍测绘? 地籍测绘成果有哪些特点?

6. 大比例尺数字地图的作业方法有哪些?

7. 航空摄影测量的外业工作有哪些?

8. 什么是遥感? 遥感技术由哪几部分组成?

第十章　地理空间信息的应用

测绘地形图的根本目的,在于为国防和国民经济建设提供必需的地形资料,也就是说测图的目的是为了用图。通过前面的学习我们知道,地形图是经实地测量或其他测图方法获取的,它能全面客观地反映地面的实际情况,即地表现象的地理分布、相互联系和相互制约关系。地形图包含的信息量十分丰富,是我们进行国土整治、资源勘查、城乡规划、土地利用、环境保护、工程设计和施工、组织管理等工作不可缺少的重要资料。正确地识、读和应用地形图,是每个工程建设技术人员必须具备的基本技能。

第一节　地形图的判读

判读地形图就是要将地形图的地物、地貌与实地一一对应起来,以便充分地了解地图信息,更好地使用地形图。

一、图廓外要素的判读

用图时,应首先根据地形图图廓外的整饰要素,了解该图的图名、图号、比例尺、等高距、坐标系统、高程系统、测图单位、测图日期、图式版本以及测图方法等内容。

二、地物、地貌的判读

了解了地形图的图廓外要素后,再对照所采用的地形图图式,根据地物、地貌的形状、大小以及相互位置关系,进一步了解地物的分布和地貌的状况。

判读时,可根据地形图的使用目的,判读出地物、地貌的形状、大小及相互位置。通常在地形图上可判读出以下一些要素。

1. 测量控制点

可判读出各控制点的种类和等级。

2. 水系

可判读出江、河、湖、海、井、泉、水库、池塘、沟渠等自然和人工水体及连通体系的位置和名称及其水利设施。

3. 居民地及设施

可判读出各种房屋的结构、层数、房屋附属设施及矿山开采、地质勘探、工业、农业、科学、文教、卫生、体育设施和各种公共设施。

4. 交通

可判读出各种陆运、水运、海运及相关设施。

5. 管线

可判读出各种电力线(分为输电线和配电线)、通信线、各种管道及其附属设施。

6. 境界

可判读出各种行政区划界和其他地域界等区域范围分界线,分为国界和国家内部境界。

7. 地貌

可判读出地球表面起伏的形态。

8. 植被和土质

可判读出地表各种植物及地表各种物质。

9. 注记

可判读出各种地理名称注记、说明注记和数字注记。

三、地形图定向

在野外判读地形图时,需要将地形图上的地物、地貌与实地地形一一对应起来,这时,要进行地形图的定向,使地形图方向与实地方向一致,以便更好地野外判读地形图。

地形图定向时,首先应对照地物、地貌特征在地形图上找到持图者的实地站立点位置,然后找一个距离站立点较远的实地明显目标,并在图上找到该目标点,使图上的目标点与实地的目标点在同一方向上。

在野外行进过程中读图时,通常只需将图纸大致定向,这时可根据河流、道路、沟渠等线状地物目估定向。只要在图上找到该线状地物的延伸方向与实地地物的延伸方向对应一致即可。

第二节　地形图应用的基本内容

地形图的基本属性之一就是具有可量取性,也就是说用图者可根据需要直接从地形图上获取一些地形信息,如点的坐标和高程、直线方位角和距离以及坡度等。其他一些复杂的应用地形图工作,归根到底也都可分解成这些工作内容。所以,我们把确定点的坐标、高程、直线距离、直线方位角和地面坡度五方面的工作称为地形图应用的基本内容。

一、求图上某点的坐标

在大比例尺地形图上,一般都采用直角坐标系统,每幅图上都绘有坐标方格网(或在方格网的交点处绘有十字线),如图 10-1 所示。若要求图上 A 点的坐标,可先通过 A 点作坐标网的平行线 mn、qp,然后再用测图比例尺量取 mA 和 qA 的长度(若用普通直尺则应乘以比例尺分母 M),则 A 点的坐标为:

$$\left.\begin{array}{l} x_A = x_0 + mA \\ y_A = y_0 + qA \end{array}\right\} \qquad (10\text{-}1)$$

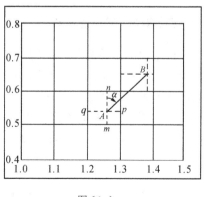

图 10-1

式中:x_0,y_0 是 A 点所在方格西南角点的坐标。

为了校核测量结果及提高精度,并考虑纸张伸缩变形的影响,一般还需要同时量取 mn 和 qp 的长度。若坐标格网边长的理论长度为 l(图 10-1 中为 100 米),则 A 点的坐标应按下式计算:

$$x_A = x_0 + \frac{mA}{mn}l \left.\vphantom{\frac{mA}{mn}}\right\} \qquad (10\text{-}2)$$
$$y_A = y_0 + \frac{qA}{qp}l \left.\vphantom{\frac{qA}{qp}}\right.$$

二、求图上两点间的水平距离

1. 直接法

若要求图上两点 A、B 间的水平距离 D_{AB},可用测图比例尺直接量取 D_{AB},也可用直尺直接量出 AB 的图上距离 d,再乘以比例尺分母 M,得

$$D_{AB} = Md \qquad (10\text{-}3)$$

2. 间接法

先确定出 A、B 两点的坐标(x_A,y_A)和(x_B,y_B),再用下式计算出 AB 的水平距离

$$D_{AB} = \sqrt{(x_B - x_A)^2 + (y_B - y_A)^2} \qquad (10\text{-}4)$$

三、求图上某直线的方位角

1. 直接法

若要求 AB 的方位角 α_{AB},可先通过 A 点和 B 点作坐标纵线的平行线,再用量角器直接量出 AB 的方位角 α'_{AB} 和反方位角 α'_{BA},取其平均值作为最后的结果:

$$\alpha_{AB} = \frac{1}{2}(\alpha'_{AB} + \alpha'_{BA} \pm 180°) \qquad (10\text{-}5)$$

2. 间接法

先量取 A、B 的坐标(x_A,y_A)和(x_B,y_B),再用坐标反算公式求出直线 AB 的方位角 α_{AB},即

$$\alpha_{AB} = \arctan \frac{y_B - y_A}{x_B - x_A} \qquad (10\text{-}6)$$

四、求图上某点的高程

确定图上点的高程,主要基于对等高线表示地貌原理的认识以及等高线特性的认识。在图 10-2 中,A 点正好位于等高线上,其高程即为等高线的高程;E 点位于两条等高线之间,确定 E 点高程时先过 E 作与上下等高线大致垂直的直线 AB,量取图上 AE(设为 d_1)和 AB(设为 d),设等高距为 h,则 E 点高程为

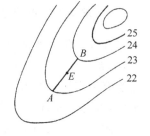

图 10-2

$$H_E = H_A + \frac{d_1}{d}h \qquad (10\text{-}7)$$

通常情况下,点的高程可用目估法判定。一般山头、洼地、鞍部处都是有高程注记的,但有时也可能无高程注记而需确定高程。这种情况下我们可作如下处理:山头点高程取表示

山头的最高等高线的高程加上半个等高距,洼地最低点高程取表示洼地的最低等高线的高程减去半个等高距,鞍部点高程取山谷线顶端等高线的高程加上半个等高距。

五、求图上某直线的坡度

直线的坡度是直线两端点的高差 h 与水平距离 D 之比,用 i 表示,即

$$i = \frac{h}{D} = \frac{h}{Md} \tag{10-8}$$

d 为 AB 的图上距离,M 为比例尺分母。坡度一般用百分率或千分率表示。如果直线两端点间的各等高线平距相近,求得的坡度可以认为基本上符合实际坡度;如果直线两端点间的各等高线平距不等,则求得的坡度只是直线端点之间的平均坡度。

第三节　地形图在工程建设中的应用

一、按限制坡度选择最短路线

在山地或丘陵地区进行道路、管线等工程设计中,常常要求以线路不超过某一限制坡度为条件,选定一条最短路线或等坡度路线。

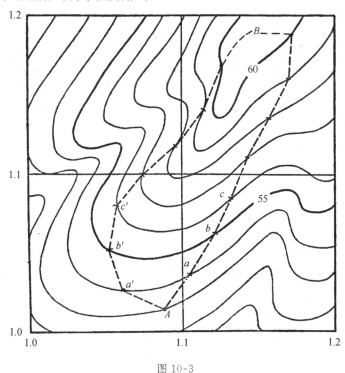

图 10-3

在图 10-3 中,若地形图比例尺为 1∶2 000,等高距为 1 米。现需从 A 点到 B 点确定出一条坡度不超过 5% 的最短路线。首先要确定出路线通过处的相邻等高线的间距,根据

$$i = \frac{h}{D} = \frac{h}{Md} \quad \text{得出} \quad d \geqslant \frac{h}{Mi}$$

代入已知数据,得

$$d = \frac{1}{2\ 000 \times 5\%} = 0.01 \text{ 米} = 1 \text{ 厘米}$$

然后以 A 点为圆心,以 d(即 1 厘米)为半径作弧,与相邻等高线相交得 a 点,再以 a 点为圆心,以 d 为半径作弧,得 b 点,依次进行,直至 B 点。最后连接相邻点,即得一条 5% 的坡度线 $Aab\cdots B$。同样在地形图上还可作另一条路线 $Aa'b'\cdots B$,可作为一个比较方案。

作限制坡度路线图时,选择等高线间距为 d 的方向为限制坡度的最短路线方向。若选等高线间距小于 d 的方向,显然坡度要超过 5%;若选等高线间距大于 d 方向,则路线长度会增加。当某处以 d 为半径作弧而无法与上一条等高线相交时,说明选择任何方向都能满足限制坡度的要求,此时,一般根据路线走向选定下一个点。

二、按一定方向绘制断面图

在进行道路、管线、隧道等工程设计时,为了合理地确定线路的纵坡,以及进行填挖土方量的计算,需要较详细地了解沿线路方向上的地面的高低起伏情况,为此常需要根据地形图上的等高线来绘制地面的断面图。

如图 10-4 所示,现要绘制 AB 方向的断面图,方法如下:

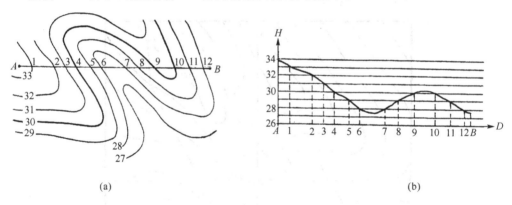

(a)   (b)

图 10-4

1. 首先在图纸上绘制直角坐标系。以横轴表示水平距离,水平距离比例尺一般与地形图比例尺相同,以纵轴表示高程。为了明显地表示地面的起伏状况,断面图的高程比例尺一般比距离比例尺大 10 倍;然后在纵轴上注明高程,并按等高距作与横轴平行的高程线。高程起始值要选择恰当,使绘出的断面图位置适中。

2. 将直线 AB 与图上等高线的交点用数字或字母进行标号,如 $1,2,3,\cdots$ 并量取 $A1$,$12,23,\cdots,12B$ 的距离,按这些距离在横坐标轴上标出各点。

3. 判别出 A、B 及各点的高程,并从横轴上的 $1,2,\cdots,B$ 各点作垂线,确定出各点高程位置。

4. 把相邻高程位置点用光滑曲线连接起来,即为 AB 方向的断面图。

三、确定汇水范围

在桥梁、涵洞、排水管、水库等工程设计中,都需要知道将来有多大面积的雨水往河流或谷地汇集,也就是要确定汇水面积。确定汇水面积首先要确定出汇水范围,汇水范围的边界线是由一系列山脊线(分水线)连接而成的。

如图 10-5 所示,公路经过山谷,拟在 A 处建一个涵洞,涵洞孔径的大小,应根据流经该处的水量而定,而水流量大小与其上方的汇水面积有关。从图中可以看出,由山脊线 BC、CD、DE、EF、FG 及公路上 GB 所围成的范围,即为通过桥涵 A 的汇水范围。

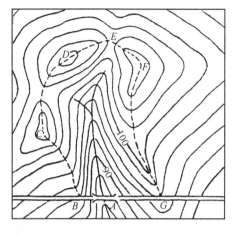

图 10-5

四、蓄水量计算

确定了汇水范围后,可确定出其汇水面积。有了汇水面积后,可根据该地区年平均降雨量等资料,确定水库的溢洪道起点高程和水库的淹没面积。在图 10-5 中,若 BG 为水库的大坝,溢洪道起点高程为 96 米,则被 96 米等高线所包围的全部面积将被淹没。设 88 米、90 米、92 米、94 米、96 米这五条等高线与坝 BG 围成的面积为 A_{88},A_{90},$\cdots$,A_{96},地形图的等高距 h_d 是已知的,则两水平面之间所包围的体积(即每层的体积)计算公式是:

$$V_1 = \frac{1}{3} h' A_{88}$$

$$V_2 = \frac{1}{2} (A_{88} + A_{90}) h_d$$

$$V_3 = \frac{1}{2} (A_{90} + A_{92}) h_d$$

$$V_4 = \frac{1}{2} (A_{92} + A_{94}) h_d$$

$$V_5 = \frac{1}{2} (A_{94} + A_{96}) h_d$$

那么,水库蓄水的总体积为

$$\sum V = V_1 + V_2 + V_3 + V_4 + V_5$$

即

$$\sum V = \frac{1}{3} h' A_{88} + \left(\frac{1}{2} A_{88} + A_{90} + A_{92} + A_{94} + \frac{1}{2} A_{96} \right) h_d$$

式中:h_d 为等高距(2 米),h' 为库底高程与最低一条等高线(88 米)的高程之差。

当溢洪道高程不是地形图上某一条等高线的高程时,可用内插法在图上绘出水库淹没线,然后将公式相应变动,再求库容量。

五、平整土地及土方量计算

在农林基本建设、城市规划和其他一些工程建设中,除了要求布局合理外,往往还要结合地形作必要的改造,使改造后的地形适合于建设的需要。这种地形改造工作称为土地平整。在土地平整工作中,为了计算工期和投入的劳动力以及使场地内的土方填挖平衡合理,往往先用地形图进行土方的概算,以便对不同方案进行比较,从中选择最佳方案。

图 10-6 为一幅 1:1 000 地形图的局部,要求将其整理成某一设计高程的水平场地,而且填土和挖土的土石方要求基本平衡,并概算土石方量。设计步骤如下:

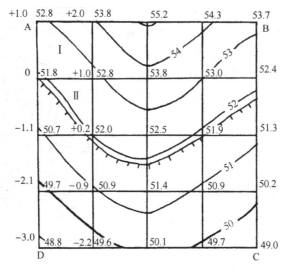

图 10-6

1. 在地形图上绘制方格网

在地形图上平整场地内绘制方格网,方格网的边长取决于地形图的比例尺、地形复杂的程度和土石方计算的精度,一般为 10 米、20 米、40 米。

2. 计算设计高程

用内插法或目估法求出各方格顶点的高程,并注在相应顶点的右上方。将每一方格的顶点高程取平均值(即每个方格顶点高程之和除以 4),最后将所有方格的平均高程相加,再除以方格总数,即得地面设计高程。

$$H_{设} = \frac{1}{n}(H_1 + H_2 + \cdots + H_i + \cdots + H_n) \tag{10-10}$$

式中:n 为方格数,H_i 为第 i 方格的平均高程。

图 10-6 中,计算所得的设计高程为 51.8 米。

3. 绘出填、挖分界线

根据设计高程,在图上用内插法绘出 51.8 米的等高线。该等高线即为填、挖分界线。

4. 计算各方格顶点的填、挖高度

各方格顶点的地面高程与设计高程之差,即为填挖高度,并注在相应顶点的左上方,即

$$h = H_{地} - H_{设} \tag{10-11}$$

式中:h 为"+"号表示挖方,"-"号表示填方。

5. 计算填、挖土石方量

先计算每一方格的填、挖土方量,然后计算总的填、挖土方量。

例如方格 I 全为挖,则

$$V_{I挖} = \frac{1}{4}(1.0+2.0+1.0+0)A_I = 1.0A_I \text{ 立方米}$$

方格Ⅱ有挖、有填,则分开计算

$$V_{Ⅱ挖} = \frac{1}{4}(0+1.0+0.2+0)A'_Ⅱ = 0.3A'_Ⅱ \text{ 立方米}$$

$$V_{Ⅱ填} = \frac{1}{3}[0+0+(-1.1)]A''_Ⅱ = -0.37A''_Ⅱ \text{ 立方米}$$

式中:A_I 为方格Ⅰ的面积,$A'_Ⅱ$ 为方格Ⅱ中挖部分的面积,$A''_Ⅱ$ 为方格Ⅱ中填部分的面积。最后将各方格填、挖土方量各自累加,即得填、挖的总土方量。

第四节　地形图上的面积量算

在土地规划与利用、植树造林、农业生产、工程建设、地籍和房地产测量等方面,经常会遇到面积测定的问题。面积测定的方法很多,除了解析法可以直接用野外测定的边界点坐标计算地块面积之外,其余均在地形图上或断面图上进行量测和计算。

一、方格法和平行线法

1. 透明方格纸法

如图 10-7 所示,要测出曲线区域的面积,先用一张透明方格纸覆盖在图形上,然后数出曲线区域内完整的小方格数,再把边缘不完整的方格凑成相当于整方格的数目,求出方格总数 n。根据图的比例尺确定出每一方格的实地面积 A',最后可计算出整个图形的面积 A。

$$A = nA' \tag{10-12}$$

一般来说方格纸边长取 1 毫米或 2 毫米。边长大,量取精度低;边长小,则量取精度高。

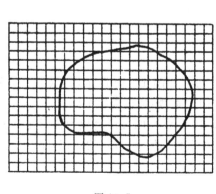

图 10-7

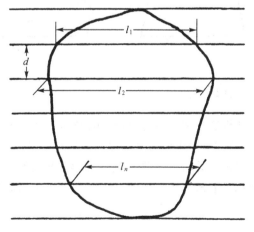

图 10-8

2. 平行线法

如图 10-8 所示,用一张绘有等间隔平行线的透明纸覆盖在图纸上(平行线间隔为 d),并移动透明纸,使平行线与图形的上下边线相切,也可直接在图纸上绘出等间隔的平行线。把相邻两平行线之间所截的部分图形看成梯形,量出各梯形的底边长度 $l_1, l_2, \cdots, l_n$,则各梯

形面积分别为

$$A'_1 = \frac{1}{2}d(0+l_1)$$

$$A'_2 = \frac{1}{2}d(l_1+l_2)$$

$$\cdots$$

$$A'_{n+1} = \frac{1}{2}d(l_n+0)$$

总的图形面积为

$$A' = A'_1 + A'_2 + \cdots + A'_{n+1} = (l_1 + l_2 + \cdots + l_n)d \tag{10-13}$$

如果图的比例尺为 $1:M$，则该区域的实地面积为

$$A = A'M^2 \tag{10-14}$$

如果图的纵方向比例尺为 $1:M_1$，横方向比例尺为 $1:M_2$，则有

$$A = A'M_1M_2 \tag{10-15}$$

二、图解法

图解法是在图上量取图形中的某些长度元素，用几何公式求出图形的面积。如果所量长度元素为图上长度，则求得的面积为图上的面积，化为实地面积时应乘以图的比例尺分母的平方。图解法用于求几何形状规则的图形面积，常用的简单几何图形为矩形、三角形和梯形。如果需要量测面积的图形不是简单图形，这时可将复杂图形分割成简单图形进行量测，如图 10-9 所示。

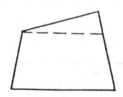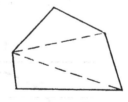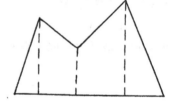

图 10-9

三、解析法

解析法是利用多边形顶点的坐标值计算面积的方法。如图 10-10 所示，1、2、3、4 为多边形的顶点，多边形的每一边和坐标轴的坐标投影线（图上垂线）都组成一个梯形。

多边形的面积 A 即为这些梯形面积的和与差。图 10-10 中，四边形面积为梯形 $1y_12y_2$ 的面积加上梯形 $2y_23y_3$ 的面积再减去梯形 $1y_14y_4$ 的面积和梯形 $4y_43y_3$ 的面积，即

$$A = \frac{1}{2}[(x_1+x_2)(y_2-y_1) + (x_2+x_3)(y_3-y_2)$$
$$- (x_3+x_4)(y_3-y_4) - (x_4+x_1)(y_4-y_1)]$$

整理得

$$A = \frac{1}{2}[x_1(y_2-y_4) + x_2(y_3-y_1) + x_3(y_4-y_2) + x_4(y_1-y_3)] \tag{10-16}$$

对于任意多边形，可以写出下列通式：

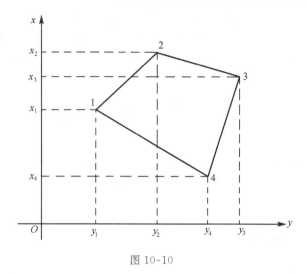

图 10-10

$$A = \frac{1}{2} \sum_{i=1}^{n} \left[x_i (y_{i+1} - y_{i-1}) \right] \tag{10-17}$$

当式中用到 y_0，y_{n+1} 时，按下式计算：

$$\left. \begin{array}{l} y_0 = y_n \\ y_{n+1} = y_1 \end{array} \right\} \tag{10-18}$$

四、求积仪法

求积仪一般用于量测图上面积较大或呈曲线形状的图形的面积。求积仪可分为机械求积仪和电子求积仪两类。

如图 10-11 所示为 KP-90N 型动极式电子求积仪。

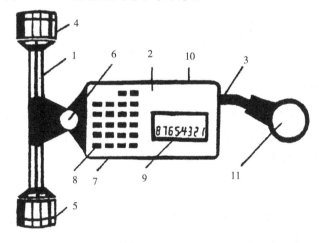

图 10-11

1. 滚柱	2. 求积盒	3. 描迹臂　　4,5. 滚轮　　6. 铰轴
7. 求积轮(求积盒下方)	8. 操作键	9. 液晶显示屏　10. 电源插座　11. 放大镜

使用电子求积仪时,先将扫描放大镜置于图形中心,使滚轴与描迹臂成 $90°$ 的角,拉转二三次,检查是否灵活。然后打开电源,设定单位和比例尺。单位、比例尺确定后,先在图形中心的左侧边缘标明一个记号,作为量算起点,将扫描放大镜对准于此点,按开始键后,用扫

描放大镜顺时针沿图形周界扫描一周回到起点,其显示数值即为图形所代表的实地面积。为了提高量算精度,同一面积重复量测三次,取其平均值作为最后的结果。该平均值在按一定键后可自动显示。另外,在需要的时候,还可以累加测量,即可以累测两块以上的面积。

第五节 数字地图的应用

前面几节介绍的是纸质地形图的应用,随着数字测图逐步取代手工平板测图,采用数字地形图进行工程规划设计,将大大提高工作效率。数字地图的应用应借助数字测图软件(如南方 CASS)进行。

一、基本几何要素的查询

1. 查询指定点的坐标
2. 查询两点之间的距离
3. 查询两点之间的曲线长
4. 查询两点之间的方位角
5. 查询指定点的高程
6. 查询两直线之间的夹角
7. 查询封闭图形的面积

二、道路曲线设计

根据数字地图可以在图上设计道路曲线,如圆曲线和缓和曲线等,在图上注记曲线的特征点并绘出曲线要素表。

在绘制曲线时应事先确定设计数据,如交点的坐标、里程、圆曲线半径、缓和曲线长度等,这些数据可以手工录入,也可以根据交互界面录入。

三、断面图绘制

在确定了路线中心线后,可以绘制出断面图。根据软件系统的提示,输入采样点的间距、起始点的里程、横向比例尺的大小、竖向比例尺的大小、指定参照点的里程、指定参照点的高程、指定的断面点等,就可以生成纵、横断面图。

四、土方量的计算

根据平整场地的边界范围和设计高程,可以计算填、挖土方量,并绘出填挖边界线。土方计算的方法有多种,主要有:

1. 数字地面模型(DTM)法
2. 断面法
3. 方格网法
4. 等高线法
5. 区域土方量平衡计算

第六节　地理信息系统(GIS)

一、地理信息系统的概念

地理信息系统(GIS,Geographic Information System)是以地理空间数据库为基础,在计算机软硬件的支持下,对空间相关数据进行采集、存储、管理、操作、分析、模拟和显示,并采用数学模型分析方法,实时提供空间和动态的地理信息,为规划、管理、决策服务的计算机技术系统。因此地理信息系统具有采集、管理、分析和输出多种地理空间信息的能力,具有空间分析、统计分析、多要素综合分析和动态预测能力,具有产生高层次地理信息的能力。

GIS 也不同于单纯的管理信息系统。GIS 必须对属性数据库和图形数据库共同管理、分析和应用,其软硬件设备较复杂,系统功能较强;而管理信息系统(如财务管理系统、档案管理系统等)则只有属性数据库的管理,它即使存储了图形,也是以文件形式管理,图形要素不能分解、查询,也没有拓扑关系。GIS 也有别于地图数据库,GIS 和地图数据库虽然都有空间查询、分析和检索功能,但地图数据库不可能像 GIS 那样,去综合图形数据和对属性数据进行深层次的空间分析,提供辅助决策的信息。具有空间分析能力是地理信息系统区别于其他系统的显著标志。

二、地理信息系统的构成

与普通的信息系统类似,一个完整的 GIS 主要由四个部分构成,即计算机硬件系统、计算机软件系统、地理数据(或空间数据)和系统管理操作人员。其核心部分是计算机系统(软、硬件),空间数据反映 GIS 的地理内容,而管理人员和用户则决定系统的工作方式和信息表达方式。

1. 计算机硬件系统

包括服务器、用户终端、图形图像输入设备、图形图像输出设备、数据存储设备和网络设备。服务器与数据存储设备连接在一起提供数据处理和数据与程序的存储空间;数字化设备将图形或图像等转换成数字形式并通过用户终端处理加工后,输到空间数据库;图形图像输出设备(绘图机、显示器等)用于表示数据处理结果;网络设备提供信息交换和数据共享的能力。

2. 计算机软件系统

包括计算机系统软件、基础地理信息系统软件、应用分析软件和网络软件。计算机系统软件是由计算机厂家提供的为用户开发和使用计算机提供方便的程序系统,通常包括操作系统、汇编程序、编译程序、诊断程序、库程序等;基础地理信息系统软件是空间数据管理的核心软件,通常应具有数据输入和校验、数据存储与管理、数据变换、数据显示和输出以及用户接口等;应用分析软件是指系统开发人员或用户根据需要编制的用于某种特定任务的程序,其优劣度在很大程度上决定了地理信息系统的成败;网络软件用于实现信息传输和资源共享。

3. 空间数据

数据是地理信息系统处理的对象,主要是地理空间数据以及与之相关的专题数据。地理空间数据是 GIS 所表达的现实世界经过模型抽象的实质性内容,包括描述空间实体几何位置的定位数据,描述实体关系的拓扑数据和描述空间实体数量和质量特征的属性数据。GIS 中的数据均由空间数据库管理系统进行管理。

4. 系统开发、管理和使用人员

人是 GIS 中重要构成因素,GIS 不同于一幅地图,而是一个动态的地理模型。仅有系统软硬件和数据还不能构成完整的地理信息系统,需要人进行系统组织、管理、维护和数据更新、系统扩充完善、应用程序开发,并灵活采用地理分析模型提取多种信息,为研究和决策服务。对于合格的系统设计运行和使用来说,地理信息系统专业人员是 GIS 应用的关键,而强有力的组织是系统运行的保障。一个周密规划的 GIS 项目应包括负责系统设计和执行项目经理、信息管理的技术人员、系统用户化的空间工程师以及最终运行系统的用户。

三、地理信息系统的功能

地理信息系统的基本功能主要有:数据采集、数据编辑、数据存储、空间查询与分析、数据输出等。

1. 数据采集

地理数据库是地理信息系统的重要组成部分,数据采集主要用于获取数据,保证数据库中的数据在内容与空间上的完整性、正确性,并通过数据输入把现有资料转换为计算机可处理的形式,按照统一的参考坐标系统、统一的编码、统一的标准和结构组织到数据库中。

数据采集的方法和技术有很多,不同的数据可用不同的数据采集方式。通过人机交互终端、数字化桌、扫描仪、数字摄影测量仪器、磁带机、磁盘机等将现有地图、野外测量数据、航空相片、遥感信息、文本资料等转换成与计算机兼容的数字形式,不同的仪器设备,应要有相应的软件。

2. 数据编辑

数据编辑是对地理信息系统中的空间数据和属性数据进行组织、修改等。利用地理信息系统软件工具,对现有的已采集的数据进行处理和再加工,按系统设计的要求进行数据组织后,才能建立空间数据库和进行应用分析。

数据编辑包括图形变换、图形编辑、图形整饰、拓扑关系检查与编辑、属性检查与输入、注记编辑等。

3. 数据存储

数据存储是将输入的数据以某种格式记录在计算机内部或外存设备上,如硬盘、光盘、磁带等。数据存储与管理涉及地理元素(如地物的点、线、面)的位置、空间关系以及如何组织,以便计算机进行处理和系统用户进行理解等。

4. 空间查询与分析

地理信息系统的用户需要系统能提供信息的查询、检索,但不仅只是静态的查询,更重要的是需要建立一个应用分析的模式,通过动态的分析,为评价、管理和决策提供服务。空间分析是比空间查询更深层的应用。空间查询包括位置查询、属性查询、拓扑查询等,空间分析包括地形分析、网络分析、叠加分析、缓冲区分析、决策分析等。

5. 数据输出

地理信息系统的输出产品是指由系统处理、分析后，可供规划管理、科学研究、辅助决策人员使用的产品，是系统数据或派生数据的表现形式。

地理信息系统的产品类型包括地图和图像、统计图表、数据、文字、报表等。

地理信息系统的产品输出方式有矢量形式绘图输出和栅格形式绘图输出。

四、地理信息系统的应用

应用与功能是不可分的，功能的强弱决定了应用范围的大小。一般来说，地理信息系统主要应用于：实现资源信息的科学管理、提供信息服务；实现资源信息的综合分析研究；进行各种资源的综合评价；提供资源规划和开发治理方案，进行宏观决策；预测自然和人为过程的发展趋势，指导人类选择最佳对策。

习 题 十

1. 地形图应用的基本内容有哪些？

2. 在 1 ∶ 1 000 地形图上，若等高距为 1 米，现要设计一条坡度为 5% 的等坡度路线，问路线上等高线间隔应为多少？

3. 如何在地形图上确定汇水范围？

4. 在绘制某一方向的断面图时，为什么要将高程方向的比例尺确定得大一些？

5. 常用的量测面积的方法有哪些？

6. 将某一起伏斜面整理成某一高程的水平面时，如何确定填、挖分界线？

7. 在下图所示的 1 ∶ 2 000 地形图上完成以下工作：

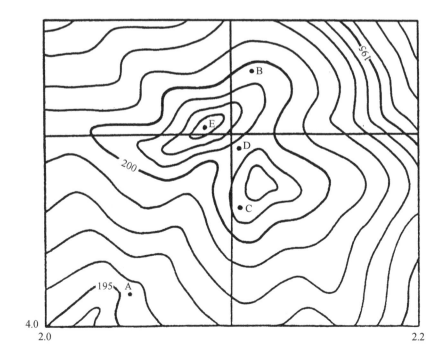

(1)确定 A、C 两点的坐标;

(2)计算 AC 的水平距离和方位角;

(3)求 A、C、D、E 四点的高程;

(4)求 A、C 连线的坡度;

(5)由 A 到 B 定出一条坡度不超过 5% 的最短路线;

(6)作沿 AB 方向的断面图。

8. 什么是地理信息系统? 地理信息系统有哪几部分组成?

第十一章　施工测量基本工作

第一节　概　述

一、施工测量的任务

各项工程建设都要经过决策、勘察设计和施工等几个阶段,各阶段都离不开测量工作。

各种工程在施工阶段所进行的测量工作称为施工测量,其工作内容主要包括:建立施工控制网、放样、检查验收测量、变形观测、竣工测量等。

施工测量的基本任务是放样,即将图纸上设计好的建筑物或构筑物的平面位置和高程标定在实地上。一个合理的设计方案需经过精心施工来实现,而放样工作的质量将直接影响到建筑物、构筑物尺寸和位置的正确,只有正确地放样才能保证正确地按照设计施工。所以在工程建设中,放样工作的作用是非常重要的,必须对此项工作予以足够的重视。

二、施工测量的特点

放样工作是根据图纸上设计好的建筑物或构筑物的位置和尺寸,算出各部分特征点至附近控制点的水平距离、水平角及高差等放样数据,然后以地面控制点为基础,将建筑物或构筑物的特征点在实地标定出来,这与测图工作过程正好相反。并且施工测量的精度通常要高于地形测量的精度。

施工放样是在施工现场作业的,要受到现场环境、车辆、人流、场地、施工作业等各种因素的干扰。为了保证测量精度,测量人员要了解有关工程施工方面的知识,而且必须与其他工种密切配合,协调工作。

施工测量贯穿于工程施工的全过程,要根据工程施工的进展情况,及时地进行各项测量工作,否则将影响工程进度和工程质量。测量人员应根据施工组织设计,随时掌握工程进度及现场情况,使测量精度与速度满足施工的需要。

三、施工测量的精度

施工测量的精度要求取决于建筑物和构筑物的结构形式、大小、材料、用途和施工方法等因素。通常,高层建筑测量精度要高于多层建筑,自动化和连续性厂房的测量精度要高于一般工业厂房,钢结构建筑的测量精度要高于钢筋混凝土结构、砖石结构建筑,装配式建筑的测量精度要高于非装配式建筑。测量精度不满足要求,将对工程质量造成影响。

在施工现场由于各种建筑物、构筑物的分布较广,往往不是同时开工兴建,为了保证各个建筑物和构筑物在平面位置和高程上都能满足要求,且相互连成一个整体,施工测量和测绘地形图一样,同样要遵循"从整体到局部,先控制后碎部"的原则,必须先在施工现场建立统一的平面控制网和高程控制网,然后以此为基准,测设出各个建筑物和构筑物的细部。

建设工程的点位中误差 $m_点$ 通常由测量定位中误差和施工中误差 $m_施$ 组成,测量定位中误差由建筑场区控制点的起始中误差 $m_控$ 和放样中误差 $m_放$ 组成,其关系式为

$$m_点{}^2 = m_控{}^2 + m_放{}^2 + m_施{}^2 \tag{11-1}$$

在工程项目的施工质量验收规范中,规定了各种工程的位置、尺寸、标高的允许误差 $\Delta_限$,施工测量的精度可按此限差进行推算。由于限差通常是中误差的二倍,所以

$$m_点 = \frac{1}{2}\Delta_限 \tag{11-2}$$

可以根据 $m_点$ 来设计推算 $m_控$、$m_放$ 及 $m_施$。由于不同工程的控制点等级不同、控制点密度不同、放样点离控制点的距离不同、放样点的类型不同、施工方法及要求也不同,因此,$m_控$、$m_放$、$m_施$ 之间并没有固定不变的比例关系。通常 $m_控 < m_放 < m_施$。应当根据工程的具体情况,适当确定 $m_控$、$m_放$、$m_施$ 之间的关系,因而设计出 $m_控$、$m_放$。

在工程测量规范中,规定了部分建筑物、构筑物施工放样的允许误差,取其二分之一,可直接确定出 $m_放$。

四、测绘新技术在施工测量中的应用

1. 电磁波测距和电子测角技术

电磁波测距具有精度高、速度快、受地形影响少、操作方便等特点,在很多场合已完全取代了钢尺量距。电子经纬仪采用数字显示读数,并可自动记录、存储数据,精度与光学经纬仪相当。集电子测距和电子测角为一体的全站仪可使测量工作实现自动化和内外业一体化,目前全站仪已广泛应用于施工测量中。

2. 激光技术

激光具有亮度高、方向性强、单色性好、相干性好等特性,测量用的激光定位仪器大都使用氦—氖激光器发光。施工测量常用的激光仪器有激光导向仪、激光水准仪、激光经纬仪、激光垂准仪、激光平面仪、激光测距仪等,激光仪器测量精度高、工作方便,提高了工作效率,广泛应用于建筑施工、水上施工、地下施工、精密安装等测量工作。

3. 全球定位系统(GPS)技术

全球定位系统具有精度高、速度快、操作方便、全天候等特点,而且测站之间无须通视,能提供三维坐标。在施工测量中,全球定位系统技术可应用于施工控制网的建立、建筑物的定位、高层建筑的放样、桥梁隧道的放样、道路放样、水库大坝放样、施工过程的变形观测、检查验收测量等工作。

4. 地理信息系统

地理信息系统是对有关地理空间数据进行输入、处理、存储、查询、检索、分析、显示、更新和提供应用的计算机系统,具有信息量广、新、使用方便等特点。在施工测量中,可将地理信息系统技术与工程相结合,建立相应的工程测量信息系统,进行控制选点、施工平面布置、绘制断面图、计算土方量、检查施工状况、编制施工竣工资料等工作。

第二节　施工放样的基本工作

一、测设已知水平距离

测设已知水平距离,就是根据地面上一给定的直线起点,沿给定的方向,定出直线上另外一点,使得两点间的水平距离为给定的已知值。例如,在施工现场,把房屋轴线的设计长度在地面上标定出来;在道路及管线的中线上,按设计长度定出一系列点等。

1. 钢尺测设法

(1)一般方法

施工放样通常是在建筑场地经过平整后进行的,放样已知设计距离的线段时可从起点出发,沿指定方向,用钢尺直接丈量,得到另一点。当建筑场地并不是平地时,丈量时可将钢尺一端抬高,使钢尺保持水平,用吊垂球的方法来投点。为校核起见,通常作往返丈量。往返丈量所放样出的两点不重合时,若较差在容许范围之内,取平均值作为最后结果。测设水平距离的一般方法也叫直接测设法。

(2)精密方法

测设时,可先用一般方法初步定出设计长度的终点,测出该点与起点的高差,测出丈量时的现场温度,再根据钢尺的尺长方程式,即可计算出尺长改正值 ΔD_l、温度改正值 ΔD_t、高差改正值 ΔD_h。

在钢尺精密量距时,采用的方法是先量出两点间的倾斜距离,设量得的距离值为 D',然后计算出尺长改正值、温度改正值、高差改正值,最后可算得水平距离为 $D = D' + \Delta D_l + \Delta D_t + \Delta D_h$。而放样已知水平距离时,其程序与距离测量相反,若要求放样水平距离 D,则应在地面上丈量 D',即

$$D' = D - \Delta D_l - \Delta D_t - \Delta D_h \tag{11-3}$$

2. 全站仪测设法

当用全站仪测设时,只要在直线方向上移动棱镜的位置,使显示距离等于已知水平距离,即能确定终点桩的标志位置。为了检核可进行复测。

放样时,先在直线方向上选一点 B',如图 11-1 所示,用全站仪测出 AB' 的水平距离 D',将 D' 与设计距离 D 比较,得 $\Delta D = D - D'$。如 ΔD 较大,则移动棱镜,如 ΔD 数值较小,移动棱镜不方便时,可用钢卷尺在 AB' 方向上量取 ΔD,就可得 B 点,此时 AB 的水平距离为 D。改正时,当 $\Delta D > 0$,应向 AB' 延长线方向改正,即向外归化;反之,则应向内归化。

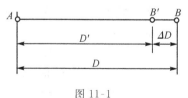

图 11-1

二、测设已知水平角

测设已知水平角,就是根据地面上一点及一给定的方向,定出另外一个方向,使得两方向间的水平角为给定的已知值。例如,地面上已有一条轴线,要在该轴上定出一些与之相垂直的轴线,则需测设出 90° 角。

1. 一般方法

如图 11-2 所示，设地面上已有 AB 方向，要在 A 点以 AB 为起始方向，顺时针方向测设由设计给定的水平角 β，定出 AC 方向。为消除仪器误差，应用盘左、盘右测设。将经纬仪安置在 A 点，用盘左瞄准 B 点，读取水平度盘读数，设读得 b，顺时针旋转照准部，当读数为 $b+\beta$ 时，固定照准部，在视线方向上定出 C' 点；然后用盘右按上述方法定出 C'' 点，取 C'、C'' 的中点 C，则 $\angle BAC$ 即为所需测设的水平角 β。

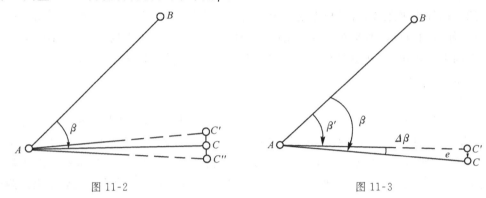

图 11-2　　　　　　　　　　　　　图 11-3

2. 精密方法

如图 11-3 所示，先用一般的方法测设出 C' 点，定 C' 点时可仅用盘左；然后用测回法多测回精确测出 $\angle BAC'$，设其值为 β'，计算 β' 与设计角值 β 的差值 $\Delta\beta=\beta-\beta'$；再根据 AC' 的距离 $D_{AC'}$，计算出垂距 e：

$$e=\frac{\Delta\beta}{\rho}D_{AC'} \tag{11-4}$$

从 C' 作 AC' 的垂线，以 C' 点为始点在垂线上量取 e，即得 C 点，则 $\angle BAC=\beta$。当 $\Delta\beta>0$ 时，应向外归化；反之，则应向内归化。

三、测设已知高程

测设已知高程，就是利用附近已知水准点，在给定的点位上标定出设计高程的高程位置。例如，平整场地，基础开挖，建筑物地坪标高位置确定等，都要测设出已知的设计高程。

如图 11-4 所示，设 A 为已知水准点，高程为 H_A，B 桩的设计高程为 H_B，在 A、B 两点之间安置水准仪，先在 A 点立水准尺，得读数为 a，由此可得仪器高程为 $H_i=H_A+a$。要使 B 点高程为设计高程 H_B，则在 B 点水准尺上的读数应为

$$b=H_i-H_B \tag{11-5}$$

测设时，将 B 点水准尺紧靠 B 桩，上、下移动尺子，当读数正好为 b 时，则 B 尺底部高程即为 H_B，这时用笔在 B 桩上沿 B 尺底部做记号，即测设得设计高程的位置。

如欲使 B 点桩顶高程为 H_B，可将水准尺立于 B 桩顶上，如水准仪读数小于 b 时，逐渐将桩打入土中，使尺上读数逐渐增加到 b，这样 B 点桩顶高程就是设计高程 H_B。

例 11-1　设 $H_A=27.349$ 米，欲测设的高程 $H_B=28.000$ 米，仪器架在 A、B 两点之间，在 A 点上水准尺的读数 $a=1.623$ 米，则得仪器高程为

$$H_i=H_A+a=27.349+1.623=28.972 米$$

在 B 点水准尺上的读数应为

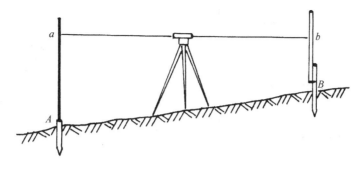

图 11-4

$$b = H_i - H_B = 28.972 - 28.000 = 0.972 \text{ 米}$$

故当 B 尺读数为 0.972 米时，在尺底画线，此线高程即为 28.000 米。

第三节　平面点位的测设

平面点位的测设，就是根据已知控制点，在地面上标定出一些点的平面位置，使这些点的坐标为给定的设计坐标。例如，在工程建设中，要将建筑物的平面位置标定在实地上，其实质就是将建筑物的一些轴线交叉点、拐角点在实地标定出来。

根据设计点位与已有控制点的平面位置关系，结合施工现场条件，测设点的平面位置的方法有直角坐标法、极坐标法、角度交会法、距离交会法和全站仪测设法等。

一、直角坐标法

当施工现场布设有相互垂直的建筑基线或建筑方格网时，常用直角坐标法测设点位。

如图 11-5 所示，A、B、C、D 为建筑方格网点，P、Q、M、N 为一建筑物的轴线点，房屋轴线与建筑方格网线平行或垂直。设 A 点坐标为 (X_A, Y_A)，P、Q、M、N 的设计坐标为 (X_P, Y_P)、(X_Q, Y_Q)、(X_M, Y_M)、(X_N, Y_N)。测设时，在 A 点安置经纬仪，瞄准 B 点，在 A 点沿 AB 方向测设水平距离 $\Delta Y_{AP} = Y_P - Y_A$，得 a 点，然后从 a 点沿 AB 方向测设水平距离 $\Delta Y_{PQ} = Y_Q - Y_P$，得 b 点；将经纬仪搬至 a 点，仍瞄准 B 点，逆时针方向测设出 $90°$ 角，得 ac 方向，从 a 点沿 ac 方向测设水平距离 $\Delta X_{AP} = X_P - X_A$，即得 P 点，再从 P 点沿 ac 方向测设水平距离 $\Delta X_{PM} = X_M - X_P$，则得 M 点；同样，将经纬仪搬至 b 点，可测设出 Q 点及 N 点。为检核点位是否正确，应检查各边长是否等于设计长度，四个内角是否等于 $90°$，误差在允许范围内即可。

二、极坐标法

极坐标法是用测设一个水平角和一条边长来放样点位的方法。如图 11-6 所示，A、B 为控制点，P、Q 为要测设的点。为此，先根据 A、B 的已知坐标及 P、Q 的设计坐标计算测设数据 β_1、D_1 及 β_2、D_2。

$$\alpha_{AP} = \arctan \frac{Y_P - Y_A}{X_P - X_A} \tag{11-6}$$

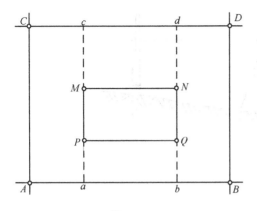

图 11-5

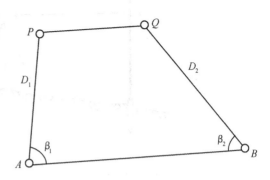

图 11-6

$$\beta_1 = \alpha_{AB} - \alpha_{AP} \qquad (11\text{-}7)$$

$$D_1 = \sqrt{(X_P - X_A)^2 + (Y_P - Y_A)^2} \qquad (11\text{-}8)$$

$$\alpha_{BQ} = \arctan \frac{Y_Q - Y_B}{X_Q - X_B} \qquad (11\text{-}9)$$

$$\beta_2 = \alpha_{BQ} - \alpha_{BA} \qquad (11\text{-}10)$$

$$D_2 = \sqrt{(X_Q - X_B)^2 + (Y_Q - Y_B)^2} \qquad (11\text{-}11)$$

测设 P 点时,将经纬仪安置在 A 点,瞄准 B 点,逆时针方向测设 β_1 角,得一方向线,再在该方向线上测设水平距离 D_1,则可得 P 点。

测设 Q 点时,可将经纬仪搬至 B 点,瞄准 A 点,顺时针方向测设 β_2 角,得一方向线,在该方向线上测设水平距离 D_2,即可得 Q 点。

测设得到 P、Q 点后,可丈量 PQ 之间的水平距离,并与设计长度比较,以作为校核。

用钢尺丈量水平距离时,极坐标法适用于地面平坦且距离较短的场合。

三、角度交会法

当需测设的点位与已知控制点相距较远或不便于量距时,可采用角度交会法。

如图 11-7 所示,A、B、C 为控制点,P、Q 为要测设的点,先根据 A、B、C 的已知坐标及 P、Q 的设计坐标计算测设数据 β_1、β_2、β_3 及 β_4,计算方法同极坐标法。

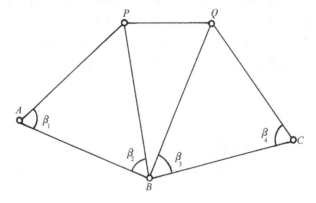

图 11-7

测设 P 点时，同时在 A 点及 B 点安置经纬仪，在 A 点测设 β_1 角，在 B 点测设 β_2 角，两条方向线相交即得 P 点。测设 Q 点时，在 B 点及 C 点同时安置经纬仪，在 B 点测设 β_3 角，在 C 测设 β_4 角，两方向相交即得 Q 点。测设后，丈量 PQ 的水平距离，并与设计长度比较，以作为校核。用角度交会法测设点位时，两交会方向的夹角称为交会角。为了保证精度，交会角应在 $30\sim150°$ 之间。

当用一台经纬仪测设时，无法同时得到两条方向线，这时一般采用打骑马桩的方法。如图 11-8 所示，经纬仪架在 A 点时，得到了 AP 方向线。

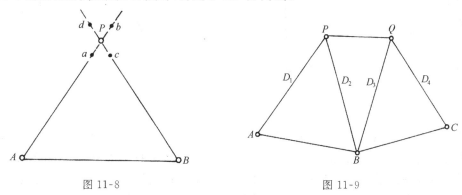

图 11-8　　　　　　　　　　　　　　　　图 11-9

在大概估计 P 点位置后，沿 AP 方向，离 P 点一定距离的地方，在不影响施工的情况下，打入 a、b 两个桩，桩顶作标志，使其位于 AP 方向线上。同理，将经纬仪搬至 B 点，可得 c、d 两点。在 ab 与 cd 之间各拉一根细线，两线交点即为 P 点位置。在施工过程中，P 点由于开挖等原因被破坏，要恢复 P 点位置也非常方便。

四、距离交会法

当需测设的点位与已知控制点相距较近，一般相距在一尺段以内且测设现场较平坦时，可用距离交会法。

如图 11-9 所示，A、B、C 为控制点，P、Q 为要测设的点，先根据 A、B、C 的已知坐标及 P、Q 的设计坐标计算出测设数据 D_1、D_2、D_3 及 D_4，计算方法同极坐标法。

测设 P 点时，以 A 点为圆心，以 D_1 为半径，用钢尺在地面上画弧；以 B 点为圆心，以 D_2 为半径，用钢尺在地面上画弧，两条弧线的交点即为 P 点。测设 Q 点时，分别以 B 点及 C 点为圆心，以 D_3 及 D_4 为半径画弧，两弧相交即得 Q 点。测设后，可丈量 PQ 的距离，与设计长度比较，以作为检核。

五、全站仪测设法

全站仪测设法适用于各种场合，当距离较远、地势复杂时尤为方便。前面介绍的直角坐标法、极坐标法、角度交会法、距离交会法等也都可用全站仪施测。

1. 全站仪极坐标法

用全站仪极坐标法测设点的平面位置，不需预先计算放样数据。如图 11-10 所示，如要测设 P 点的平面位置，其施测方法如下：

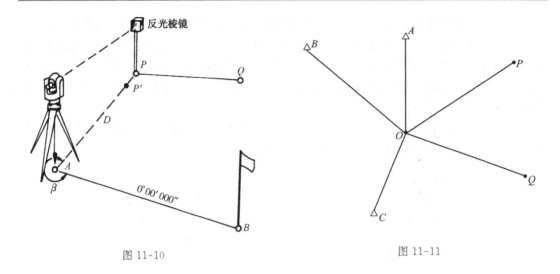

图 11-10 图 11-11

将全站仪安置在 A 点,瞄准 B 点,将水平度盘设置为 $0°00'00''$;然后将控制点 A、B 的已知坐标及 P 点的设计坐标输入全站仪,即可自动算出测设数据水平角 β 及水平距离 D;测设水平角 β,并在视线方向上指挥持棱镜者把棱镜安置在 P 点附近的 P' 点。如持镜者在棱镜上可看到显示的 AP' 的距离值 D',则可根据 D' 与 D 的差值 $\Delta D = D - D'$,由持镜者在视线方向上用小钢尺对 P' 点进行归化,得 P 点;如果棱镜上无水平距离显示功能,则由观测者按算得的 ΔD 值指挥持镜者移动至 P 点。

2. 全站仪坐标法

如图 11-10 所示,将全站仪安置在 A 点,使仪器置于放样模式,输入控制点 A、B 的已知坐标及 P 点的设计坐标;瞄准 B 点进行定向;持镜者将棱镜立于放样点附近,用全站仪照准棱镜,按坐标放样功能键,可显示出棱镜位置与放样点的坐标差,指挥持镜者移动棱镜,直至移动到 P 点。

3. 全站仪自由设站法

当控制点与放样点间不通视时,可用自由设站法。如图 11-11 所示,A、B、C 为控制点,P、Q 为要测设的放样点,自由选择一点 O,在 O 点安置全站仪,按全站仪内置程序,后视 A、B、C 点,测出 O 点坐标,然后按全站仪极坐标法或全站仪坐标法测设出 P、Q 点。

由于 O 点是自由选择的,定点非常方便。O 点也可作为增设的临时控制点,并建立标志。

第四节 设计坡度的测设

已知坡度的测设,就是根据一点的高程,在给定方向上定出其他一些点的高程位置,使这些点的高程位置在给定的设计坡度线上。例如,道路路面铺设、城市地下管线的铺设等,经常要测设设计所给定的坡度线。

如图 11-12 所示,A 点的高程为 H_A,A、B 两点间的水平距离为 D_{AB},AB 直线的设计坡度为 i_{AB},则可算出 B 点的设计高程为

$$H_B = H_A + i_{AB}D_{AB}$$

(11-12)

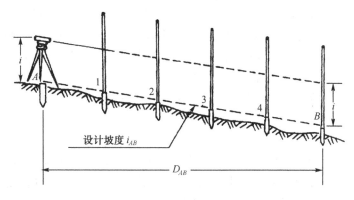

图 11-12

按测设高程的方法,在 B 点测设出 H_B 的高程位置,则 A 点与 B 点的设计坡度线就定出来了。在实际工作中,只有线路两端点的高程是不够的,通常需要在 A、B 两点之间定出一系列点,使它们的高程位置处于同一坡度线上。测设时,将水准仪(当设计坡度较大时可用经纬仪)安置在 A 点,并使基座上的一只脚螺旋在 AB 方向上,另两只脚螺旋的连线与 AB 方向垂直,量取仪高 i,用望远镜瞄准立于 B 点的水准尺,调整在 AB 方向上的脚螺旋,使十字丝的中丝在水准尺上的读数等于仪器高 i,这时仪器的视线平行于所设计的坡度线。然后在 AB 中间的各点 1、2、3、…的桩上立水准尺,使桩上标尺读数为 i,则桩顶连线为设计坡度线。

第五节　铅垂线和水平面的测设

一、铅垂线的测设

在基础、主体结构、高耸构筑物、竖井等工程施工过程中,经常要将点位沿竖直方向向上或向下传递,即要测设铅垂线。测设铅垂线可用经纬仪投测法、垂线法、激光铅垂仪投测法、光学垂准仪投测法等方法。

当高度不高时,用垂线法最直接,悬挂垂球后,垂球稳定时垂球线即为铅垂线。

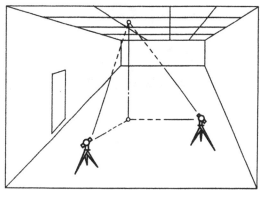

图 11-13

用经纬仪投测时,如图 11-13 所示,在相互垂直的两个方向上,分别架设经纬仪,经整平后,瞄准上(或下)标志,上下转动望远镜,在视准轴方向得到两个铅垂面,则两铅垂面的交线即为铅垂线。这时在经纬仪的视准轴方向上,用与角度交会法测设点位一样的方法可定出下(或上)标志,上下标志即在同一铅垂线上。

用激光铅垂仪投测法、光学垂准仪投测法测设铅垂线的方法见第十二章。

二、水平面的测设

在基础、楼面、广场、跑道等工程施工过程中,经常要测设水平面。如图 11-14 所示,要测设一个高程为 H_A 的水平面,先用测设高程的方法在 A 点测设出 H_A,然后在适当位置架设水准仪,瞄准 A 点水准尺,得读数 l,瞄准其他各点,只要尺上读数为 l,则尺底位置就在高程为 H_A 的水平面上。

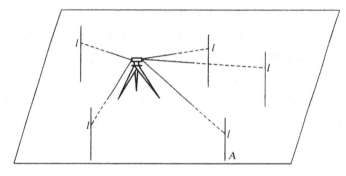

图 11-14

图 11-15 所示为 JP300 全自动激光扫平仪,它具有定向扫描、提供可见激光、电子自动安平、可自动提供高精度的激光水平基准面及铅垂线或激光垂直基准面及水平线、也可提供激光坡面、自动超范围报警、用红外遥控器实行遥控等功能。技术特征为:水平精度±10″、垂直精度±15″、激光下对点精度±1 毫米/1.5 米、自动安平范围±5°、工作范围为直径 300 米。

图 11-15

习 题 十 一

1. 施工放样的基本工作是什么？

2. 测设已知数值的水平距离、水平角及高程是如何进行的？

3. 测设点位的方法有哪几种？各适用于什么场合？

4. 如何用水准仪测设已知坡度的坡度线？

5. 要测设角值为 $120°$ 的 $\angle ACB$，先用经纬仪精确测得 $\angle ACB'=120°00'09''$，已知 CB' 的距离为 $D=180$ 米，问如何移动 B' 点才能使角值为 $120°$？应移动多少距离？

6. 设水准点 A 的高程为 16.163 米，现在测设高程为 15.000 米的 B 点，仪器架在 AB 两点之间，在 A 尺上读数为 1.036 米，则 B 尺上读数应为多少？如何进行测设？如欲使 B 桩的桩顶高程为 15.000 米，如何进行测设？

7. 设 A、B 为建筑方格网上的控制点，其已知坐标为 $X_A=1\,000.000$ 米，$Y_A=8\,000.000$ 米，$X_B=1\,000.000$ 米，$Y_B=1\,000.000$ 米，M、N、E、F 为一建筑物的轴线交点，其设计坐标为 $X_M=1\,051.500$ 米，$Y_M=848.500$ 米，$X_N=1\,051.500$ 米，$Y_N=911.800$ 米，$X_E=1\,064.200$ 米，$Y_E=848.500$ 米，$X_F=1\,064.200$ 米，$Y_F=911.800$ 米，试叙述用直角坐标法测设 M、N、E、F 四点的方法。

8. 设 I、J 为控制点，已知 $X_I=158.27$ 米，$Y_I=160.64$ 米，$X_J=115.49$ 米，$Y_J=185.72$ 米，A 点的设计坐标为 $X_A=160.00$ 米，$Y_A=210.00$ 米，试分别计算用极坐标法、角度交会法及距离交会法测设 A 点所需的放样数据。

9. 要在 CB 方向测设一条坡度为 $i=-2\%$ 的坡度线，已知 C 点高程为 36.425 米，CB 的水平距离为 120 米，则 B 点高程应为多少？

第十二章　建筑工程施工测量

　　建筑物是指供生活、学习、工作、居住以及从事生产和文化活动的房屋,按用途可分为民用建筑、工业建筑和农业建筑三大类。

　　建筑工程施工阶段的测量工作,可分为工程施工准备阶段的测量工作和施工过程中的测量工作。施工准备阶段的测量工作包括施工控制网的建立、场地布置、工程定位和基础放线等。施工过程中的测量工作是在工程施工中,随着工程的进展,在每道工序之前所进行的细部测设,如基桩或基础模板的测设、工程砌筑中墙体皮数杆设置、楼层轴线测设、楼层间高程传递、结构安装测设、设备基础及预埋螺栓测设、建筑物施工过程中的沉降观测等。当工程的每道工序完成后,应及时进行验收测量,以检查施工质量,然后才可进行下一道工序作业。由此可见,施工放样是每道工序作业的先导,而验收测量是各道工序的最后环节,也就是说,施工测量贯穿于整个施工过程,它对保证工程质量和施工进度都起着重要的作用。为做好施工测量工作,测量人员要树立为工程建设服务的思想,主动了解施工方案、掌握施工进度,使测量工作走在施工前面,真正起到先导作用。同时,对所测设的标志,一定要经反复校核无误后,方可交付施工,避免因测设错误而造成工程质量事故。

　　由于在建筑工程施工现场上,各种材料和机械器具的堆放、各种工程的破土动工,特别是机械化施工作业等原因,施工现场内的测量标志很容易受到损坏。因此,在整个施工期间应采取各种有效措施,做好测量标志的保护工作。保护好测量标志,是顺利完成施工测量作业的重要保证。另外,测量作业前应对所用仪器和工具进行检验与校正。在施工现场,由于干扰因素很多,测设方法和计算方法要力求简捷,同时要特别注意人身和仪器的安全。

第一节　建筑施工控制测量

　　建筑工程施工测量的基本任务是测设,为了使图纸上设计好的建筑物、构筑物的平面位置和高程能在实地正确地按设计要求标定出来,必须遵循"从整体到局部,先控制后碎部"的原则。因此,在施工前应在建筑现场建立施工控制网。

　　在勘测设计阶段所建立的控制网,可以作为施工放样的基准。但在勘测设计阶段的控制网,往往从测图方面考虑,各种建筑物的设计位置尚未确定,一般不适应施工测量的需要,无法满足施工测量的要求。此外,常有相当数量的测图控制点,在场地布置和平整中被破坏,或者因建筑物的修建成为互不通视而很难利用的点。因此,在工程施工之前,一般在建筑场地在原测图控制网的基础上,建立施工控制网,作为工程施工和运行管理阶段进行各种测量的依据。

　　为工程建筑物的施工放样布设的测量控制网称为施工控制网。施工控制网分为平面控制网和高程控制网,如按控制范围可分为场区控制及建筑物的控制。大中型施工项目应先建立场区控制网,再分别建立建筑物施工控制网;小规模或精度高的独立施工项目,可直接布设建筑物施工控制网。控制网点,应根据施工总平面图和施工总布置图设计。

一、平面控制测量

1. 场区平面控制

建筑场区的平面控制网,可根据场区地形条件和建筑物、构筑物的布置情况,布设成建筑方格网、导线网、GPS 网或三角形网等。

场区的平面控制网,应根据等级控制点进行定位、定向和起算。场区平面控制网的等级和精度,应符合下列规定:建筑场地大于 1 平方千米或重要工业区,应建立一级或一级以上精度等级的平面控制网;建筑场地小于 1 平方千米或一般性建筑区,可根据需要建立二级精度的平面控制网;当原有控制网作为场区控制网时,应进行复测检查。控制网点位应选在通视良好、土质坚实、便于施测、利于长期保存的地点,并应埋设相应的标石,必要时增加强制对中装置。标石的埋设深度,应根据冻土线和场地平整的设计标高确定。

(1)施工坐标系

施工坐标系亦称建筑坐标系,是供工程建筑物施工放样用的一种平面直角坐标系。其坐标轴与建筑物主轴线一致或平行,以便于建筑物的施工放样。

施工坐标系的原点一般设置于总平面图的西南角上,以便使所有建筑物、构筑物的设计坐标均为正值。

当施工坐标系与测量坐标系不一致时,两者之间的坐标可以进行坐标换算。

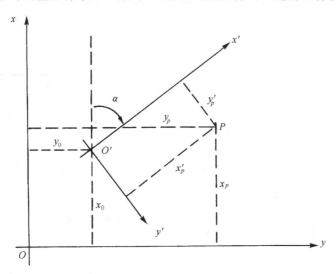

图 12-1

如图 12-1 所示,设 xOy 为测量坐标系,$x'O'y'$ 为施工坐标系,$x_{o'}$、$y_{o'}$ 为施工坐标系的原点在测量坐标系中的坐标,α 为施工坐标系的纵轴在测量坐标系中的方位角。设施工坐标系中某点 P 的坐标为 x'_P、y'_P,则可按下式将其换算为测量坐标系坐标 x_P、y_P。

$$\begin{cases} x_P = x_{o'} + x'_P \cos\alpha - y'_P \sin\alpha \\ y_P = y_{o'} + x'_P \sin\alpha + y'_P \cos\alpha \end{cases} \tag{12-1}$$

如已知 P 点的测量坐标,则可按下式将其换算为施工坐标:

$$\left.\begin{aligned} x'_P &= (x_P - x_{o'})\cos\alpha + (y_P - y_{o'})\sin\alpha \\ y'_P &= -(x_P - x_{o'})\sin\alpha + (y_P - y_{o'})\cos\alpha \end{aligned}\right\} \quad (12\text{-}2)$$

(2)建筑方格网

由正方形或矩形的格网组成的工业建设场地的施工控制网称为建筑方格网,如图12-2所示。

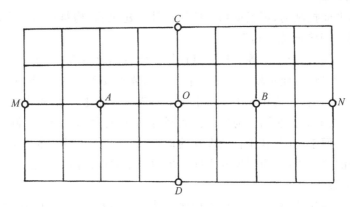

图 12-2

建筑方格网通常采用建筑坐标系。建筑方格网的主要技术要求,应符合表 12-1 的规定。

表 12-1　建筑方格网的主要技术要求

等级	边长/米	测角中误差/″	边长相对中误差
一级	100～300	5	≤1/30 000
二级	100～300	8	≤1/20 000

布设建筑方格网,可采用轴线法或布网法。布网法是一次整体布网,经统一平差后求得各点坐标,然后改正至设计坐标位置。轴线法是先布主轴线,如图 12-2 中的 $MAOBN$ 及 COD,然后再根据轴线测设其他方格网点。

(3)导线及导线网

当采用导线及导线网作为场区控制网时,导线边长应大致相等,相邻边的长度比不宜超过 1：3,其主要技术要求见表 12-2。

表 12-2　场区导线测量的主要技术要求

等　级	导线长度/千米	平均边长/米	测角中误差/″	测距相对中误差	测回数 2″级仪器	测回数 6″级仪器	方位角闭合差/″	导线全长相对闭合差
一级	2.0	100～300	5	1/30 000	3	—	$10\sqrt{n}$	≤1/15 000
二级	1.0	100～200	8	1/14 000	2	4	$16\sqrt{n}$	≤1/10 000

注:n 为测站数

(4)三角形网

当采用三角形网作为场区控制网时,主要技术要求见表 12-3。

表 12-3 场区三角形网测量的主要技术要求

等 级	边长 /米	测角中误差 /″	测边相对 中误差	最弱边边长 相对中误差	测回数		三角形最大闭合差 /″
					2″级 仪器	6″级 仪器	
一级	300~500	5	≤1/40 000	≤1/20 000	3	—	15
二级	100~300	8	≤1/20 000	≤1/10 000	2	4	24

(5)GPS 网

当采用 GPS 网作为场区控制网时,其主要技术要求见表 12-4。

表 12-4 场区 GPS 网测量的主要技术要求

等 级	边长/米	固定误差 A/毫米	比例误差系数 B/(毫米/千米)	边长相对中误差
一级	300~500	≤5	≤5	≤1/40 000
二级	100~300	≤5	≤5	≤1/20 000

2. 建筑物的平面控制

建筑物的平面控制网,可根据建筑物、构筑物特点,布设成十字轴线或矩形控制网。

建筑物的控制网,应根据场区控制网进行定位、定向和起算。

建筑物的控制网,应根据建筑物结构、机械设备传动性能及生产工艺连续程度,分别布设成一级或二级控制网,其主要技术要求,应符合表 12-5 的规定。

表 12-5 建筑物控制网的主要技术要求

等 级	边长相对中误差	测角中误差/″
一级	≤1/30 000	$\pm 7\sqrt{n}$
二级	≤1/15 000	$\pm 15\sqrt{n}$

注:n 为建筑物结构的跨数。

建筑物的控制测量,应符合下列规定:

(1)控制点应选在通视良好、土质坚实、利于长期保存、便于施工放样的地方。

(2)控制网加密的指示桩,宜选在建筑物行列轴线或主要设备中心线方向上。

(3)主要的控制网点和主要设备中心线端点,应埋设混凝土固定标桩。

(4)控制网轴线起始点的测量定位误差,不应大于 2 厘米;两建筑物(厂房)间有联动关系时,不应大于 1 厘米,定位点不得少于 3 个。

(5)水平角观测的测回数应根据测角中误差的大小及仪器精度等级来确定。

(6)矩形网的角度闭合差,不应大于测角中误差的 4 倍。

(7)边长宜采用电磁波测距的方法,二级网也可用钢尺量距。

(8)矩形网应按平差结果进行实地修正,调整到设计位置。当增设轴线时,可采用现场改点法进行配赋调整;点位修正后,应进行矩形网角度的检测。

建筑物的围护结构封闭前,应根据施工需要将建筑物外部控制转移至内部,以便于日后内部继续使用。内部的控制点,宜设置在已浇筑完成的预埋件或预埋测量标板上。当由外部控制向建筑物内部引测时,其投点误差,一级不应超过 2 毫米,二级不应超过 3 毫米。

二、高程控制测量

1. 场区高程控制

场区的高程控制网,应布设成闭合环线、附合路线或结点网形,大中型施工项目的高程测量精度一般不低于三等水准测量。

场地水准点的间距,宜小于 1 千米。距离建筑物、构筑物不宜小于 25 米;距离回填土边线不宜小于 15 米。

2. 建筑物的高程控制

建筑物高程控制应采用水准测量,附合路线的闭合差不应低于四等水准的要求。建筑物高程控制的水准点,可设置在建筑物的平面控制网的标桩上或外围的固定地物上,也可单独埋设。水准点的个数不应少于 2 个。当场地高程点距离施工建筑物小于 200 米时,可直接利用。

当施工中水准点标桩不能保存时,应将其高程引测至稳固的建筑物或构筑物上,引测的精度,不应低于四等水准测量。

第二节　民用建筑施工放样

民用建筑一般指住宅、商店、医院、学校、办公楼、饭店、娱乐场所等建筑物。它可分为单层、多层和高层建筑,由于其结构特征不同,其放样的方法和精度要求亦有所不同,但放样过程基本相同。

民用建筑施工放样的主要工作包括建筑物的定位、建筑物细部轴线测设、基础施工测量及主体施工测量等。

一、施工放样应具备的资料

民用建筑以及工业建筑施工放样时,均应具备下列资料:

1. 总平面图。
2. 建筑物的设计与说明。
3. 建筑物、构筑物的轴线平面图。
4. 建筑物的基础平面图。
5. 设备的基础图。
6. 土方的开挖图。
7. 建筑物的结构图。
8. 管网图。
9. 场区控制点坐标、高程及点位分布图。

二、建筑物施工放样的主要技术要求

建筑物施工放样、轴线投测和标高传递的偏差,不应超过表 12-6 的规定。

表 12-6　建筑物施工放样、轴线投测和标高传递的允许偏差

项　　目	内　　容		允许偏差/毫米
基础桩位放样	单排桩或群桩中的边桩		±10
	群桩		±20
各施工层上放线	外廓主轴线长度 L/米	$L\leqslant30$	±5
		$30<L\leqslant60$	±10
		$60<L\leqslant90$	±15
		$90<L$	±20
	细部轴线		±2
	承重墙、梁、柱边线		±3
	非承重墙边线		±3
	门窗洞口线		±3
轴线竖向投测	每层		3
	总高 H/米	$H\leqslant30$	5
		$30<H\leqslant60$	10
		$60<H\leqslant90$	15
		$90<H\leqslant120$	20
		$120<H\leqslant150$	25
		$150<H$	30
标高竖向传递	每层		±3
	总高 H/米	$H\leqslant30$	±5
		$30<H\leqslant60$	±10
		$60<H\leqslant90$	±15
		$90<H\leqslant120$	±20
		$120<H\leqslant150$	±25
		$150<H$	±30

三、建筑物的定位

建筑物的定位就是在实地标定建筑物的外廓主要轴线。

在建筑物定位前,应做好以下准备工作:熟悉设计图纸,进行现场踏勘,检测测量控制点,清理施工现场,拟定放样方案及绘制放样略图。

根据施工现场情况及设计条件,建筑物的定位可采用以下几种方法:

1. 根据测量控制点测设

当建筑物附近有导线点、三角点及三边测量点等测量控制点时,可根据控制点和建筑物各角点的设计坐标用极坐标法或角度交会法测设建筑物的位置。

2. 根据建筑方格网测设

如建筑场区内布设有建筑方格网,可根据附近方格网点和建筑物角点的设计坐标用直角坐标法测设建筑物的位置。

3. 根据建筑物控制网测设

当建筑物布设有专供建筑物放样用的十字轴线或矩形控制网时,可根据建筑物的平面控制网点和建筑物角点的设计坐标用直角坐标法测设建筑物的位置。

4. 根据建筑红线测设

建造房屋要按照统一的规划进行,建筑用地的边界,要经规划部门审批并由土管部门在现场直接放样出来。建筑用地边界点的连线称为建筑红线(也叫规划红线)。各种房屋建筑,必须建造在建筑红线的范围之内,设计单位与建设单位往往从合理利用规划土地的角度出发,将房屋设计在与建筑红线相隔一定距离的地方,放样时,可根据实地已有的建筑用地边界点来测设。

如图 12-3 所示,A、B、C 为建筑用地边界点,P、Q、M、N 为拟建房屋角点,建筑物与建筑红线之间的设计距离分别为 d_1、d_2,这时就可根据 A、B、C 的已知坐标及 P、Q、M、N 的设计位置用直角坐标法来测设 P、Q、M、N 的实地位置。

有时,建筑红线与建筑物边线不一定平行或垂直,这时可用极坐标法、角度交会法或距离交会法来测设。

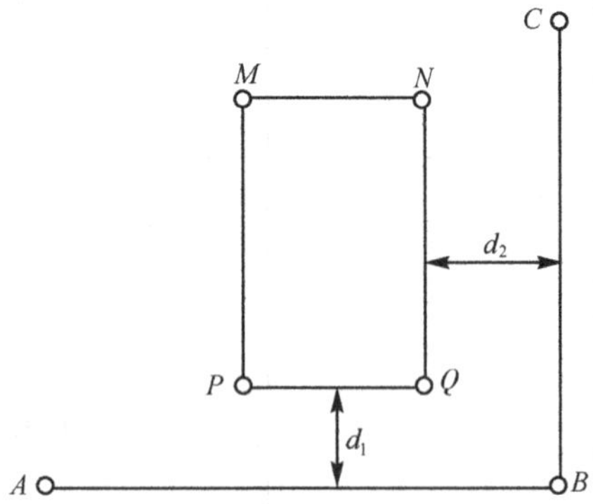

图 12-3

5. 根据与现有建筑物的关系测设

在建筑区新建、扩建或改建建筑物时,一般设计图上都绘出了新建筑物与附近原有建筑物的相互关系。如图 12-4 所示的几种例子,图中绘有斜线的是现有建筑物,没有斜线的是新设计的建筑物。

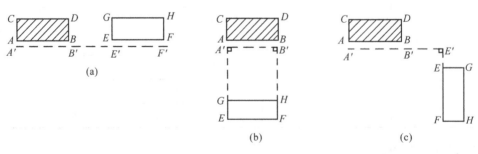

图 12-4

如图 12-4(a)所示,可用延长直线法定位,即先作 AB 边的平行线 $A'B'$,然后在 B' 点安置经纬仪作 $A'B'$ 的延长线 $E'F'$,再安置经纬仪于 E' 和 F' 测设 $90°$ 而定出 EG 和 FH。

如图 12-4(b)所示,可用平行线法定位,即在 AB 边的平行线上的 A' 和 B' 两点安置经纬仪,分别测设 90° 而定出 GE 和 HF。

如图 12-4(c)所示,可用直角坐标法,即先在 AB 边的平行线上的 B′点安置经纬仪作 A′B′的延长线,定出 E′点,然后在 E′点安置经纬仪测设 90° 角,定出 E,F 点,最后在 E 和 F 点安置经纬仪测设 90° 角而定出 G 和 H。

建筑物定位后,应进行检核,并经规划部门验线,才能进行施工。

四、龙门板和轴线控制桩的设置

根据建筑物定位的角点桩(即外墙轴线交点,简称角桩),可详细测设建筑物各轴线的交点桩(或称中心桩)。然后根据中心桩,用白灰画出基槽边界线。

由于施工时要开挖基槽,各角桩及中心桩均要被挖掉。因此,在挖槽前要把各轴线延长到槽外,在施工的建筑物或构筑物外围,建立龙门板或控制桩,作为挖槽后恢复轴线的依据。

龙门板及控制桩的布设位置,一般根据土质和基槽深度而定,通常离外墙基槽边缘约 1.0～1.5 米。在建筑物外围建立龙门板或控制桩,一是便利施工,二是容易保存。

1. 龙门板的设置

龙门板也叫线板,如图 12-5 所示,在建筑物施工时,沿房屋四周钉立的木桩叫龙门桩,

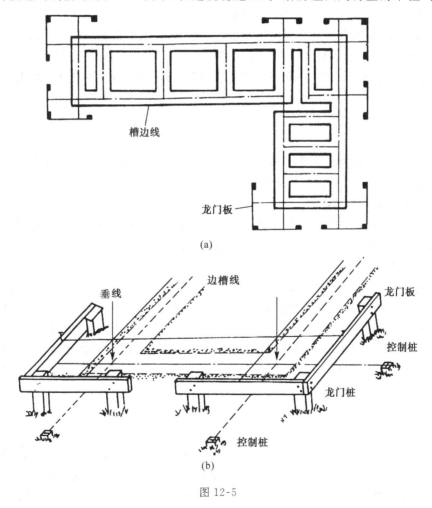

(a)

(b)

图 12-5

钉在龙门桩上的木板叫龙门板。龙门桩要钉得牢固、竖直,桩的外侧面应与基槽平行。

建筑物室内(或室外)地坪的设计高程称为地坪标高。设计时常以建筑物底层室内地坪标高为高程起算面,也称"±0 标高"。施工放样时根据建筑场地水准点的高程,在每个龙门桩上测设出室内地坪设计高程线,即"±0 标高线"。若现场条件不许可,也可测设比"±0 标高"高或低一定数值的标高线,但一个建筑物只能选用一个"±0 标高"。

龙门板的上边缘要与龙门桩上测设的地坪标高线齐平。龙门板钉好后,用经纬仪将各轴线测设到龙门板的顶面上,并钉小钉表示,常称之为轴线钉。施工时可将细线系在轴线钉上,用来控制建筑物位置和地坪高程。

龙门板应注记轴线编号。龙门板使用方便,但占地大、影响交通,故在机械化施工时,一般只设置控制桩。

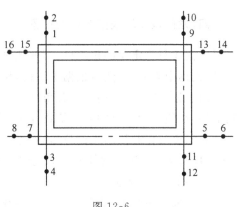

图 12-6

2. 控制桩的设置

如图 12-6 所示,在建筑物施工时,沿房屋四周在建筑物轴线方向上设置的桩叫轴线控制桩(简称控制桩,也叫引桩)。它是在测设建筑物角桩和中心桩时,把各轴线延长到基槽开挖边线以外、不受施工干扰并便于引测和保存桩位的地方。桩顶面钉小钉标明轴线位置,以便在基槽开挖后恢复轴线之用。如附近有固定性建筑物,应把各线延伸到建筑物上,以便校对控制桩。

五、基础施工测量

建筑物±0 以下部分称为建筑物的基础。有些基础为桩基础,如灌注桩等,应根据桩的设计位置进行定位,灌注桩的定位误差,不宜大于 5 厘米。

1. 基槽开挖边线放线

基础开挖前,要根据龙门板或控制桩所示的轴线位置和基础宽度,并顾及到基础挖深时应放坡的尺寸,在地面上用石灰放出基础的开挖边线。

2. 基槽标高测设

基槽的开挖深度,应根据设计标高控制。当设计的标高与"±0 标高"之间的高差很大时,可以用悬挂的钢尺来代替水准尺,以测设出槽底的设计标高,如图 12-7 所示,设地面上 A 点高程 H_A 已知,现欲在深基坑内测设高程 H_B,悬挂一支钢尺,零刻度在下端,尺下面挂一重量相当于钢尺检定时拉力的重锤,在地面上和坑内各安置一次水准仪。设在地面上对 A 点尺上读数为 a_1,对钢尺读数为 b_1,在坑内对钢尺读数为 a_2,则对 B 尺应有读数为 b_2。根据

$$h_{AB} = H_A - H_B = (a_1 - b_1) + (a_2 - b_2)$$

得　$b_2 = H_A - H_B + a_1 - b_1 + a_2$

用逐渐打入木桩的方法,使立在 B 点水准尺上读数为 b_2,则 B 点高程即为设计高程。

测设基槽标高时,应控制好开挖深度,一般不宜超挖。当基槽开挖接近设计标高时,通常用上述测设高程的方法,在槽壁上每隔 2～3 米及拐角处,测设一距离槽底设计标高一整

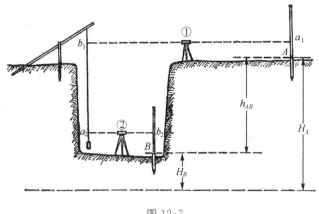

图 12-7

分米数(如 0.5 米)的水平桩(水平方向打入),并沿水平桩在槽壁上弹墨线,作为挖槽或铺设基础垫层的依据。

3. 垫层施工测设

基槽清理后,可根据龙门板或控制桩所示的轴线位置和垫层宽度,在槽底放样出垫层的位置。

垫层标高可用槽壁墨线或槽底小木桩控制。如垫层需支模板,可在模板上弹出标高控制线。

4. 基础测设

垫层做完后,根据龙门板或控制桩所示轴线及基础设计宽度在垫层上弹出中心线及边线。由于整个建筑将以此为基准,所以要按设计尺寸严格校核。

六、主体施工测量

建筑物主体施工测量的主要任务是将建筑物的轴线及标高正确地向上引测。由于目前高层建筑越来越多,测量工作将显得非常重要。

1. 楼层轴线投测

建筑物轴线测设的目的是保证建筑物各层相应的轴线位于同一竖直面内。

建筑物的基础工程完工后,用经纬仪将建筑物主轴线及其他中心线精确地投测到建筑物的底层,同时把门、窗和其他洞口的边线也弹出,以控制浇筑混凝土时架立钢筋、支模板以及墙体砌筑。

投测建筑物的主轴线时,应在建筑物的底层或墙的侧面设立轴线标志,以供上层投测之用。轴线投测方法主要有以下几种:

(1)经纬仪投测法

通常将经纬仪安置于轴线控制桩上,瞄准轴线方向后向上用盘左、盘右取平均的方法,将主轴线投测到上一层面。同一层面纵横轴线的交点,即为该层楼面的施工控制点,各点连线也就是该层面上的建筑物主轴线。根据层面上的主轴线,再测设出层面上其他轴线。

当建筑物的楼层逐渐增高时,因经纬仪向上投测时仰角也随之增大,观测将很不方便,因此,必须将主轴线控制桩引测到远处或附近建筑物上,以减小仰角,方便操作。由于建筑物外围都有安全网,所以目前该方法已使用较少。

（2）垂线法

用较重的特别重锤悬吊在建筑物的边缘,当垂球尖对准在底层设立的轴线标志,在楼层定出各层的主轴线。当测量时风力较大或楼层较高时,用这种方法投测误差较大。

在高层建筑施工时,常在底层适当位置设置与建筑物主轴线平行的辅助轴线,在辅助轴线端点处预埋标志。在每层楼的楼面相应位置处都预留孔洞(也叫垂准孔),供吊垂球之用。

如图 12-8 所示,投测时在垂准孔上面安置十字架,挂上垂球,对准底层预埋标志,当垂球静止时,固定十字架,十字架中心即为辅助轴线在楼面上的投测点,并在洞口四周作出标记,作为以后恢复轴线及放样的依据。

（3）激光铅垂仪投测法

由于高层建筑越造越高,用大垂球和经纬仪投测轴线的传统方法已越来越不能适应工程建设的需要,利用激光铅垂仪投测轴线,使用较方便,且精度高,速度快。

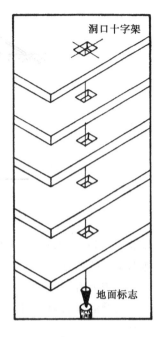

图 12-8

如图 12-9 所示,激光铅垂仪是将激光束导至铅垂方向用于竖向准直的一种仪器,激光光源通常为氦氖激光器,在仪器上装置高灵敏度水准管,借以将仪器发射的激光束导至铅垂方向。使用时,将激光铅垂仪安置在底层辅助轴线的预埋标志上,当激光束指向铅垂方向时,只需在相应楼层的垂准孔上设置接收靶即可将轴线从底层传至高层。

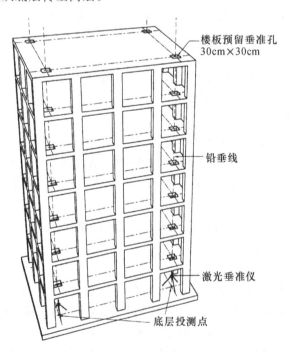

图 12-9

激光铅垂仪的型号有很多,其原理都是相同的,图 12-10 所示为苏一光 DZJ2 激光铅垂仪。由于激光的方向性好、发散角小、亮度高等特点,激光铅垂仪在高层建筑的施工中得到了广泛的应用。

图 12-10

2. 楼层标高传递

(1)钢尺丈量法

从底层±0 标高线沿墙面或柱面直接垂直向上丈量,定出上层楼面的设计标高线。

(2)水准测量法

在高层建筑的垂直通道(如楼梯间、电梯井、垂准孔等)中悬吊钢尺,钢尺下端挂一重锤,用钢尺代替水准尺,在下层与上层各架一次水准仪,将高程传递上去,从而测设出各楼层的设计标高。应对钢尺读数进行温度、尺长和拉力改正。

传递点的数目,根据建筑物的大小和高度确定。规模较小的工业建筑和多层民用建筑,宜从 2 处分别向上传递,规模较大的工业建筑或高层民用建筑,宜从 3 处分别向上传递。传递的标高较差小于 3 毫米时,可取其平均值作为施工层的标高基准,否则,应重新传递。

第三节　工业建筑施工放样

工业建筑主要指工业企业的生产性建筑,如厂房、仓库、运输设施、动力设施等,以生产厂房为主体。厂房可分为单层厂房和多层厂房,目前,使用较多的是金属结构及装配式钢筋混凝土结构单层厂房,其施工放样的主要工作包括厂房柱列轴线测设、基础施工测量、构件安装测量及设备安装测量等。

一、厂房柱列轴线测设

对于跨度较小、结构安装简单的厂房的定位与轴线测设,可按民用建筑施工放样的方法进行。

对大型的、跨度大的、结构安装及设备安装复杂的厂房,其柱列轴线通常根据厂房矩形控制网来测设。

图 12-11 所示为一两跨、九列柱子的厂房，Ⅰ、Ⅱ、Ⅲ、Ⅳ为厂房矩形控制网，在矩形控制网的四条边上，从控制网角桩开始，按厂房各轴线间的设计间距即可测设出厂房柱列轴线的位置。

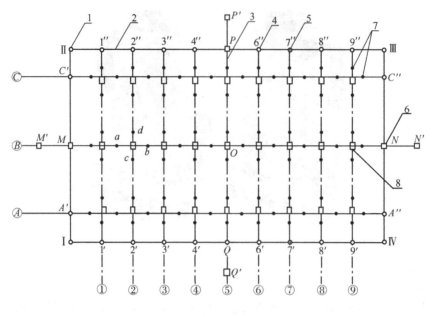

图 12-11

1. 矩形控制网角桩 2. 矩形控制网 3. 主轴线 4. 柱列轴线控制桩

5. 距离指标桩 6. 主轴线桩 7. 柱基中心线桩 8. 柱基

二、基础施工测量

1. 柱基放线

根据柱轴线控制桩定出各柱基的位置，设置柱基中心线桩，并按基坑尺寸画出基槽灰线，以便开挖。

2. 基坑整平

当基坑挖到一定深度后，在坑壁四周离坑底的设计标高 0.3～0.5 米处设置几个水平桩，作为基坑修理和清底的标高依据，如图 12-12 所示。

另外，还应在基坑内测出垫层的标高，即在坑底设置小木桩，使桩顶高程为垫层的设计高程或在垫层模板上弹出垫层标高线。

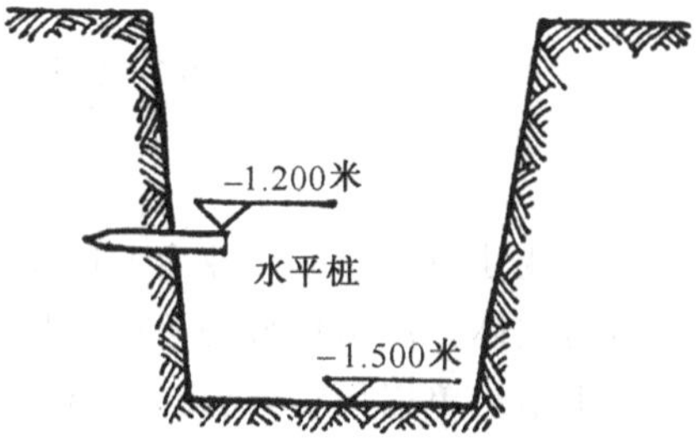

3. 基础模板的定位

垫层铺设完后，根据坑边定位小桩（即柱基中心线桩），用拉线的方法，吊垂球把柱基轴线投测到垫层上，再根据柱基的设计尺寸用墨斗弹出墨线，作为柱基立模和布置钢筋的依据。立模时将模板底线对准垫层上的定位线，并用垂球检查模板是否竖直。最后将柱基顶面设计标高测设在模板内壁上，作为浇筑混凝土的依据。

图 12-12

4. 设备基础施工测量

现代化的工业厂房,其主要设备与辅助设备的总重量可能很大,所有这些设备都需安装在混凝土基础上。它不仅需要大量的混凝土和钢筋,上面还有精度要求较高的地脚螺丝。基础平面的配置,要根据所安装设备的布置与形式而定,因此,它的造型极为复杂。

基础的深度主要取决于生产设备,有些地方竟深达十多米,即使是同一块基础,底层面的高低也有可能不同。各块基础都是互相毗连,各块基础之间有沉降缝或伸缩缝。因此,有些设备基础并非是一个整块的混凝土大块,而是一种大块混凝土结构。

在设备基础中,还有各种不同用途的金属预埋件,这种预埋件必须在混凝土浇灌之前,按设计的位置固定在中间,然后再浇灌。如果这种埋设件安装遗漏或位置错误,会使基础发生返工的可能,因此设备基础的施工测量是保证工程质量的重要手段。

设备基础施工测量的主要工作包括基础定位、基础槽底放线、基础上层放线、地脚螺丝安装放线、中心标板投点等。其中基础定位、槽底放线以及垫层上的放线与柱基施工测量相同。

三、构件安装测量

结构安装测量工作开始前,必须熟悉设计图,掌握限差要求,并制定作业方法。

柱子、桁架或梁的安装测量允许偏差,应符合表 12-7 的规定。

表 12-7　柱子、桁架或梁安装测量的允许偏差

测　量　内　容		允许偏差/毫米
钢柱垫板标高		±2
钢柱±0 标高检查		±2
混凝土柱(预制)±0 标高		±3
柱子垂直度检查	钢柱牛腿	5
	柱高 10 米以内	10
	柱高 10 米以上	$H/1\,000$,且≤20
桁架和实腹梁、桁架和钢架的支承结点间相邻高差的偏差		±5
梁间距		±3
梁面垫板标高		±2

注:H 为柱子高度(毫米)。

构件预装测量的允许偏差,应符合表 12-8 的规定。

表 12-8　构件预装测量的允许偏差

测　量　内　容	允许偏差/毫米
平台面抄平	±1
纵横中心线的正交度	$±0.8\sqrt{l}$
预装过程中的抄平工作	±2

注:l 为自交点起算的横向中心线长度(米),不足 5 米时,以 5 米计。

附属构筑物安装测量的允许偏差,应符合表12-9的规定。

表 12-9　附属构筑物安装测量的允许偏差

测　　量　　项　　目	允许偏差/毫米
栈桥和斜桥中心线的投点	±2
轨面的标高	±2
轨道跨距的丈量	±2
管道构件中心线的定位	±5
管道标高的测量	±5
管道垂直度的测量	$H/1000$

注:H 为管道垂直部分的长度(毫米)。

1. 柱子安装测量

在柱子吊装前,应根据轴线控制桩将基础中心线投测到基础顶面上,并用墨线标明,如图12-13所示。同时在杯口内壁测设一条标高线,使从该标高线起向下量取一个整分米数即可得到杯底的设计标高,并在柱子的侧面弹出柱中心线,并作小三角形标志,如图12-14所示。

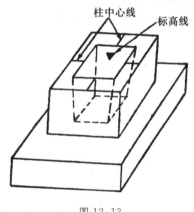

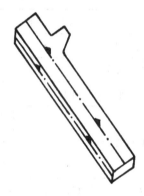

图 12-13　　　　　　　　　　　　　　　图 12-14

吊装时,柱子插入基础杯口内后,使柱子上的轴线与基础上的轴线对齐,基本竖直后,先用楔子将其固定。柱脚位置确定后,接着进行柱子竖直校正,这时用两架经纬仪分别安置在互相垂直的两条柱列轴线附近,对柱子竖直校正。

2. 吊车梁安装测量

首先按设计高程检查两排柱子牛腿的实际高程,并以检查结果作为修平牛腿面或加垫块的依据。然后在牛腿面上定出吊车梁的中心线。同时在吊车梁顶面和两端面上弹出中心线,供安装定位用。最后进行吊车梁的吊装就位,使吊车梁上两端面上的中心线与牛腿面上的梁中心线对齐。安装完后,可将水准仪架到吊车梁上进行标高检测。

3. 吊车轨道安装测量

主要是将轨道中心线投测到吊车梁上,由于在地面上看不到吊车梁顶面,故通常采用平行线法。

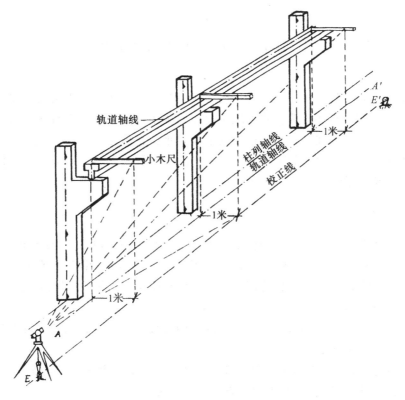

图 12-15

如图 12-15 所示,首先在地面上测设出吊车轨道中心线,从轨道中心线向厂房中心线方向量出 1 米得平行线 EE',然后安置经纬仪在 E,瞄准 E',抬高望远镜。另一作业员在吊车梁上移动横放的木尺,当视线对正尺上 1 米时,尺的零点则在轨道中心线上,最后弹上中心线。

根据轨道中心线安装轨道。安装完毕后,应进行轨道跨距及标高的检查。

四、设备安装测量

设备的安装测量,应根据设备设计位置精确放样。设备安装过程中的测量,应符合下列规定:

1. 设备基础中心线的复测与调整

基础竣工中心线必须进行复测,两次测量的较差不应大于 5 毫米。

埋设有中心标板的重要设备基础,其中心线由竣工中心线引测,同一中心标点的偏差应在 ±1 毫米以内。纵横中心线应进行垂直度的检查,并调整横向中心线。同一设备基准中心线的平行偏差或同一生产系统的中心线的直线度应在 ±1 毫米以内。

2. 设备安装基准点的高程测量

应使用一个水准点作为高程起算点,当厂房较大时,为施工方便起见,可增设水准点,但其观测精度应提高。

一般设备基础基准点的标高偏差,应在 ±2 毫米以内。与传动装置有联系的设备基础,其相邻两基准点的标高偏差,应在 ±1 毫米以内。

第四节 竣工总图的编绘

由于施工过程中的设计变更等原因,使得建(构)筑物的实际竣工情况往往与原设计不完全相符,因此设计总图不能完全代替竣工总图。为了确切地反映工程竣工后的现状。为工程验收和以后的管理、维修、扩建、改建及事故处理提供依据,需要及时进行竣工测量,并编绘竣工总图。竣工总图宜采用数字竣工图。竣工总图编绘完成后,应经原设计及施工单位技术负责人审核、会签。

一、竣工测量

在每一个单项工程完成后,必须由施工单位进行竣工测量,提供工程的竣工测量成果,作为编制竣工总图的依据。竣工测量与地形图测量的方法大致相似,主要区别是竣工测量要测定许多细部的坐标和高程,因此图根点的布设密度要大一些,细部点的测量精度要高一些,一般应精确到厘米。

竣工测量时,应采用与原设计总图相同的平面坐标系统和高程系统。竣工测量的内容应满足编制竣工总图的要求。

竣工总图与一般的地形图不完全相同,主要是为了反映设计和施工的实际情况,是以编绘为主,当编绘资料不全时,需要实测补充或全面实测。

二、竣工总图的编绘

编绘竣工总图前,应收集汇编相关的重要资料,如总平面布置图、施工设计图、设计变更文件、施工检测记录、竣工测量资料及其他相关资料。

竣工总图的比例尺宜为1:500。图幅大小、图例符号及注记应与原设计图一致。

如果把地上和地下所有建筑物、构筑物都绘在一张竣工总图上,由于线条过于密集而不便于使用时,可以分类编图。

1. 竣工总图

应绘出地面建筑物、构筑物、道路、铁路、地面排水沟、树木绿化等;矩形建筑物、构筑物的外墙角,应注明两个以上点的坐标;圆形建筑物、构筑物应注明中心坐标及接地外半径;主要建筑物都应注明室内地坪标高;道路中心的起始点、交叉点应注明坐标及标高,弯道应注明交角、半径及交点坐标,路面应注明材料及宽度;铁路中心线的起始点、曲线交点应注明坐标,曲线上应注明曲线的半径、切线长、曲线长、外矢距和偏角诸元素,铁路的起始点、变坡点及曲线的内轨面应注明标高。

2. 专业图

(1)给排水管道竣工图

1)给水管道。应绘出地面给水建筑物及各种水处理设施和地上、地下各种管径的给水管线及其附属设备。管道的起始点、交叉点、分支点应注明坐标,变坡处应注明标高,变径处应注明管径及材料;不同型号的检查井应绘详图。当图上按比例绘制有困难时可用放大详图表示。

2)排水管道。应绘出污水处理构筑物、水泵站、检查井、跌水井、水封井、排水出口、雨水口、化粪池以及明渠、暗渠等。检查井应注明中心坐标、出入口管底标高、井底标高和井台标高；管道应注明管径、材料和坡度；不同类型的检查井应绘出详图。

此外，还应绘出有关建筑物及道路。

（2）动力及工艺管道竣工图

应绘出管道及有关的建筑物、构筑物，管道的交叉点、起始点应注明坐标、标高、管径及材料；对于地沟埋设的管道应在适当地方绘出地沟断面，并表示出沟的尺寸及沟内各种管道的位置。

（3）电力及通讯线路竣工图

电力线路应绘出总变电所、配电站、车间降压变电所、室外变电装置、柱上变压器、铁塔、电杆、地下电缆检查井等；应注明线径、送电导线数、电压及各种输变电设备型号与容量。通讯线路应绘出中继线、交接箱、分压盒（箱）、电杆、地下通讯电缆入孔等；各种线路的起始点、分支点、交叉点的电杆应注明坐标，线路与道路交叉处应注明净空高；地下电缆应注明深度或电缆沟的沟底标高；绘出有关的建筑物、构筑物及道路。

3. 综合管线竣工图

当竣工总图中图面负载较大但管线不甚密集时，除总图外，可将各种专业管线合并绘制成综合管线图。

习　题　十　二

1. 施工平面控制测量有哪几种形式？各适用于什么场合？

2. 施工坐标系的坐标与测量坐标系的坐标如何进行变换？

3. 建筑施工放样时应具备哪些资料？

4. 简述民用建筑施工中的主要测量工作。

5. 龙门板的作用是什么？如何进行设置？

6. 试述基槽施工中控制开挖深度的方法。

7. 高层建筑施工中如何传递高程与投测轴线？

8. 柱子安装过程中如何进行竖直校正工作？

9. 为什么要进行竣工测量和编绘竣工图？

10. 设 P 点在施工坐标系中坐标为 $x'_P = 3\,456.37$ 米，$y'_P = 4\,536.48$ 米，施工坐标系原点在测量坐标系中的坐标为 $x_{O'} = 32\,193.62$ 米，$y_{O'} = 19\,608.14$ 米，施工坐标系纵轴在测量坐标系中的方位角为 $45°$，试求 P 点在测量坐标中的坐标。

第十三章　线路工程施工测量

第一节　概　述

铁路、公路、桥涵、渠道、城市道路、管道、架空索道、输电线路等均属于线形工程,它们的中线通称线路。各种线形工程在勘测设计阶段、施工阶段及运营管理阶段所进行的测量工作称为线路测量。

一、线形工程

1. 道路

道路是体现国民经济发达程度的重要标志。道路主要包括铁路、公路及其他道路。一条道路通常由线路、桥涵、隧道及其他设施所组成,其中铁路线路由路基和轨道组成,公路线路由路基和路面构成。

道路的路基是按照路线位置和一定技术要求修筑的带状构造物,它是路面或铺设轨道的基础,承受行车的荷载,同时还受水流、雨雪、高温、严寒、风沙等的侵袭,因此路基必须修筑坚实,且有足够的强度。

路基的内容除路基本身外,还包括为排除路基范围内地表水和地下水的各种排水工程(如地面水沟、盲沟、管道、检查井、雨水井等)以及为保证路基稳定的各种防护与加固工程(如挡土墙、护坡等)。

路基通常可分为路堤、路堑及半堤半堑三种形式。在原地面上用土石等材料填筑起来的路基叫路堤,如图 13-1(a)所示;在原地面挖开建成的路基叫路堑,如图 13-1(b)所示;在陡坡地段,一侧填土一侧挖土建成的路基叫半堤半堑,如图 13-1(c)所示。

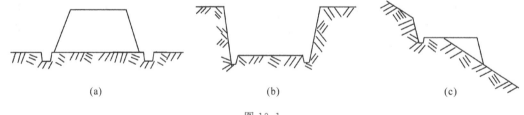

(a)　　　　　　　　　　(b)　　　　　　　　　　(c)

图 13-1

路基的设计及施工要求应视道路的等级、类型、线路平面位置及土质的不同而不同,如公路技术等级可分为高速公路、等级公路(一至四级)、等外公路。

公路路面是用各种筑路材料铺筑在公路路基上供车辆行驶的构造物。路面一般由面层、基层、垫层组成。根据路面面层的使用品质、材料组成以及结构强度和稳定性,路面可分为高级、次高级、中级、低级路面四个等级。

2. 管道

管道工程包括给水、排水、煤气、天然气、灌溉、输油、电缆等工程,在城市和工业建筑中,通常要铺设许多地下管线及架空管线。

管道分为压力管道和自流管道。

3. 桥梁

桥梁是道路跨越河流、山谷或公路铁路交通线时的主要构筑物。桥梁按功能可分为铁路桥、公路桥、铁路公路两用桥、人行桥等,大多数桥梁为单层,也有桥梁为双层的(如铁路公路两用的双层桥梁、立交桥)。按规模桥梁可分为特大桥、大桥、中桥、小桥。按结构类型桥梁可分为梁式桥、拱桥、刚架桥、斜拉桥等。桥梁结构通常可分为上部结构和下部结构,上部结构是桥台以上部分,即桥跨结构,一般包括梁、拱、桥面和支座等;下部结构包括桥墩、桥台和它们的基础。

4. 隧道

当道路越过山岭地区,在遇到地形障碍时,为了缩短线路长度、提高车辆运行速度等,常采用隧道形式。在城市,为了节约土地,也常在建筑物下、道路下、水体下建造隧道。隧道通常由洞身、衬砌、洞门等组成。隧道按长度可分为特长隧道、长隧道、中隧道和短隧道。

二、线形工程测量概述

与建筑工程一样,线形工程项目同样也要经过勘测设计、施工、运营管理等几个阶段。

在勘测设计阶段,测量的目的是为工程的各个阶段设计提供详细资料。施工阶段测量是为使线路中线及其构筑物在实地按设计文件要求的位置、形状及规格正确地进行放样。管理阶段的测量工作是为道路及其构筑物的维修、养护、改建和扩建提供资料。

勘测设计阶段是测量工作较集中的阶段。勘测设计通常是分阶段进行的,一般先进行初步设计,再进行施工图设计。无论是初步设计,还是施工图设计,都需要在地形图上开展设计。勘测设计阶段的测量工作,可分为初测和定测。

初测是根据初步提出的各个线路方案,对地形、地质及水文等进行较为详细的测量,以便作进一步的研究与比较,确定最佳的线路方案,作为定测的依据。初测的主要工作为导线测量、水准测量和带状地形图测绘等,从而为线路初步设计提供资料。

定测是将初步设计中批准了的线路设计中线移设于实地上的测量工作。必要时可对设计方案作局部修改。定测的工作内容有:中线测量、纵断面测量和横断面测量,并进行详细的地质和水文勘测。定测资料是编制施工图设计和工程施工的依据。

初测也叫踏勘测量,定测也叫详细测量。通常线路勘测设计采用初测和定测两阶段勘测;而对于方案明确、工程简单的小型项目可采用一阶段勘测,即对线路作一次定测。

设计完成后,即可进行施工,在施工前及施工过程中,需要恢复中线、测设边坡、测设竖曲线,作为施工的依据。对大型的桥涵、隧道工程,施工前应布设施工控制网,以便能准确地进行施工放样。另外在施工前,要对线路上的控制点进行复核测量,并做好控制桩的保护工作,从而保证施工过程中各桩点不致丢失损坏或能及时恢复。

当各项工程施工结束后,还应进行竣工测量,以检查施工质量,并为以后使用、养护工作提供必要的资料。

第二节 中线测量

中线测量是把路线初步设计的中线在实地进行测设的工作。由于路线的平面线型是由直线及曲线所构成,所以中线测量就是要把这些直线与曲线在实地标定出来,作为测绘纵、横断面图和平面图的基础,以及施工放样的依据。

中线测量的主要工作有:测设路线的交点和测定转向角,测设直线段的转点桩和中线桩,曲线测设等。

一、交点和转点的测设

1. 交点的测设

线路上两相邻直线方向的相交点称为交点,也叫转向点,如图 13-2 中的 JD 点。在实地测设出路线的交点后,就可定出两交点间直线线路中心线的位置,所以交点是线路测量中的基本控制点。

线路通常不会是一条平面直线。线路由一方向转到另一方向,转变后的方向与原方向间的夹角,称为转向角,如图 13-2 中的 α 角。线路转向通常可分为直线和曲线形式,在城市道路中通常为直线转向,如图 13-2(a) 所示;在高速公路、铁路中通常采用曲线形式,如图 13-2(b) 所示。在线路测设时,转向角连同设计曲线半径是计算曲线要素的依据。

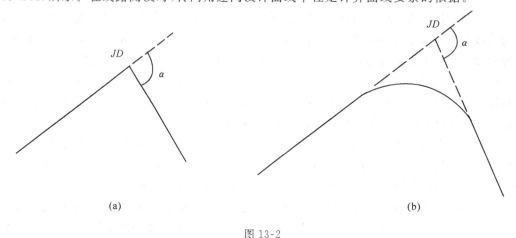

(a)   (b)

图 13-2

道路初步设计时,在地形图上定出了线路中线的位置及交点的位置,由于现场情况及定位条件的不同,交点的测设可根据实际情况的不同,采用以下几种方法。

(1)根据导线点测设

根据线路初测阶段布设的导线点的坐标以及道路交点的设计坐标,事先计算出有关放样数据,按极坐标法、距离交会法、角度交会法等测设点位的方法,测设出交点的实地位置。

(2)根据原有地物测设

首先在地形图上根据交点与地物之间位置关系,量取交点至地物点的水平距离,然后在现场,按距离交会法测设出交点的实地位置。

（3）穿线交点法

穿线交点法是根据图上定线的线路位置在实地测设交点的方法。它利用图上的导线点或地物点与纸上定线的直线段之间的角度和距离关系，用图解法求出测设数据，然后依实地导线点或地物点，把道路中线的直线段独立地测设到地面上，最后将相邻直线延长相交，定出交点的实地位置。穿线交点法的施测步骤为：准备放线资料、放点、穿线、交点。

1）准备放线资料

当设计中线的直线附近有导线点时，可用支距法放点，如图 13-3 所示，Ⅰ、Ⅱ、Ⅲ、Ⅳ 为导线点，P_1、P_2、P_3、P_4 为纸上定线的线路直线段的临时定线点，以导线点为垂足，在图上量取各导线点至线路设计中心线的距离 d_1、d_2、d_3、d_4。

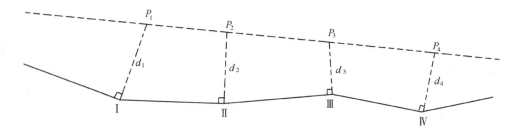

图 13-3

放点也可用极坐标法进行，如图 13-4 所示，设 P_1、P_2、P_3、P_4 为图上设计中线的定线点，Ⅰ、Ⅱ、Ⅲ 为设计中线附近的导线点或地物点，在图上用量角器及比例尺分别量取 β_1、β_2、β_3、β_4、d_1、d_2、d_3、d_4，则可得各放样数据。

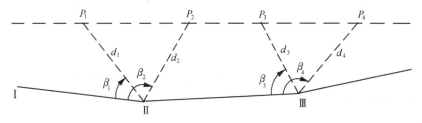

图 13-4

2）放点

在现场根据相应导线点或地物点及量得数据放样 P_1、P_2、P_3、P_4 等点。操作时可用经纬仪放样角度，用皮尺丈量距离。

3）穿线

在现场所放出的这些点通常不在同一直线上，这时可用经纬仪穿线求得该线的最佳放样位置。如图 13-5 所示，P_1、P_2、P_3、P_4 等临时点由于图解数据和测设工作的误差，不在同一直线上，这时用经纬仪视准法穿线，通过比较和选择，定出一条尽可能多的穿过或靠近临时点的直线 AB，最后在 A、B 或其方向上打下两个以上的转点桩，随即取消各临时点，这样便定出了直线段的位置。

图 13-5

4）交点

如图 13-6 所示，当相邻两直线 AB、CD 在实地定出后，可将 AB、CD 直线延长相交则可定出转向点 JD。

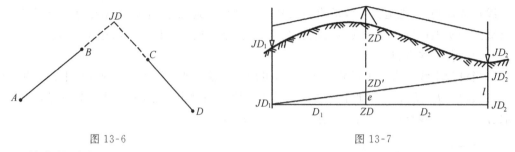

图 13-6　　　　　　　　　　　　　图 13-7

2. 转点的测设

当相邻两交点互不通视或直线较长时，需在其连线方向上测定一个或几个转点，以便在交点上测量转向角及在直线上量距时作为照准和定线的目标。通常交点至转点或转点至转点间的距离，不应短于 50 米或大于 500 米，一般在 200～300 米。另外在路线与其他路线交叉处以及路线上需设置桥涵等构筑物处也应设置转点。若相邻两交点互不通视，可采用下述方法测设转点。

如图 13-7 所示，JD_1、JD_2 为相邻而互不通视的两个交点，现欲在 JD_1 与 JD_2 之间测设一转点 ZD。

首先在 JD_1、JD_2 之间选一点 ZD'，在 ZD' 架设经纬仪，用正倒镜分中法延长直线 $JD_1 ZD'$ 至 JD_2'，量取 JD_2 至 JD_2' 的距离 l，再用视距测量方法测出 ZD' 至 JD_1、JD_2 的距离 D_1、D_2，则 ZD' 应横向移动的距离 e 按下式计算：

$$e = \frac{D_1}{D_1 + D_2} l \tag{13-1}$$

将 ZD' 按 e 值沿 $JD_1 ZD'$ 垂线方向移至 ZD，再将仪器移至 ZD 重复以上方法逐渐趋近，就可得到符合要求的转点。

二、路线转向角的测定

路线的交点和转点定出之后，则可测出线路的转向角。如图 13-8 所示，要测定转向角 α，通常先测出线路的转折角 β，转折角一般是测定线路前进方向的右角。

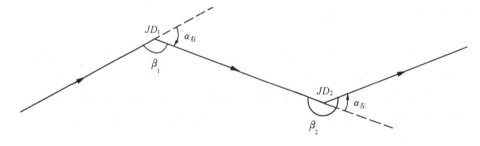

图 13-8

转向角也叫偏角，当线路向右转时，叫右偏角，这时 $\beta < 180°$；当线路向左转时，称为左偏角，这时 $\beta > 180°$。

转向角可按下式计算

$$\left.\begin{array}{l} \alpha_{右} = 180° - \beta \\ \alpha_{左} = \beta - 180° \end{array}\right\} \tag{13-2}$$

三、里程桩的设置

里程桩又称中线桩,在线路中线上测设中线桩的工作称为中线桩测设。中线桩标定了中线位置、路线形状和里程。中线桩包括线路起终点桩、千米桩、百米桩、平曲线控制桩、桥梁或隧道轴线控制桩、转点桩和断链桩,并应根据竖曲线的变化适当加桩。线路中线桩的间距,直线部分不大于 50 米,平曲线部分为 20 米;当公路曲线半径为 30～60 米或缓和曲线长度为 30～50 米时,不大于 10 米;公路曲线半径小于 30 米、缓和曲线长度小于 30 米或回头曲线段,不大于 5 米。

中线桩测设时,自线路起点通过丈量设置。每个桩的桩号表示该桩距线路起点的里程,如某桩距线路起点的距离为 14 256.75 米,则其桩号 14+256.75。

我国道路是用汉语拼音缩写名称来表示桩点的,如表 13-1 所示。如某桩为直线与圆曲线的连接点,至线路起点的距离为 14 256.75 米,则可表示为 ZY14+256.75。

表 13-1

标志名称	简　称	汉语拼音缩写
交点	交点	JD
转点	转点	ZD
圆曲线起点	直圆点	ZY
圆曲线中点	曲中点	QZ
圆曲线终点	圆直点	YZ
第一缓和曲线起点	直缓点	ZH
第一缓和曲线终点	缓圆点	HY
第二缓和曲线终点	圆缓点	YH
第二缓和曲线起点	缓直点	HZ

四、曲线测设

道路的线型除了有直线外,还有曲线。曲线段中桩测设相对于直线中桩来说,要复杂得多。

1. 道路曲线

道路曲线可分为平面曲线和竖曲线。竖曲线是在道路纵坡的变换处竖向设置的曲线。平面曲线是线路转向时所设置的曲线,简称平曲线,它包括圆曲线、缓和曲线和由这两种曲线组成的其他形状。

设置道路曲线的目的,就是当线路由一个方向转变为另一个方向时,保证车辆平稳安全地运行。根据道路的等级要求、地形情况、道路方向的改变情况等的不同,道路曲线可以是由一定半径的圆弧构成的圆曲线,也可以是由两个或两个以上不同半径的曲线所组成的复曲线。

图 13-9 至图 13-13 为常见的几种平面曲线线型。图 13-9 为圆曲线,圆曲线也叫单曲

线;图 13-10 为带有缓和曲线的圆曲线,缓和曲线是曲率半径连续渐变的曲线;图 13-11 为具有两个不同半径的曲线组成的复曲线;图 13-12 为由两个相邻的、转向角相反的曲线连接组成的反向曲线;图 13-13 为转向角超过 180° 时的回头曲线,回头曲线通常是在山坡上延展时采用的回转形曲线。

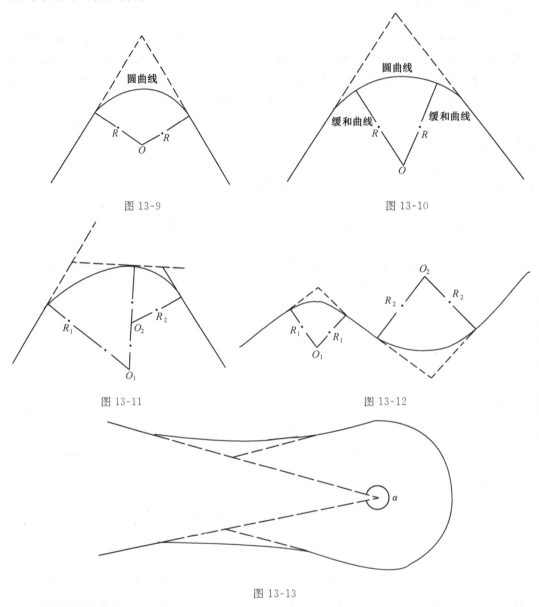

图 13-9

图 13-10

图 13-11

图 13-12

图 13-13

2. 圆曲线测设

圆曲线的测设通常分两步进行,第一步先测设曲线的主点,第二步进行曲线的详细测设。

(1)圆曲线主点测设

圆曲线的主点包括圆曲线的起点 ZY,圆曲线的中点 QZ 和圆曲线的终点 YZ,如图 13-14所示。

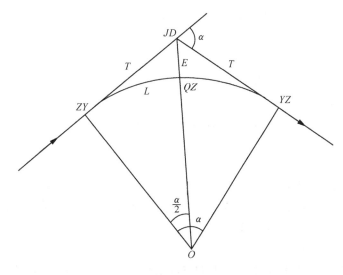

图 13-14

1)圆曲线主点测设元素的计算

圆曲线的主点测设元素有切线长 T、曲线长 L、外矢距 E 及切曲差 q。这些测设元素均可根据线路的转向角 α 及圆曲线半径 R 计算而得，其计算公式为

$$T = R \tan \frac{\alpha}{2} \tag{13-3}$$

$$L = \frac{\pi}{180°} \alpha R \tag{13-4}$$

$$E = R\left(\sec \frac{\alpha}{2} - 1\right) \tag{13-5}$$

$$q = 2T - L \tag{13-6}$$

例 13-1　已知 $\alpha = 36° \ 24'$，$R = 150$ 米，求圆曲线主点测设元素。

解　　　　$T = 150 \times \tan(36° \ 24'/2) = 49.317$ 米

$$L = \frac{\pi}{180°} \times 36° \ 24' \times 150 = 95.295 \text{ 米}$$

$$E = 150 \times \left(\sec \frac{36° \ 24'}{2} - 1\right) = 7.899 \text{ 米}$$

$$q = 2 \times 49.317 - 95.295 = 3.339 \text{ 米}$$

2)主点桩号计算

圆曲线上各主点的桩号通常根据交点的桩号来推算，如已知交点桩号，则可求出圆曲线主点的桩号。其计算公式如下：

$$\left. \begin{array}{l} ZY \text{ 桩号} = JD \text{ 桩号} - T \\[4pt] QZ \text{ 桩号} = ZY \text{ 桩号} + \dfrac{L}{2} \\[4pt] YZ \text{ 桩号} = QZ \text{ 桩号} + \dfrac{L}{2} \end{array} \right\} \tag{13-7}$$

为检验计算是否正确无误，可用切曲差 q 来验算，其检验公式为

$$YZ \text{ 桩号} = JD \text{ 桩号} + T - q \tag{13-8}$$

例 13-2 已知交点的桩号为 4＋125.20,圆曲线主点测设元素见例 13-1,求圆曲线上各主点的桩号。

解

$$ZY \text{ 桩号} = 4＋125.20－49.32＝4＋75.88$$

$$QZ \text{ 桩号} = 4＋75.88＋95.30/2＝4＋123.53$$

$$YZ \text{ 桩号} = 4＋123.53＋95.30/2＝4＋171.18$$

检核:YZ 桩号＝4＋125.20＋49.32－3.34＝4＋171.18

3）主点的测设

①测设圆曲线起点 ZY

如图 13-14 所示,在交点 JD 安置经纬仪,后视相邻交点方向,自 JD 沿该方向量取切线长 T,在地面标定出曲线起点 ZY。

②测设圆曲线终点(YZ)

在 JD 用经纬仪前视相邻交点方向,自 JD 沿该方向量取切线长 T,在地面标定出曲线终点 YZ。

③测设圆曲线中点(QZ)

在 JD 点用经纬仪后视 ZY 点方向(或前视 YZ 点方向),测设水平角 $\left(\dfrac{180°－\alpha}{2}\right)$,定出路线转折角的分角线方向(即曲线中点方向),然后沿该方向量取外矢距 E,在地面标定出曲线中点 QZ。

（2）圆曲线细部点测设

在地形变化小,而且圆曲线长 L 较短(通常小于 40 米)时,仅测设圆曲线的 3 个主点就能满足施工图设计及施工的要求,因此无需再测设曲线加桩。

如果地形变化大,或者曲线较长,仅测设主点就不能全面代表曲线的位置,这时,为了满足施工的要求,应在曲线上每隔一定距离测设一个细部点,并钉一木桩作为标志,这项工作就称为圆曲线细部点测设。

圆曲线细部点测设的方法,应结合现场地形情况、道路精度要求以及使用仪器情况合理选用,常用的方法有极坐标法、偏角法和切线支距法等。

1）极坐标法

①测设数据的计算

如图 13-15 所示,曲线起点(或终点)至曲线上任一点的弦线与切线之间的夹角(弦切角)称为偏角。图中 δ_i 为细部点的偏角,l_i 为弧长,c_i 为弦长,φ_i 为圆心角。根据几何原理,偏角等于该弦所对圆心角的一半,则有

$$\varphi_i = \frac{l_i}{R}\rho \tag{13-9}$$

$$\delta_i = \frac{\varphi_i}{2} = \frac{l_i}{2R}\rho \tag{13-10}$$

$$c_i = 2R\sin\delta_i \tag{13-11}$$

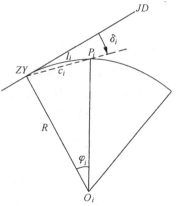

图 13-15

例 13-3　如图 13-15 所示,已知一圆曲线的半径 $R=150$ 米,曲线起点桩号为 $4+75.88$,曲线终点桩号为 $4+171.18$,桩距为 20 米,用极坐标法测设圆曲线细部点时各点的测设数据见表 13-2。

表 13-2　极坐标法测设圆曲线细部点

曲线桩号	至曲线起点弧长 /米	偏角值 /° ′ ″			至曲线起点弦长 /米
ZY　$4+75.88$	0.00	0	00	00	0.00
P_1　$4+80$	4.12	0	47	13	4.12
P_2　$4+100$	24.12	4	36	24	24.09
P_3　$4+120$	44.12	8	25	35	43.96
P_4　$4+140$	64.12	12	14	46	63.63
P_5　$4+160$	84.12	16	03	57	83.02
YZ　$4+171.18$	95.30	18	12	04	93.73

②测设步骤

用极坐标法测设圆曲线细部点时,将仪器安置于 ZY 点,照准 JD 方向,使水平度盘读数为 $0°00'00''$,依次测设 δ_i 角及相应的弦长 c_i,则得曲线上各点。

用极坐标法测设圆曲线时,使用全站仪或光电测距仪测设较为方便。

2）偏角法

①测设数据的计算

由式(13-10)可知,圆曲线偏角与曲线起点至细部点的弧长成正比,当曲线上两细部点之间的弧长为定值时,则偏角的增量也为定值。通常偏角法按整桩号设桩,如图 13-16 所示,为使曲线上第一个细部点 P_1 为整桩,曲线起点至 P_1 的弧长一般为零数 l_1,偏角为 δ_1;在以后的细部点测设时,各桩之间的弧长是相等的,设两桩之间弧长为整数 l_0,偏角增量为 $\Delta\delta_0$;最后一段弧长为 l_n,其偏角增量为 $\Delta\delta_n$,则各桩的偏角可按以下公式计算:

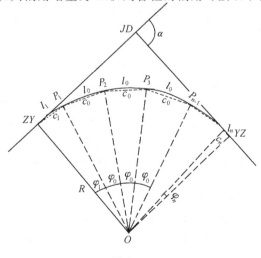

图 13-16

$$\delta_1 = \frac{l_1}{2R}\rho \tag{13-12}$$

$$\Delta\delta_0 = \frac{l_0}{2R}\rho \tag{13-13}$$

$$\left.\begin{aligned}
\delta_2 &= \delta_1 + \Delta\delta_0 \\
\delta_3 &= \delta_1 + 2\Delta\delta_0 \\
&\cdots\cdots \\
\delta_i &= \delta_1 + (i-1)\Delta\delta_0 \\
&\cdots\cdots
\end{aligned}\right\} \tag{13-14}$$

$$\Delta\delta_n = \frac{l_n}{2R}\rho \tag{13-15}$$

$$\delta_n = \delta_{n-1} + \Delta\delta_n \tag{13-16}$$

δ_n 即为曲线终点 YZ 点的偏角,其值可用二分之一转向角来检核,即

$$\delta_n = \delta_{YZ} = \frac{\alpha}{2} \tag{13-17}$$

各点之间的弦长为

$$\left.\begin{aligned}
c_1 &= 2R\sin\delta_1 \\
c_0 &= 2R\sin\Delta\delta_0 \\
c_n &= 2R\sin\Delta\delta_n
\end{aligned}\right\} \tag{13-18}$$

曲线细部点间的弧长 l_0 通常根据曲线半径的大小可取 5 米、10 米、20 米、50 米等几种。

例 13-4 如图 13-16 所示,已知一圆曲线的半径 $R=150$ 米,曲线起点的桩号为 $4+75.88$,曲线终点的桩号为 $4+171.18$,如取细部点的桩距为 20 米,现计算用偏角法测设圆曲线细部点时各点的测设数据,如表 13-3 所示。

表 13-3 偏角法测设圆曲线细部点

曲线桩号	相邻桩点间弧长/米	偏角值/° ′ ″	相邻桩点间弦长/米
ZY 4+75.88		0 00 00	
	4.12		4.120
P_1 4+80		0 47 13	
	20.00		19.985
P_2 4+100		4 36 24	
	20.00		19.985
P_3 4+120		8 25 35	
	20.00		19.985
P_4 4+140		12 14 46	
	20.00		19.985
P_5 4+160		16 03 57	
	11.18		11.178
YZ 4+171.18		18 12 04	

②测设步骤

上例用偏角法测设圆曲线细部点的操作步骤如下:

a. 安置经纬仪于 ZY 点,照准 JD,使水平度盘读数 $0°00'00''$。

b. 转动照准部,使水平度盘读数为 $0°47'13''$,定出 P_1 点的方向,自 ZY 点用钢尺量取弦长 4.120 米,即得 P_1 点。

c. 转动照准部,使水平度盘读数为 $4°36'24''$,定出 P_2 点的方向,自 P_1 点量取弦长 19.985 米,在 P_2 点方向上定出 P_2 点。同法,可定出曲线上其他各点。

d. 测设至 YZ 点,以作为检核。测设出的 YZ 点,应与测设圆曲线主点所定的点位一致,如不重合,应在允许偏差之内。

用偏角法测设圆曲线时,有时当曲线较长,为了缩短视线长度,提高测设精度,可自 ZY 点及 YZ 点分别向 QZ 点测设,分别测设出曲线上一半细部点。

3)切线支距法

切线支距法是以圆曲线的起点或终点为原点,其切线为 x 轴,垂线为 y 轴,按曲线上各点的坐标值,在实地测设曲线的方法,也叫直角坐标法。

①测设数据的计算

如图 13-17 所示,以 ZY 为原点,各细部点的坐标分别为 x_i、y_i。设曲线上各点 P_i 至曲线起点(或终点)的弧长为 l_i,l_i 所对的圆心角为 φ_i,曲线半径为 R,则各点的坐标可用如下公式计算:

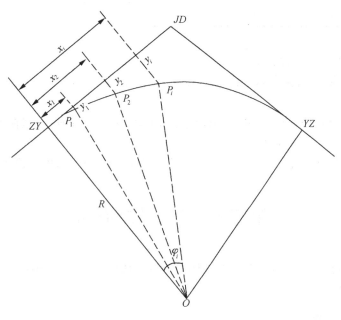

图 13-17

$$\varphi_i = \frac{l_i}{R}\rho \tag{13-19}$$

$$\left.\begin{aligned}x_i &= R\sin\varphi_i \\ y_i &= R(1-\cos\varphi_i)\end{aligned}\right\} \tag{13-20}$$

例 13-5　如图 13-17,已知 ZY 点的桩号为 $4+75.88$,YZ 点的桩号为 $4+171.18$,曲线半径 $R=150$ 米,各整桩间弧长为 20 米,算得用切线支距法测设圆曲线的测设数据如表 13-4所示。

表 13-4 切线支距法测设图曲线细部点

曲线桩号	相邻桩点间弧长 /米	各桩点至 ZY 或 YZ 点弧长 /米	切线距离 x /米	支距 y /米
ZY 4+75.88		0.00	0.00	0.00
	4.12			
P_1 4+80		4.12	4.12	0.06
	20.00			
P_2 4+100		24.12	24.02	1.94
	20.00			
P_3 4+120		44.12	43.49	6.44
	3.53			
QZ 4+123.53		47.65	46.85	7.50
YZ 4+171.18		0.00	0.00	0.00
	11.18			
P'_1 4+160		11.18	11.17	0.42
	20.00			
P'_2 4+140		31.18	30.96	3.23
	16.47			
QZ 4+123.53		47.65	46.85	7.50

②测设步骤

上例用切线支距法测设的步骤如下：

a. 用钢尺自 ZY 点(或 YZ 点)沿切线方向测设出 $x_1,x_2,x_3\cdots$，在地面上作出各垂足点的标记。

b. 在各垂足点处，分别安置经纬仪或方向架，定出垂线方向，分别在各自的垂线上方向测设 $y_1,y_2,y_3,\cdots$定出各细部点。

c. 用此法测得的 QZ 点应与测设主点时所定的 QZ 点相符，以作检核。

第三节　纵、横断面测量

线路中线测量完成后，要进行纵、横断面测量，从而绘制出纵、横断面图，为进一步进行施工图设计提供资料。

一、纵断面测量

测量中线上各桩地面高程的工作叫纵断面测量。为了保证测量精度，路线水准测量通常分两步进行，即先进行基平测量，然后进行中平测量。

1. 基平测量

基平测量是沿线路设立水准点，并测定其高程，以作为线路测量的高程控制。水准点应靠近线路，并应在施工干扰范围外布设。

高程系统，最好采用 1985 国家高程基准。在已有高程控制网的地区也可沿用原高程系统，特殊地区亦可采用假定高程系统。

高速公路、一级公路高程控制测量可按四等水准测量，铁路、二级及二级以下公路采用五等水准测量。

2. 中平测量

中平测量是测定线路中线上各中线桩地面高程的工作。根据中平测量的成果可绘制成纵断面图,供设计线路纵坡之用。

中平测量通常附合于基平测量所测定的水准点,即以相邻水准点为一测段,从一水准点出发,逐个测出中线桩的地面高程,然后附合至另一水准点上。各测段的高差允许闭合差为

$$f_{h容} = \pm 50 \sqrt{L} \text{毫米} \tag{13-21}$$

式中:L 为附合水准路线长度,以千米计。

中平测量可用普通水准测量方法进行施测。观测时,在每一测站上先观测水准点或转点,再观测相邻两转点之间的中线桩,这些中线桩点称为中间点,立尺时应将尺子立在紧靠中线桩的地面上。

观测时,由于转点起传递高程的作用,因此转点应设置在尺垫、较为稳固的桩顶或岩石上,转点读数至毫米,而中间点读数至厘米。

3. 纵断面图的绘制

纵断面图表示线路中线方向的地面高低起伏,它根据中平测量的成果绘制而成。

纵断面图以距离(里程)为横坐标,以高程为纵坐标,按规定的比例尺将外业所测各点画出,依次连接各点则得线路中线的地面线。为了明显表示地势变化,纵断面图的高程比例尺应比水平距离比例尺大 10 倍,纵断面图的比例尺通常如表 13-5 所示。

表 13-5　线路测图的比例尺

带状地形图	铁　路		公　路	
	水平	垂直	水平	垂直
1∶1 000	1∶1 000	1∶100		
1∶2 000	1∶2 000	1∶200	1∶2 000	1∶200
1∶5 000	1∶10 000	1∶1 000	1∶5 000	1∶500

在纵断面图的下部通常注有地面高程、设计高程、设计坡度、里程、线路平面以及工程地质特征等资料。

4. 纵断面图的绘制举例

下面以一实例,说明纵断面测量的观测、记录、计算以及纵断面图的绘制方法。

(1)观测

图 13-18 为某段二级公路的中线,选择一适当位置安置水准仪。先后视水准点 BM_1,然后前视转点 TP_1,再观测 0+000,0+050,0+100,0+108,0+120 等中间点。第 1 站观测后,将水准仪搬至第 2 站,先后视转点 TP_1,然后前视转点 TP_2,再观测 0+140,0+160,…等各中间点,完成第 2 站的观测。用同样方法向前测量,直到附合到水准点 BM_2,则完成了这一测段的观测工作。

(2)记录与计算

在观测读数的同时,将观测数据记录于纵断面测量记录表中(表 13-6)。

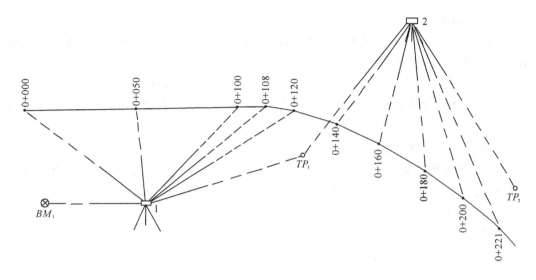

图 13-18

表 13-6　纵断面测量记录表

测站	点号	后视读数/米	中视读数/米	前视读数/米	前后视高差/米	视线高程/米	测点高程/米	备注
1	BM_1	2.191				14.506	12.315	
	0+000		1.62				12.89	
	+050		1.90				12.61	
	+100		0.62				13.89	
	+108		1.03				13.48	ZY
	+120		0.91				13.60	
	TP_1			1.007	1.184		13.499	
2	TP_1	2.162				15.661	13.499	
	0+140		0.50				15.16	
	+160		0.52				15.14	
	+180		0.82				14.84	
	+200		1.20				14.46	
	+221		1.01				14.65	QZ
	+240		1.06				14.60	
	TP_2			1.521	0.641		14.140	

测站	点号	后视读数/米	中视读数/米	前视读数/米	前后视高差/米	视线高程/米	测点高程/米	备注
3	TP_2	1.421				15.561	14.140	
	0+260		1.48				14.08	
	+280		1.55				14.01	
	+300		1.56				14.00	
	+320		1.57				13.99	
	+335		1.77				13.79	YZ
	+350		1.97				13.59	
	TP_3			1.388	0.033		14.173	
4	TP_3	1.724				15.897	14.173	
	0+384		1.58				14.32	
	+391		1.53				14.37	JD
	+400		1.57				14.33	
	BM_2			1.281	0.443		14.616	(14.591)

记下各站的数据后,即可计算各站前后视的高差及附合水准路线的观测高差。本例中,观测高差 $h_{测}=2.301$ 米。已知水准点 BM_1 及 MB_2 的高程分别是 $H_1=12.315$ 米,$H_2=14.591$ 米,则该附合线路的高差理论值为 $h_{理}=14.591-12.315=2.276$ 米,从而可计算出高差闭合差 f_h 为:

$$f_h=h_{测}-h_{理}=2.301-2.276=0.025 \text{ 米}$$

算得容许闭合差为

$$f_{h容}=\pm 50 \sqrt{L}=\pm 50 \times \sqrt{0.4}=\pm 32 \text{ 毫米}$$

由于 $f_h<f_{h容}$,说明测量精度符合要求。在线路纵断面测量中,各中线桩的高程精度要求不是很高(读数只需读至厘米),因此在线路高差闭合差符合要求的情况下,可不进行高差闭合差的调整,直接计算各中线桩的地面高程。每一测站的各项计算可按下列公式依次进行。

$$\left. \begin{array}{l} 视线高程=后视点高程+后视读数 \\ 转点高程=视线高程-前视读数 \\ 中线桩高程=视线高程-中视读数 \end{array} \right\} \qquad (13\text{-}22)$$

(3)纵断面图的绘制

如图 13-19 所示,在图的上半部,有两条自左向右贯穿全图的折线,细折线表示线路中线的地面线,是根据中平测量的中线桩地面高程绘制的;粗折线表示线路的纵坡设计线,是按设计要求绘制的。此外,在折线上方还标注有水准点的编号、高程和位置,竖曲线示意图及曲线元素。如果在该纵断面图的范围内,有桥梁、涵洞及道路交叉点等,其类型、孔径、里程桩号及有关说明等也应标明在断面图的上部。

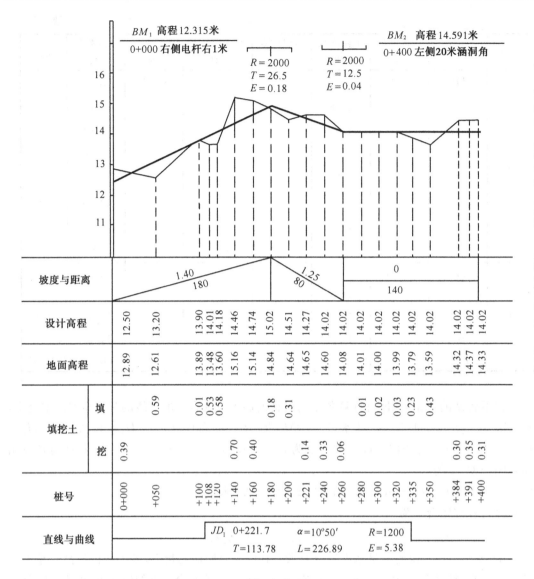

图 13-19

纵断面图的高程按规定的比例尺进行注记,纵坐标上具体高程刻画点的起算高程,可根据线路上各中线桩的地面高程而定。在图 13-19 中,从 10 米开始,其目的是使绘出的地面线以及设计坡度线处于纵断面图上的适当位置。

在纵断面图的下半部分以表格形式注记纵断面测量及纵坡设计等方面的资料、数据,自上而下依次表示的为坡度与距离、设计高程、地面高程、填挖土、桩号、直线与曲线等栏。下面以图 13-19 为例,说明各栏内容的计算与绘制方法。

1) 桩号

自左向右按规定的水平距离比例尺标注各中线桩的桩号。桩号的标注位置表示了纵断面图上各中线桩的横坐标位置。

2) 地面高程

在对应于各中线桩桩号的位置上,根据中平测量所测得的数据标注出各中线桩的地面高程。按各点的地面高程,在相应各中线桩横坐标位置上,按规定的垂直比例尺画虚线,则可依次定出各中线桩地面高程的相应位置,然后用细直线连接各相邻点,即得线路中线方向的地面线。

3)坡度与距离

在所绘出的地面线的基础上,可进行纵坡设计,设计时要考虑施工时土石方工程量尽量少、填挖方尽量平衡、小于限制坡度等方面的因素。用粗实线表示出设计坡度线的位置。坡度设计后,在坡度与距离栏内,分别用斜线或水平线表示设计坡度的方向,以上升的斜线表示上坡,以下降的斜线表示下坡,以水平线表示平坡。不同坡度的路段以竖线分隔。在坡度线的上方注记坡度值(以百分比表示),下方注记坡长。某坡段的坡长可根据坡段的起点和终点在横坐标上量取,其设计坡度可按下式计算:

$$设计坡度 = (终点设计高程 - 起点设计高程) ÷ 水平距离 \qquad (13\text{-}23)$$

4)设计高程

在设计高程这一栏内,分别填写各中线桩的设计路基高程。其中线桩的设计高程可按下式计算:

$$设计高程 = 起点高程 + 设计坡度 × 该点至起点的水平距离 \qquad (13\text{-}24)$$

例 13-6　某坡段的设计坡度为 -1.25%,起点桩号为 $0+180$,起点的设计高程为 15.02 米,在该坡段上桩号为 $0+240$ 的中线桩的设计高程应为

$$15.02 - 1.25\% × (240 - 180) = 14.27 \text{ 米}$$

5)填挖土

在填挖土这一栏中,填写各中线桩处填挖高度。如某点设计高程大于地面高程,则应填土,反之,则应挖土。某处的填挖高度可按下式计算:

$$填挖高度 = 设计高程 - 地面高程 \qquad (13\text{-}25)$$

式中如求得填挖高度为正号为填土高度,负号则为挖土深度。

6)直线与曲线

在直线与曲线这一栏中,按里程桩号标明线路的直线部分和曲线部分。直线段用水平线表示;曲线部分用直角折线表示,上凸表示线路向右偏转,下凹表示线路向左偏转,并在凸出或凹进的线内标注交点编号及桩号、曲线半径 R、转向角 α、切线长 T、曲线长 L、外矢距 E 等曲线元素。

二、横断面测量

对垂直于线路中线方向的地面高低起伏所进行的测量工作称为横断面测量。

线路上所有的百米桩、整桩和加桩一般都应测量横断面。根据横断面测量成果可绘制横断面图,横断面图可供设计路基、计算土石方、施工放样等使用。

1. 横断面方向的测设

横断面的方向,通常可用十字架(也叫方向架)或经纬仪来测设。

(1)中线为直线时横断面方向的测设

1)方向架法

如图 13-20 所示,当线路中线为直线段时,将方向架立于要测定横断面的中线桩上,用方向架的一个指标瞄准中线方向上的另一个中线桩,则另一指标所指方向即为横断面方向。

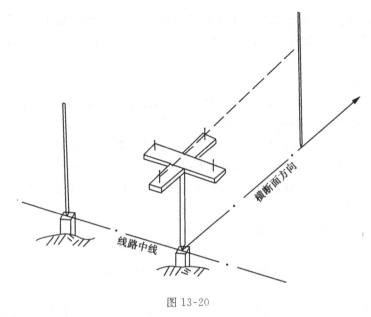

图 13-20

2)经纬仪法

在需测定横断面的中线桩上安置经纬仪,瞄准中线方向,测设 90° 角,则得横断面方向。

(2)中线为圆曲线时横断面方向的测设

1)方向架法

当线路中线为圆曲线时,其横断面方向就是中线桩点与曲线圆心的连线。因此,只要找到圆曲线的圆心方向,就确定了中线桩点横断面方向。测设时,通常用带活动定向杆的方向架(如图 13-21 所示)进行,施测方法如下:

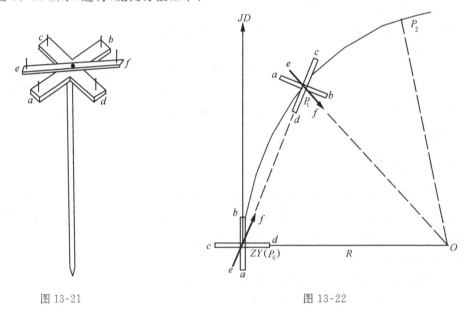

图 13-21   图 13-22

如图 13-22 所示,将十字架立于圆曲线的起点 ZY 点(即 P_0 点),用固定指标杆 *ab* 瞄准切线方向,则另一固定指标杆 *cd* 所指方向为 ZY 点的圆心方向。然后用活动指标杆 *ef* 瞄准圆曲线上另一种桩点 P_1，固紧定向杆 ef。将十字架移至 P_1 点，用 cd 瞄准 ZY 点，由图可看出 $\angle P_1 P_0 O = \angle O P_1 P_0$，因而可得 ef 方向即为 P_1 点的圆心方向。

如要定出 P_2 点的横断面方向，可先在 P_1 点用 cd 对准 $P_1 O$ 方向，然后松开活动定向杆 ef 的固定螺丝，转动 ef 杆使其对准 P_2 点，再固紧定向杆 ef。最后将十字架移至 P_2 点，用 cd 瞄准 P_1 点，则 ef 方向即为 P_2 点的圆心方向。用同样方法可定出圆曲线上任意一点的横断面方向。

2）经纬仪法

首先在圆曲线起点安置经纬仪，后视切线方向，测设 $90°$ 角，则得 P_0 点的横断面方向。然后测出水平角 $\angle P_1 P_0 O$ 的值。将经纬仪搬至 P_1 点后，瞄准 P_0 点，测设 $\angle P_0 P_1 O = \angle P_1 P_0 O$，则得 P_1 点的圆心方向。同样方法可测设出 P_2 点的圆心方向。用经纬仪测量时，可只用盘左或盘右一个位置施测。

2. 横断面的测量方法

由于在纵断面测量时，已经测出了中线上各中线桩的地面高程，所以测量横断面时只要测出横断面方向上各地形特征点至中线桩的水平距离及高差。横断面测量的方法通常有以下几种：

（1）水准仪皮尺法

如图 13-23 所示，水准仪安置后，以中线桩地面高程点为后视，以中线桩两侧横断面方向上各地形特征点为中间视，读数可读至厘米。用皮尺分别量出各特征点至中线桩的水平距离，可量至分米。横断面水准测量记录见表 13-7。也可用经纬仪代表水准仪施测。

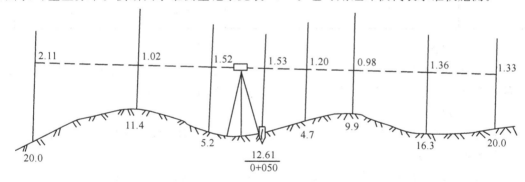

图 13-23

表 13-7　横断面水准测量手簿

测站	地形点距中线桩距离 /米	后视读数 /米	前视读数 /米	中视读数 /米	视线高程 /米	高程 /米	备注
1	0+050	1.53			14.14	12.61	
	左+5.2			1.52		12.62	
	左+11.4			1.02		13.12	
	左+20.0			2.11		12.03	
	右+4.7			1.20		12.94	
	右+9.9			0.98		13.16	
	右+16.3			1.36		12.78	
	右+20.0			1.33		12.81	

（2）标杆皮尺法

如图 13-24 所示，在横断面方向上左₁ 特征点上立标杆，皮尺靠中线桩及标杆，拉平后在皮尺上读取两点间的水平距离，在标杆上直接测出两点间的高差。同法可测得其他各段的距离和高差，直至所需宽度为止。测量数据直接记在示意图上或记入表 13-8 中。标杆也可用水准尺代替。

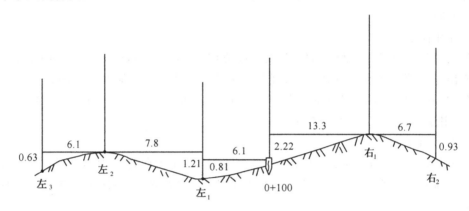

图 13-24

表 13-8　横断面测量记录表

$\dfrac{相邻两点间高差}{相邻两点间距离}$（左侧）／米			中心桩号	（右侧）$\dfrac{相邻两点间高差}{相邻两点间距离}$／米	
$\dfrac{-0.63}{6.1}$	$\dfrac{1.21}{7.8}$	$\dfrac{-0.81}{6.1}$	0+100	$\dfrac{2.22}{13.3}$	$\dfrac{-0.93}{6.7}$

（3）经纬仪视距法

安置经纬仪在中线桩上，定出横断面方向后，用视距测量方法测出各地形特征点至中线桩的水平距离及高差。本法可用于地形复杂、坡度较大的困难地区。

（4）全站仪法

利用全站仪的"对边测量"功能可测出横断面上各点相对中线桩的水平距离和高差。

3. 横断面图的绘制

横断面图是表示在中线桩处垂直于线路中线方向地面起伏的图，它根据横断面测量成果绘制而成。

绘制横断面图时，以中线地面高程为准，以水平距离为横坐标，以高程为纵坐标，绘出各地面特征点，依次连接各点便成地面线，如图 13-25 所示。

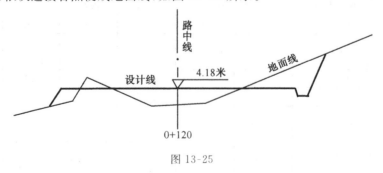

图 13-25

为了便于计算面积,横断面图的高程比例尺和水平距离比例尺是相同的,一般采用1:100或1:200。

横断面图绘出后,可根据纵断面图上该中线桩的设计高程,将路基断面设计线画于横断面图上,如图 13-25 所示,从而可算出填挖面积,进而计算土石方量。

第四节 道路施工测量

道路施工测量的主要工作有:恢复中线、测设施工控制桩、路基边桩的测设、路基边坡的测设、竖曲线的测设及路面的测设等。

一、恢复中线

从线路勘测到开始施工这段时间里,往往有一部分桩点受到碰动或丢失,为了保证线路中线位置的准确可靠,在线路施工测量中,首要的任务就是恢复线路中线,即把丢失损坏的中线桩重新恢复起来,以满足施工的需要。

在有些地方,当交点桩、转点桩损坏时,为了恢复中线桩的需要,应先恢复交点及转点。恢复线路中线的测量方法与中线测量相同。

二、施工控制桩的测设

在施工开挖过程中,线路中线桩将要被挖掉,为了在施工中能控制中线位置,需在不受施工破坏干扰、便于保存引用的地方,测设施工控制桩。

测设施工控制桩的方法通常有平行线法及延长线法两种。

1. 平行线法

平行线法是在路基以外距线路中线等距离处分别测设两排平行于中线的施工控制桩,如图 13-26 所示。平行线法通常用于地势平坦、直线段较长的线路。为了便于施工,控制桩的间距一般为 10～20 米。

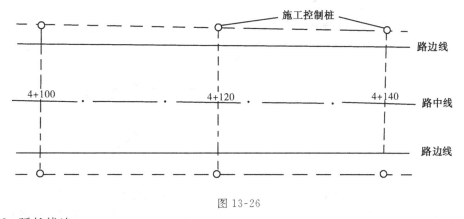

图 13-26

2. 延长线法

延长线法主要用于控制 JD 桩的位置,如图 13-27 所示,此法是在道路转弯处的中线延长线上以及曲线中点 QZ 至交点 JD 的延长线上分别设置施工控制桩。延长线法通常用于地势起伏较大、直线段较短的山区道路。为便于交点损坏后的恢复,应量出各控制桩至交点的距离。

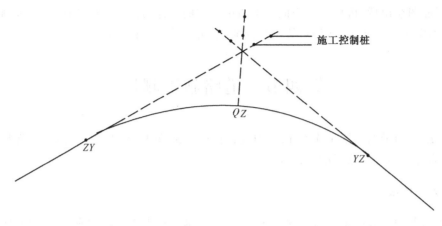

图 13-27

三、线路纵坡的测设

通常,道路要根据地面的实际情况设计成一定的坡度。对于直线段的线路纵坡,我们可按第十章测设设计坡度的方法进行测设。对于曲线段的线路纵坡,可以先根据道路里程及设计坡度,计算出各点的高程,然后测设出高程点,即得线路纵坡。

四、竖曲线测设

竖曲线是在道路纵坡的变换处竖向设置的曲线,它是道路建设中在竖直面上连接相邻不同坡道的曲线。线路的纵断面是由不同数值的坡度线相连接而成的,为了行车安全,当相邻坡度值的代数差超过一定数值时,必须用竖曲线连接,使坡度逐渐改变。

竖曲线可分为凸形竖曲线和凹形竖曲线,其线型通常为圆曲线,如图 13-28 所示。

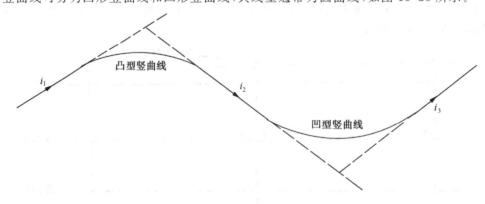

图 13-28

竖曲线测设时,应根据线路纵断面设计中所设计的竖曲线半径 R 和竖曲线双侧坡道的坡度 i_1、i_2 来计算测设数据。如图 13-29 所示,竖曲线的测设元素有切线长 T、曲线长 L 和外矢距 E,计算公式如下:

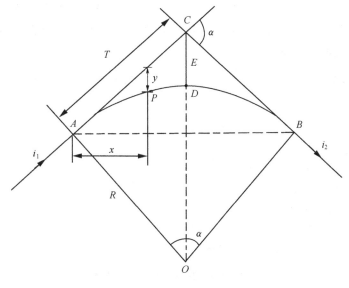

图 13-29

$$T=R\tan\frac{\alpha}{2} \tag{13-26}$$

$$L=R\frac{\alpha}{\rho} \tag{13-27}$$

$$E=R\left(\sec\frac{\alpha}{2}-1\right) \tag{13-28}$$

竖曲线的坡度转向角 α 一般很小，$\alpha\approx(i_1-i_2)\rho$，因此竖曲线的各元素可用下列近似公式求解：

$$T=\frac{R}{2}(i_1-i_2) \tag{13-29}$$

$$L=R(i_1-i_2) \tag{13-30}$$

$$E=\frac{T^2}{2R} \tag{13-31}$$

在测设竖曲线细部点时，通常按直角坐标法计算出竖曲线上某细部点 P 至竖曲线起点或终点的水平距离 x 以及该细部点至切线的纵距 y。由于 α 角较小，所以 x 值与 P 点至竖曲线起点或终点的曲线长度很接近，故可用其代替，则 y 值可按下式计算：

$$y=\frac{x^2}{2R} \tag{13-32}$$

求出 y 值后，即可根据设计坡道的坡度，计算得切线坡道在 P 点处的坡道高程（即未计竖曲线的设计高程），算得竖曲线上 P 点处的设计高程，从而根据 P 点的里程及设计高程可测设出竖曲线细部点 P。

竖曲线上各点的设计高程可用以下公式计算：

在凸形竖曲线内

设计高程＝坡道高程－y (13-33)

在凹形竖曲线内：

设计高程＝坡道高程＋y (13-34)

例 13-7 某凸形竖曲线,$i_1=1.40\%$,$i_2=-1.25\%$,变坡点桩号为 $1+180$,其设计高程为 15.20 米,竖曲线半径为 $R=2\,000$ 米,试求竖曲线元素以及起终点的桩号和高程、曲线上每 10 米间距整桩的设计高程。

竖曲线元素为:
$$T=\frac{2\,000}{2}\times(1.40\%+1.25\%)=26.5 \text{ 米}$$
$$L=2\,000\times(1.40\%+1.25\%)=53.0 \text{ 米}$$
$$E=\frac{26.5^2}{2\times 2\,000}=0.18 \text{ 米}$$

竖曲线起点桩号为:$1+(180-26.5)=1+153.5$
终点桩号为:$1+(180+26.5)=1+206.5$
起点高程为:$15.20-26.5\times1.40\%=14.83$ 米
终点高程为:$15.20-26.5\times1.25\%=14.87$ 米

竖曲线上细部点的设计高程计算结果见表 13-9。

表 13-9　竖曲线桩点高程计算

桩　号	各桩点至起点或终点距离 x /米	纵距 y /米	坡道高程 /米	竖曲线高程 /米	备　注
$1+153.5$	0.0	0.00	14.83	14.83	起点
$1+160$	6.5	0.01	14.92	14.91	}$i_1=1.40\%$
$1+170$	16.5	0.07	15.06	14.99	
$1+180$	26.5	0.18	15.20	15.02	变坡点
$1+206.5$	0.0	0.00	14.87	14.87	终点
$1+200$	6.5	0.01	14.95	14.94	}$i_2=1.25\%$
$1+190$	16.5	0.07	15.07	15.00	
$1+180$	26.5	0.18	15.20	15.02	变坡点

五、路基边桩的测设

在路基施工前,应把路基两侧的边坡与原地面相交的坡脚点(或坡顶点)找出来,打上路基边桩,以便施工。路基边桩的位置与路基的填土高度、挖土深度、边坡坡度及边坡处的地形情况有关。

1. 图解法

在绘有路基设计断面的横断面图(如图 13-25 所示)上,量出坡脚点(或坡顶点)至中线桩的水平距离,然后在现场用皮尺沿横断面方向测设出该长度,即得边桩的位置。

2. 解析法

解析法是通过计算求出路基边桩至中线桩的水平距离,然后现场测设该距离,得到边桩的位置。

(1)平坦地面路基边桩的测设

如图 13-30 所示为路堤,图 13-31 为路堑,则路堤坡脚至中线桩的距离为

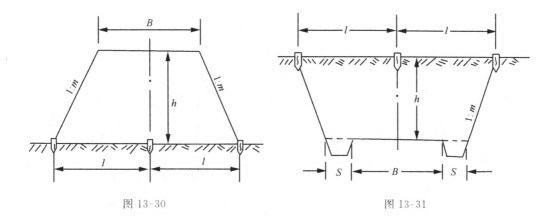

图 13-30　　　　　　　　　　　　　　　　　图 13-31

$$l=\frac{B}{2}+mh \tag{13-35}$$

路堑坡顶至中线桩的距离为

$$l=\frac{B}{2}+S+mh \tag{13-36}$$

式中：B 为路基设计宽度，$1:m$ 为路基边坡坡度，h 为填土高度或挖土深度，S 为路堑边沟顶宽。

（2）倾斜地面路基边桩的测设

图 13-32 和图 13-33 为在山坡上的路基，由图可得路堤坡脚桩至中线桩的距离为：

$$斜坡上侧\ l_1=\frac{B}{2}+m(h-h_1) \tag{13-37}$$

$$斜坡下侧\ l_2=\frac{B}{2}+m(h+h_2) \tag{13-38}$$

路堑边桩至中线桩的距离为

$$斜坡上侧\ l_1=\frac{B}{2}+S+m(h+h_1) \tag{13-39}$$

$$斜坡下侧\ l_2=\frac{B}{2}+S+m(h-h_2) \tag{13-40}$$

式中，h_1 为斜坡上侧边桩与中线桩的高差，h_2 为斜坡下侧边桩与中线桩的高差。

在式（13-37）至（13-40）中，B、m、h、S 均为设计数据，而 h_1、h_2 在边桩定出前是未知数，因此在实际作业时，通常采用逐渐趋近法来测设边桩，其测设步骤如下：

1）根据地面实际情况，参考路基横断面图，估计边桩至中线桩的距离 $l_{估}$，按估计值定出实地估计桩位。

2）测出估计位置与中线桩地面间的高差，按此高差用式（13-37）、（13-38）或（13-39）、（13-40）算出与其对应的边桩至中线桩的距离 l，如 l 与 $l_{估}$ 相符，则估计桩位就是实际边桩桩位。

3）如 l 与 $l_{估}$ 不相符，则重新估计边桩位置。若 $l>l_{估}$，则将原估计位置向路基外侧移动，反之则向路基内侧移动。

4）重复以上工作，逐渐趋近，直到计算值与估计值相符或非常接近为止，从而定出边桩位置。

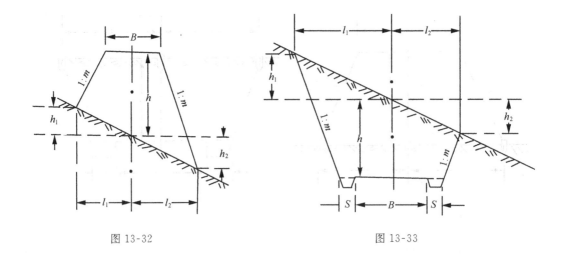

图 13-32   图 13-33

例 13-8 如图 13-32 所示,设路基设计宽度为 12 米,中心桩处填土高度为 4.5 米,边坡设计坡度为 1：1,则测设上侧(即图中左侧)坡脚桩的过程如下：

估计 $l_{1估}$ 为 10 米,定出估计桩位。

测出估计桩位与中线桩地面的高差,设测得 $h_1 = 1.5$ 米,则算得 $l_1 = \frac{12}{2} + 1 \times (4.5 - 1.5) = 9$ 米。

因算出的 l_1 比估计值 $l_{估}$ 小,故边桩位置将从 10 米处向路基内侧移动,正确位置应在 9 ~10 米之间。

重新估计 $l_{1估}$ 为 9.5 米,定出点位后设测得高差为 1.1 米,则算得 $l_1 = \frac{12}{2} + 1 \times (4.5 - 1.1) = 9.4$ 米。此值与估计值较为接近,从而得边桩位置。

六、路基边坡的测设

测设出边桩后,为了保证路基填挖边坡能按设计要求进行施工,应把设计边坡在实地标定出来。

1. 用竹竿绳索测设边坡

当路堤填土不高时,可用一次挂线。如图 13-34 所示,设 O 为中线桩,A、B 为路基边桩,在地面上定出 C、D 两点,使 CO 及 DO 的水平距离均为路基设计宽度的一半。放样时,在 C、D 处竖立竹竿,在其上等于填土高度处做记号 C'、D',用绳索连接 AC' 及 BD',即得设计边坡。

当路堤填土较高时,可采用分层挂线。如图 13-35 所示。在每层挂线前都应当标定中线并对层面适当抄平。

2. 用边坡样板测设边坡

首先按照设计边坡坡度做好边坡样板,施工时按边坡样板放样。

如图 13-36 所示为用活动边坡尺测设边坡,当边坡样板上的水准气泡居中时,边坡尺上的斜边指示的方向即为设计边坡,借此可指示与检查路堤的填筑。

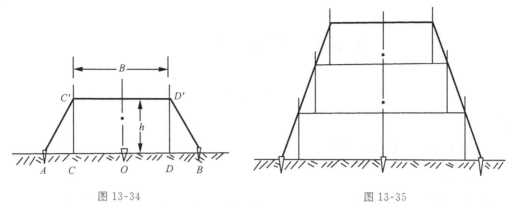

图 13-34　　　　　　　　　　　　　　　　　图 13-35

如图 13-37 所示为固定边坡样板,在开挖路堑时,在坡顶边桩外侧按设计边坡设立固定样板,施工时可随时指示开挖及检查修整。

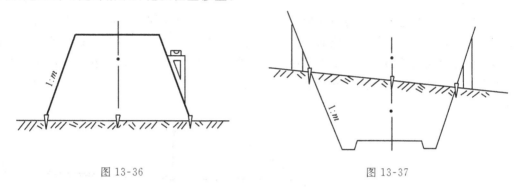

图 13-36　　　　　　　　　　　　　　　　　图 13-37

七、路面的测设

在公路工程中,路基施工完成后,即可进行路面的施工。为有利于路面排水,在保证行车平衡的要求下,路面应做成中间高并向两侧倾斜的拱形,称为路拱。路拱有双斜坡、双斜坡中间插入圆曲线、抛物线型等形式。路拱横坡度通常为 $1\% \sim 4\%$。

公路路基两侧未铺筑路面的部分叫路肩,路肩起着路面的侧向支承和临时停车的作用,如图 13-38 所示。对高速公路、一级公路通常还设置有中央分隔带。

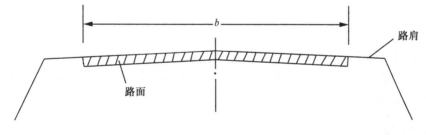

图 13-38

在道路横断面方向上,各处路面的厚度一般是相等的。

路面测设时,首先在路基顶面上恢复线路的中线,钉出路面边桩。同时使各桩的桩顶高程等于铺筑路面后的路面高程(考虑路面横坡)。路拱的测设可采用路拱样板进行。然后就可进行路面的施工。

第五节　管道施工测量

管道施工测量的主要工作有：复核中线、施工控制桩的测设、槽口放线、施工控制标志的测设等。

一、复核中线和测设施工控制桩

1. 复核中线

为了保证线路中线位置的准确可靠，在管道施工前，应对管道中线进行复核测量，把丢失损坏的中线桩重新恢复起来，以满足施工的需要。

2. 测设施工控制桩

在施工中各管道中线桩要被挖掉，为了便于恢复中线和附属构筑物的位置，应在不受施工干扰，引测方便、易于保存桩位的地方，测设施工控制桩。管线施工控制桩分为中线控制桩和井位等附属构筑物位置控制桩两种。中线控制桩的位置，一般测设在管线起止点及各转折点处中心线的延长线上，井位控制桩通常测设于管道中线的垂直线上，如图 13-39 所示。

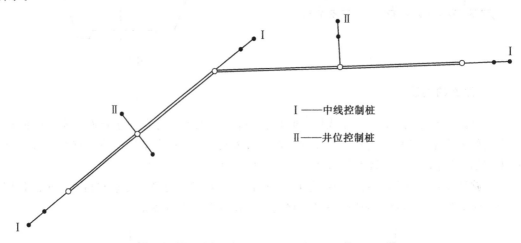

I——中线控制桩

II——井位控制桩

图 13-39

控制桩可用大木桩，钉好后应采取必要的保护措施。

当管线直线段较长时，也可在中线一侧测设一条与中线平行的轴线，利用该轴线来恢复开挖后中线及构筑物的位置。

二、槽口放线

槽口放线是根据设计要求的管线埋深及土质情况、管径大小等计算出开槽宽度，然后在地面上定出槽边线的位置，撒出灰线，作为开挖的边界线。当地面平坦，如开槽断面为如图 13-40(a)所示情况时，则半槽口宽度采用式(13-41)计算；如开槽断面为如图 13-40(b)所示情况时，则半槽口宽度可用式(13-42)计算。

$$d = b + mh \tag{13-41}$$

$$d = b + m_1 h_1 + c + m_2 h_2 \tag{13-42}$$

式中：d 为半槽口宽度，b 为槽底宽度，m 为边坡率，h 为挖深，m_1 为下槽边坡率，h_1 为下槽挖深，m_2 为上槽边坡率，h_2 为上槽挖深，c 为工作面宽度。

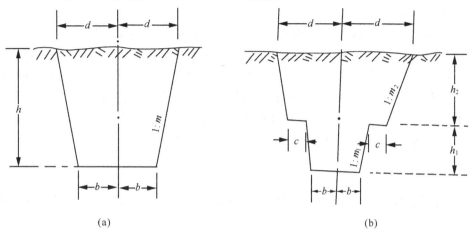

(a)　　　　　　　　　　(b)

图 13-40

当地面为倾斜面时，可在管线横断面上量取中线两侧的槽口宽度。

三、施工控制标志的测设

1. 设置坡度板

管道施工测量的主要工作是控制管道中线和高程。为了保证管道位置和高程的正确，通常在开槽前在槽口上每隔 $10 \sim 15$ 米设置一坡度板，如图 13-41 所示。坡度板通常跨槽设置，板身牢固，板面近于水平。

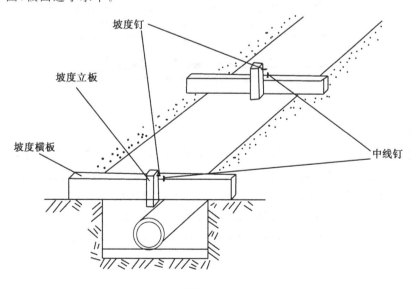

图 13-41

2. 测设中线钉

坡度板埋好后,安置经纬仪于中线控制桩上,将管道中线投测到坡度板上,并钉上小钉。各中线钉的连线即为管道中心线。当槽口开挖后,在中线钉上挂上垂球,即可将中线位置投测到管槽内。

3. 测设坡度钉

为了控制管道的埋深,应将高程标志测设于坡度板上。为此,根据附近水准点,用水准仪测出中心线上各坡度板的板顶高程。板顶高程和管底设计高程之差,即为从板顶至管底的开挖深度,称为下反数。为使一段管线内的各坡度板具有整分米的下反数,在各坡度板中线钉的一侧钉一高程板,也叫坡度立板,然后从坡度板顶高程起算,在高程板上量取一段高度,并钉一小钉(即坡度钉),使各坡度钉起的下反数恰好为整分米数。这样,在施工过程中,施工人员可随时方便地根据该下反数,检查开挖深度。

四、顶管施工测量

当地下管道穿过道路及其他重要建筑物、构筑物时,为了避免开槽,在局部可采用顶管施工。

如图 13-42,顶管施工时,先挖好工作坑,在坑内安放导轨,将管道放在导轨上,然后一边从管内挖土,一边将管道向前顶进,直到贯通。顶管施工测量的工作主要有中线测设和高程测设。

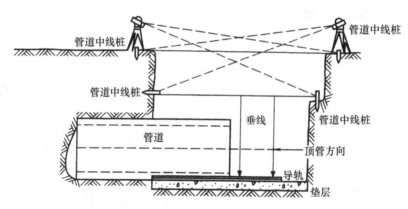

图 13-42

1. 中线测设

根据地面上的管道中线桩,用经纬仪将管道中线引测到前后坑壁及坑底,当条件允许时,工作坑应尽量长些,以提高中线测设精度。然后将经纬仪安置在坑底中线桩上,照准坑壁上中线桩,这样就得到了顶管的中线方向。顶管时,在管内前端水平放置一把尺子,尺上有刻划并标明中心点,以此检查并校正顶管的方向偏差。也可用悬挂垂球的方法标定中线方向。

如果用激光经纬仪,沿中线方向发射出一可见的激光束,将使顶管方向的检查及校正更为方便。

2. 高程测设

在工作坑内设置临时水准点,将水准仪安置在坑内,后视临时水准点,前视立于管内的短水准尺,可测得管底各点的高程。将测得高程与设计高程比较,即得管底高程和坡度的校正值。

第六节　桥梁施工测量

桥梁施工测量的内容主要包括桥梁施工控制网的建立、桥梁墩台中心定位、桥墩细部放样及桥梁上部结构的测设等。

一、桥梁施工控制测量

1. 桥梁施工控制网

桥梁施工项目,应建立桥梁施工专用控制网。对于跨越宽度较小的桥梁,也可利用勘测阶段所布设的等级控制点,但必须经过复测,并满足桥梁控制网的等级和精度要求。

桥梁施工控制网的等级选择应符合表 13-10 的规定。

表 13-10　桥梁施工控制网等级的选择

桥长 L/米	跨越的宽度 l/米	平面控制网的等级	高程控制网的等级
$L>5000$	$l>1000$	二等或三等	二等
$2000 \leqslant L \leqslant 5000$	$500 \leqslant l \leqslant 1000$	三等或四等	三等
$500<L<2000$	$200<l<500$	四等或一级	四等
$L \leqslant 500$	$l \leqslant 200$	一级	四等或五等

注:L 为桥的总长,l 为桥梁所跨越的江、河、峡谷的宽度。

桥梁施工平面控制网宜布设成自由网,根据线路测量控制点定位。桥梁控制网可采用 GPS 网、三角形网和导线网等形式。控制网的边长一般为主桥轴线长度的 $0.5 \sim 1.5$ 倍。当控制网跨越江河时,每岸不少于 3 点,其中轴线上每岸宜布设 2 点。

桥梁施工高程控制网每岸水准点不应少于 3 个。两岸的水准测量路线,应组成一个统一的水准网。跨越江河时,根据需要可进行跨河水准测量。

桥梁控制网在使用过程中应定期检测,检测精度与首次测量精度相同。

2. 跨河水准测量

在桥梁施工阶段,为了在两岸建立可靠而统一的高程系统,需将高程由河的一岸传递到另一岸。两岸的水准基点应设在不受水淹、不受施工干扰的稳固处,并尽可能接近施工点,以便于方便施工及检核工作。

当水准路线跨越江河,视线长度在 200 米以内时,可用一般观测方法进行,即用第二章介绍的水准测量方法进行测量。但在测站上应变换仪器高观测两次。两次高差之差应不超过 7 毫米,取两次结果的中数作为河流两岸两点间的高差。

当视线长度超过 200 米时,选用跨河水准测量或光电测距三角高程方法进行观测。跨河水准测量的方法有直接读尺法、微动觇板法、经纬仪倾角法等。其技术要求见表 13-11。

表 13-11　跨河水准测量的技术要求

方　　法	等级	最大视距长度 S /千米	测回数	半测回观测组数	测回高差互差不大于 /毫米
直接读尺法	三	0.3	2		8
	四	0.3	2		16
微动觇板法	三	0.5	4		30S
	四	1.0	4		50S
经纬仪倾角法	三	2.0	8	3	$24\sqrt{S}$
	四	2.0	8	3	$40\sqrt{S}$

跨河水准测量的布设形式如图 13-43 所示。

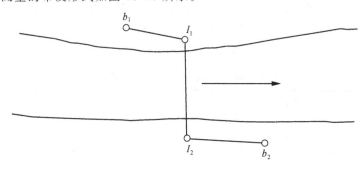

图 13-43

下面以图 13-43 为例介绍直接读尺法的观测与计算方法。图中跨河水准测量仪器和标尺的位置按"Z"字形布设。I_1、I_2 处为仪器与远标尺轮换安置点，b_1、b_2 为近标尺安置点，并使 $I_1b_1 = I_2b_2$，且约为 10～20 米。

（1）观测方法

每测回的观测方法如下：

1）先在 I_1 与 b_1 的中间且与 I_1 及 b_1 等距的点上整平水准仪后，用同一标尺按一般操作规程测定 I_1b_1 的高差 $h_{I_1b_1}$。

2）移仪器于 I_1 点，精密整平仪器后，照准本岸 b_1 点上的近标尺，按中丝读标尺基、辅分划一次。

3）将仪器转向照准对岸 I_2 点上的远标尺，调焦后，即用胶布将调焦螺旋固定，按中丝读标尺基、辅分划各两次。

4）在确保调焦螺旋不受触动的要求下，立即将仪器搬到对岸 I_2 点上，同时 b_1 点上的标尺也移置到 I_1 点上。待精密整平仪器后，首先照准对岸 I_1 点上的远标尺，按中丝读标尺基、辅分划各两次。

5）将仪器转向照准本岸 b_2 点上的近标尺，调焦后，按中丝读标尺基、辅分划一次。

6）将仪器搬到 I_2 与 b_2 中间且等距的点上，按一般操作方法，测定 I_2 与 b_2 的高差 $h_{I_2b_2}$。

以上 1）、2）、3）为上半测回观测，4）、5）、6）为下半测回观测。

（2）计算方法

b_1、b_2 间一测回高差按下式计算：

$$h_{b_1b_2} = (h'_{b_1b_2} - h'_{b_2b_1})/2 \tag{13-43}$$

其中：

$$h'_{b_1 b_2} = h_{b_1 I_2} + h_{I_2 b_2} \Big\}$$
$$h'_{b_2 b_1} = h_{b_2 I_1} + h_{I_1 b_1} \Big\} \qquad (13\text{-}44)$$

二、桥梁墩台中心定位

1. 桥台定位

可按设计的里程放样两个桥台的中心位置。再根据桥台的设计尺寸放样出桥台的各部分位置。

2. 桥墩定位

桥墩的中心位置可用全站仪测设。首先在控制点上架设仪器,然后用极坐标法测设出桥墩中心的位置。

桥墩的中心位置也可用经纬仪多点交会的方法进行测设。

四、桥墩细部放样

定出桥墩中心位置后,应测设出桥墩定位桩,根据桥墩定位桩及桥墩的设计尺寸可放样出桥墩各部分的位置。

四、桥梁上部结构的测设

桥墩台施工完成后,即可进行桥梁上部结构的施工。为了保证预制梁安全准确地架设,首先要在桥墩、台上测设出桥梁中线的位置,并根据设计高程进行桥墩台高程的检核,以使桥梁中线及高程与道路线路平面、纵断面的衔接符合设计的要求。

每座桥梁的上部有多种不同结构,所以在安装时应根据各自的特点进行测设。特别注意的是,对预埋部件,应在桥墩台施工过程中及时准确地按设计要求进行放样及施工。

第七节　隧道施工测量

隧道施工测量的主要工作有隧道洞外控制测量、隧道开挖中的测量工作、竖井联系测量等。

开挖隧道时,由于挖掘速度较慢,为了加快工程进度,一般总是由隧道两头对向开挖。有时,为了增加掘进面,还要在中间打竖井、斜井,进行多头对向开挖。

由于隧道工程一般投资大,施工时间长,为保证隧道在施工期间按设计的方向和坡度贯通,并使开挖断面的形状符合设计要求的尺寸,尽量做到不欠挖、不超挖,要求各项测量工作必须反复核对,确保准确无误。如果由于测量工作的失误,引起对向开挖的隧道无法正确贯通,将会造成巨大的损失。

一、隧道洞外控制测量

隧道平面控制测量的主要任务是测定各洞口控制点的相对位置,以便根据洞口控制点按设计方向进行开挖,并能以规定精度贯通。在隧道施工过程中,是以洞内导线来控制掘进方向的,隧道平面控制就是要测出各进洞口起始点的坐标和洞内导线起始边的方位角,为洞内导线提供精确的起始数据。

　　隧道工程施工前,应熟悉隧道工程的设计图纸,并根据隧道的长度、线路形状和对贯通误差的要求,进行隧道控制网的设计。隧道洞外平面控制网可采用 GPS 网、三角形网或导线网等形式,高程控制一般布设成水准网。

　　隧道洞外平面控制测量的等级见表 13-12。高程控制网的等级见表 13-13。

表 13-12　隧道洞外平面控制测量的等级

平面控制网类型	平面控制网等级	测角中误差/″	隧道长度 L/千米
GPS 网	二等	—	L>5
	三等	—	L≤5
三角形网	二等	1.0	L>5
	三等	1.8	2<L≤5
	四等	2.5	0.5<L≤2
	一级	5	L≤0.5
导线网	三等	1.8	2<L≤5
	四等	2.5	0.5<L≤2
	一级	5	L≤0.5

表 13-13　隧道洞外高程控制测量的等级

高程控制网类型	等级	每千米高差全中误差/毫米	洞外水准路线长度或两开挖洞口间长度 S/千米
水准网	二	2	S>16
	三	6	6<S≤16
	四	10	S≤6

　　洞外平面控制网宜布设成自由网,并根据线路测量的控制点进行定位和定向。控制网布设时应沿隧道两洞口的连线方向布设。各个洞口(包括辅助坑道口)均应设两个以上且相互通视的控制点。

　　隧道高程控制的水准点应布设成闭合或往返水准路线。

二、隧道开挖中的测量工作

1. 洞口掘进方向

地面平面和高程控制测量完成后,即可求得隧道洞口附近控制点的坐标和高程。然后根据洞内路线中线上各点的设计坐标及高程,按坐标反算,算出这些点至洞外控制点的距离与夹角。利用这些数据,测设出洞口的掘进方向。

　　当采用多段对向开挖时,利用地面与地下联系测量的成果按同样方法可定出各竖井处的掘进方向。

如图 13-44 所示，A、B、C、D、E、F、G 为地面平面控制点，A、B 两点位于直线隧道的中心线上，则根据控制点的已知坐标，就可算得对向开挖的掘进方向的放样数据 β_1、β_2。

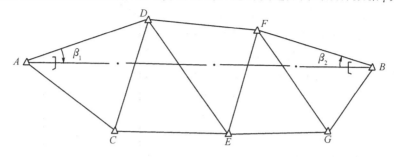

图 13-44

图 13-45 所示为一曲线隧道的平面控制网，A、B、C、D、E、F、G、H 为地面平面控制点，其中 A、B 为进洞点，J 为路线设计的转向点，J 的坐标可由设计求得，则可计算出在 A 点处的隧道掘进方向的放样数据 β_1 及 B 点处的掘进方向放样数据 β_2。

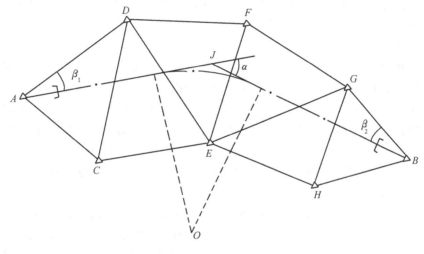

图 13-45

然后，将中线方向标定在地面上，以便于施工和恢复洞口的位置。

2. 开挖过程中掘进方向和坡度的放样

在洞口测设出开挖方向后，即可进行开挖，随着开挖的进展，应逐步向洞内引测隧道中线。施工中线主要用于指导隧道开挖和衬砌放样。

施工中线一般根据洞内控制点采用极坐标法测设。当较短隧道采用中线法测量时，其中线点的间距，直线段不宜小于 100 米，曲线段不宜小于 50 米。隧道衬砌前，应对中线点进行复测检查并根据需要适当加密，加密时，中线点间距不宜大于 10 米，点位横向偏差不大于 5 毫米。中线桩可埋设在洞的底部或顶部，也可在底部和顶部同时埋设，如图 13-46 所示。

隧道的高程可由洞口水准点引入，当隧道向前掘进时，应布设洞内水准点，然后根据洞内水准测量成果来控制洞底高程。当隧道设计有一定的坡度时，应按测设坡度方法测设出洞中各处的设计高程。

在施工开挖过程中，为了能随时控制洞底高程，通常在隧道开挖的岩壁上每隔一定距离（一般为 5～10 米），标出比洞底设计高程高出 1 米的抄平线，称为腰线。

3. 洞内导线测量

洞内导线测量是为了建立必要的洞内平面控制，以便在洞内确定隧道中线，指导隧道的进一步开挖。洞内导线是随着隧道的掘进而不断向前布设的，当开挖到一定距离后，导线测量必须及时跟上，以保证各开挖面之间能正确地贯通。起始测量数据由在隧道洞口的地面控制点给出。当采用竖井多掘进面对向开挖时，在竖井处可通过竖井定向测量方法获得起始数据。

洞内导线的边长应近似相等，直线段不应短于 200 米，曲线段不应短于 70 米，导线边距离洞内设施不小于 0.2 米。当双线隧道或其他辅助坑道同时掘进时，应分别布设导线，并通过横洞连成闭

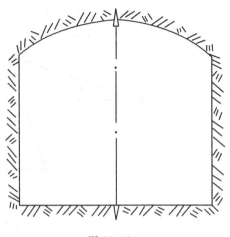

图 13-46

合环。当两开挖洞口间长度大于 5 千米时，应采用三等，长度在 2～5 千米时，应采用四等，当长度小于 2 千米时，可采用一级导线。

4. 洞内水准测量

洞内水准测量是随着隧道不断地向前掘进，不断地向前建立新的水准点，以保证隧道底部达到设计的纵坡，使隧道在竖向能正确贯通。洞内水准测量的起始数据是洞口附近的已知水准点或由竖井将地面高程传递到地下的高程点。通常是每隔 200～500 米设立一个水准点，也可利用洞内导线点作为水准点，即隧道尚未贯通时，沿洞内导线进行水准测量，也可将水准点埋设在洞顶、洞壁上，但要求点位稳固、便于保存、观测方便。

洞内水准路线的等级与洞外控制测量相同，故观测时应采用往返观测。

5. 隧道断面测量

隧道断面测量主要是测量隧道的横断面，即测绘隧道施工断面的形状和尺寸。

隧道整个断面一次或部分开挖完成以后，在即将衬砌以前，应对全断面或部分断面进行测绘，借此判断开挖断面是否符合设计的净空要求以及了解超挖、欠挖情况，根据断面测量结果可计算已完成的土石方量和回填量。

隧道横断面测量一般沿中线每隔一定距离（如 5～10 米）进行一次，可根据隧道中线和腰线直接丈量至轮廓点的距离进行测绘。

三、竖井联系测量

当隧道较长时，为了加快工程进展，需增加掘进工作面，通常是在隧道中线上开凿竖井，将整个隧道分成若干段，然后进行各段的对向开挖。

在竖井开凿后，首先必须将地面上的坐标与高程传递到地下，取得洞内导线与洞内水准测量的起算数据，然后才能进行开挖。

经过竖井将洞外和洞内控制网联系在同一坐标和高程系统中的测量工作，称为竖井联系测量。这种洞外与洞内的联系测量包括竖井定向测量和竖井高程传递两部分。

1. 竖井定向测量

（1）瞄直法

如图 13-47 所示,在竖井井筒中吊两根垂线 A、B,在地上定出 BA 的延长线,得 C 点,在地下定出 AB 的延长线,得 C' 点,因此有 C、A、B、C' 在同一方向上。分别在 C、C' 点安置经纬仪,测出连接角 φ、φ',量出 CA、AB、BC' 的长度。然后根据地上点 C 的坐标及 DC 的方位角推算出地下点 C' 的坐标及 $C'D'$ 边的方位角。瞄直法操作简单、计算方便,由于其精度较低,一般适用于简易竖井定向。

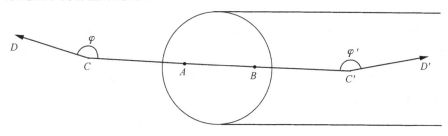

图 13-47

（2）联系三角形法

如图 13-48 所示,在竖井井筒中从地面到地下坑道自由悬挂两根吊垂线 A、B,在地面设临时点 C,在地下设临时点 C',则 C 和 C' 与以 AB 为公用边的狭长三角形 ABC 和 ABC' 称为联系三角形。

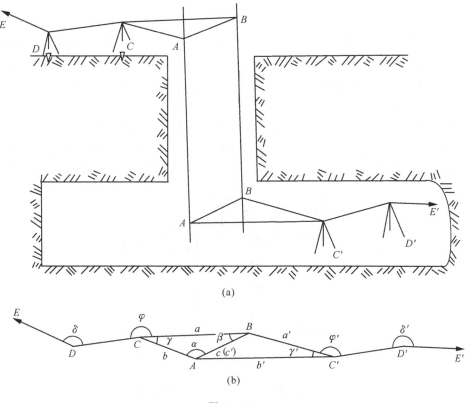

（a）

（b）

图 13-48

当已知地面点 D 的坐标及 DE 的方位角时,在地上观测联系角 δ、φ 以及联系三角形 ABC 的一个内角 γ,丈量地面三角形的边长 a、b、c 及 CD 的长度,则可计算出 α、β 角,从而可按导线 $EDCBA$ 算出垂线 A、B 的坐标及 AB 的方位角。

然后在地下,观测角度 δ'、γ'、φ',丈量边 a'、b'、c' 及 $C'D'$ 的长度,则可根据 A、B 的坐标和方位角,按导线 $BAC'D'E'$ 算出地下控制点 D' 的坐标和井下起始边 $D'E'$ 的方位角。

为提高方位角传递的精度,联系三角形的 C、C' 点,一般应尽可能在 AB 的延长线上,并尽量靠近垂球线。

(3)陀螺经纬仪法

陀螺经纬仪是和经纬仪通过锁紧装置结合成一体以测定真方位角的仪器。在陀螺仪内悬挂有能三向自由旋转的陀螺,当陀螺高速旋转时,由于受地球自转的影响,旋转轴向着测站真子午面两侧作往复摆动,通过对摆动的观测,可以确定真北方向。再用经纬仪测定水平方向值,即可确定某边的真方位角。

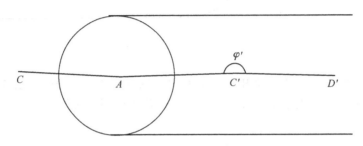

图 13-49

用陀螺经纬仪进行竖井定向时,首先在地面已知点 C 安置仪器,如图 13-49 所示,测出 CA 的真方位角,量取 CA 的距离后即可算出 A 点垂线的坐标。然后将陀螺经纬仪安置于井下导线点 C',测出 $C'A$ 的真方位角,量取 AC' 的距离后,则可求出 C' 点的坐标。再测出水平角 φ',则可推算出地下起始边 $C'D'$ 的方位角。

用陀螺经纬仪进行竖井定向时,只需在竖井井筒中悬挂一根吊垂线。

另外,采用陀螺经纬仪测定方位角时,所测的是真方位角,这时应根据隧道所在地区的子午线收敛角,将真方位角改算成坐标方位角,然后再推算井下各点的坐标及方位角。

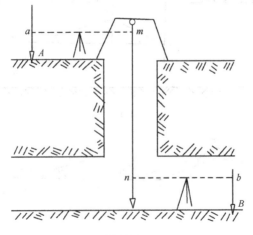

图 13-50

2. 竖井高程传递

竖井高程传递是经过竖井将地面控制点的高程传递到地下坑道的测量工作,亦称高程联系测量。

(1)钢尺法

如图 13-50 所示,在竖井井筒中悬挂一根特制的长钢尺,钢尺零点端挂上重锤。在地面和井下安置两架水准仪,分别读取水准点上的水准尺读数 a 和 b,并同时读取钢尺读数 m 和 n,则井下 B 点高程为

$$H_B = H_A + a - \left[(m-n) + \sum \Delta l\right] - b \tag{13-46}$$

式中,$\sum \Delta l$ 为钢尺的尺长、温度、拉力等三项改正数的总和。

(2)钢丝法

当竖井较深时,可采用钢丝法。首先在竖井井口附近设置临时比尺台,如图 13-51 中 CD,台上安设经过检定的钢尺,并加以标准拉力。在井筒中自由悬挂一根钢丝,下悬一标准重锤。然后用地面和地下的两架水准仪分别读取水准点上的水准尺读数 a 和 b,并按水平视线在钢丝上作两个标志(如图中 m、n)。转动 E 处的绞车,提升钢丝,用比尺台上的钢尺量取钢丝上 m、n 两标志间的长度 l,B 点高程为

$$H_B = H_A + a - (l + \sum \Delta l) - b \tag{13-47}$$

式中 $\sum \Delta l$ 为钢尺的尺长、温度和钢丝的温度等三项改正数的总和。

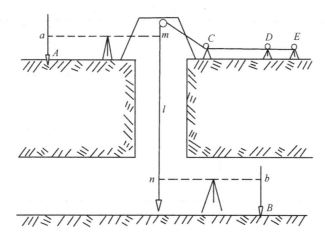

图 13-51

习 题 十 三

1. 什么叫中线测量?道路中线测量包括哪些主要工作?

2. 圆曲线测设元素有哪些?如何计算?

3. 怎样计算圆曲线的主点桩号?

4. 简述用偏角法和切线支距法测设圆曲线细部点的步骤。

5. 道路纵断面测量的目的是什么？有哪些工作内容？

6. 如何绘制纵断面图？

7. 施测道路横断面通常有哪些方法？怎样进行？

8. 道路施工测量的主要工作有哪些？

9. 竖曲线的测设元素有哪些？如何计算？

10. 地下管道施工测量的主要工作有哪些？

11. 地下管道施工中,如何控制线路中线？

12. 桥梁施工测量的主要工作有哪些？

13. 隧道施工测量的主要工作有哪些？

14. 为什么要进行竖井联系测量？

15. 隧道施工中,洞内导线的作用是什么？

16. 已知圆曲线交点 JD 的桩号为 $5+295.78$,转向角 $\alpha=10°25'$,圆曲线半径 $R=800$ 米,试求 ZY、QZ、YZ 点的桩号。

17. 根据上题计算的结果,若要在圆曲线上每隔 20 米设一细部点,试计算用极坐标法、偏角法及切线支距法测设各细部点的测设数据。

18. 根据表 13-14,计算各中线桩高程,并按距离比例尺 1 : 1 000,高程比例尺 1 : 100,绘出纵断面图,并在图上标出地面线和设计坡度为 -1.8%、过 $0+060$ 的高程为 36 米的一设计线,并在道路纵断面图上注明有关数据。

表 13-14　纵断面测量记录表

测站	点号	后视读数 /米	中视读数 /米	前视读数 /米	视线高程 /米	测点高程 /米
1	BM_4	1.432				36.425
	$0+000$		1.59			
	$0+020$		1.75			
	$0+040$		1.84			
	$0+060$		2.00			
	$0+080$			2.011		
2	$0+080$	1.651				
	$0+100$		1.53			

19. 根据表 13-15 横断面测量记录,按距离与高程比例尺均为 1 : 200,绘出中线桩 $2+040$ 及 $2+060$ 处的两个横断面图。

表 13-15　横断面测量记录

$\dfrac{\text{相邻两点间高差}}{\text{相邻两点间距离}}$（左侧）／米			桩号	（右侧）$\dfrac{\text{相邻两点间高差}}{\text{相邻两点间距离}}$／米		
$\dfrac{-1.0}{5.8}$	$\dfrac{-1.5}{6.1}$	$\dfrac{-0.8}{3.1}$	$2+040$	$\dfrac{0.5}{5.2}$	$\dfrac{1.4}{5.4}$	$\dfrac{2.5}{4.4}$
$\dfrac{-1.6}{4.5}$	$\dfrac{-0.7}{7.1}$	$\dfrac{0.2}{3.4}$	$2+060$	$\dfrac{0.9}{2.7}$	$\dfrac{0.4}{6.2}$	$\dfrac{3.1}{6.1}$

20. 某凹形竖曲线,$i_1 = -3\%$,$i_2 = 2\%$,变坡点桩号为 $3+340$,其设计高程为 100.00 米,竖曲线半径为 $R = 1\,000$ 米,试求竖曲线元素以及起、终点的桩号和高程、曲线上每 10 米间距整桩的设计高程。

第十四章　建筑物的变形监测

第一节　变形监测的基本要求

变形监测是对建(构)筑物及其地基、建筑基坑或一定范围内的岩体及土体的位移、沉降、倾斜、挠度、裂缝和相关影响因素(如地下水、温度、应力应变等)进行监测,并提供变形分析预报的过程。变形监测内容主要有:位移观测、沉降观测、倾斜观测、挠度观测、裂缝观测等。变形监测是监测重要建筑物在各种应力作用下是否安全的重要手段,也是验证设计理论和检验施工质量的重要依据。工业与民用建筑物、构筑物、建筑场地、地基基础等,为维护及使用安全,常要进行变形监测。

一、变形监测的特点

与一般的测量工作相比,变形监测有以下特点:精度要求高,需要重复观测,观测时间长,数据处理方法严密等。

二、变形测量点的分类

1. 基准点

即确认固定不动的点,用于测定工作基点和变形观测点。点位要设立在变形影响区域之外稳固可靠的位置。每个工程至少应有 3 个基准点。水平位移基准点应采用带有强制归心装置的观测墩。

2. 工作基点

工作基点是作为直接测定变形观测点的相对稳定的点,也称工作点。应选在比较稳定且方便使用的位置。对通视条件较好或观测项目较少的工程,可不设立工作基点。

3. 变形观测点

变形观测点是设置在变形体上的照准标志点,点位要设立在能准确反映变形体变形特征的位置或监测断面上,也称变形点、观测点。

三、变形监测的基本要求

1. 重要工程建筑物、构筑物,在工程设计时,应对变形监测的内容和范围作出统筹安排,并由监测单位制订详细的监测方案。首次观测,宜获取监测体初始状态的观测数据。

2. 由基准点和部分工作基点构成的监测基准网,应每半年复测一次;当对变形监测成果发生怀疑时,应随时检核监测基准网。

3. 变形监测网应由部分基准点、工作基点和变形观测点构成。监测周期应根据监测体的变形特征、变形速度、观测精度和工程地质条件等因素综合确定。监测期间，应根据变形量的变化情况适当调整。

4. 各期的变形监测，应满足下列要求：在较短的时间内完成；采用相同的图形（观测路线）和观测方法；使用同一仪器和设备；观测人员相对固定；记录相关的环境因素，包括荷载、温度、降水、水位等；采用统一基准处理数据。

5. 变形监测作业前，应收集相关水文地质、岩土工程资料和设计图纸，并根据岩土工程地质条件、工程类型、工程规模、基础埋深、建筑结构和施工方法等因素，进行变形监测方案设计。方案设计应包括监测的目的、精度等级、监测方法、监测基准网的精度估算和布设、观测周期、项目预警值、使用的仪器设备等内容。

6. 每期观测前，应对所使用的仪器和设备进行检查、校正，并做好记录。

7. 每期观测结束后，应及时处理观测数据。当数据处理结果出现下列情况之一时，必须即刻通知建设单位和施工单位采取相应措施：变形量达到预警值或接近允许值，变形量出现异常变化，建（构）筑物的裂缝或地表的裂缝快速扩大。

8. 监测项目的变形分析，对于较大规模的或重要的项目，宜包括下列内容；较小规模的项目，至少应包括前 1—3 项的内容：观测成果的可靠性，监测体的累计变形值和相邻观测周期的相对变形量分析，相关影响因素（荷载、气象和地质）的作用分析，回归分析，有限元分析。

9. 变形监测项目，应根据工程需要，提交下列有关资料：变形监测成果统计表，监测点位置分布图，建筑裂缝位置及观测点分布图，水平位移量曲线图，等沉降曲线图（或沉降曲线图），有关荷载、温度、水平位移量相关曲线图，荷载、时间、沉降相关曲线图，位移（水平或垂直）速率、时间、位移量曲线图，变形监测报告等。

第二节　变形监测的等级划分

我国《工程测量规范》规定的变形监测的等级划分及精度要求见表 14-1。

表 14-1　变形监测的等级及精度要求

等级	垂直位移监测		水平位移监测	适用范围
	变形观测点的高程中误差/毫米	相邻变形观测点高差中误差/毫米	变形观测点的点位中误差/毫米	
一等	0.3	0.1	1.5	变形特别敏感的高层建筑、高耸构筑物、工业建筑、重要古建筑、大型坝体、精密工程设施、特大型桥梁、大型直立岩体、大型坝区地壳变形监测等
二等	0.5	0.3	3.0	变形比较敏感的高层建筑、高耸构筑物、工业建筑、古建筑、特大型和大型桥梁、大中型坝体、直立岩体、高边坡、重要工程设施、重大地下工程、危险性较大的滑坡监测等

续 表

等级	垂直位移监测		水平位移监测	适用范围
	变形观测点的高程中误差/毫米	相邻变形观测点高差中误差/毫米	变形观测点的点位中误差/毫米	
三等	1.0	0.5	6.0	一般性的高层建筑、多层建筑、工业建筑、高耸构筑物、直立岩体、高边坡、深基坑、一般地下工程、危险性一般滑坡监测、大型桥梁等
四等	2.0	1.0	12.0	观测精度要求较低的建(构)筑物、普通滑坡监测、中小型桥梁等

注:①变形监测点的高程中误差和点位中误差,是指相对于邻近基准点的中误差。

②特定方向的位移中误差,可取表中相应等级点位中误差的1/2作为限值。

③垂直位移监测,可根据需要按变形观测点的高程中误差或相邻变形观测点的高差中误差,确定监测精度等级。

第三节　变形监测方法

一、变形监测方法的选择

变形监测的方法应根据监测项目的特点、精度要求、变形速率以及监测体的安全性指标,按表14-2选用,也可同时采用多种方法进行监测。

表 14-2　变形监测方法的选择

类 别	监测方法
水平位移监测	三角形网、极坐标法、交会法、GPS测量、正倒垂线法、视准线法、引张线法、激光准直法、精密测(量)距、伸缩仪法、多点位移计、倾斜仪等
垂直位移监测	水准测量、液体静力水准测量、电磁波测距三角高程测量等
三维位移监测	全站仪自动跟踪测量法、卫星实时定位测量(GPS-RTK)法、摄影测量法等
主体倾斜	经纬仪投点法、差异沉降法、激光准直法、垂线法、倾斜仪、电垂直梁等
挠度观测	垂线法、差异沉降法、位移计、挠度计等
监测体裂缝	精密测(量)距、伸缩仪、测缝计、位移计、摄影测量等
应力、应变监测	应力计、应变计

二、位移监测基准网

1. 水平位移监测基准网

水平位移监测基准网宜采用独立坐标系统,并进行一次布网。必要时可与国家坐标系联测。狭长形建筑物的主轴线或其平行线应纳入网内。大型工程布网时应充分顾及网的精度、可靠性和灵敏度等指标。水平位移监测基准网可采用三角形网、导线网、GPS 网和视准轴线等形式,其主要技术要求见表 14-3。监测基准网的水平角观测宜采用方向观测法,其主要技术要求见表 14-4。监测基准网的边长宜采用电磁波测距,其主要技术要求见表14-5。

表 14-3　水平位移监测基准网的主要技术要求

等级	相邻基准点的点位中误差/毫米	平均边长 L/千米	测角中误差 /″	测边相对中误差	水平角观测测回数	
					1″级仪器	2″级仪器
一等	1.5	≤300	0.7	≤1/30 万	12	—
		≤200	1.0	≤1/20 万	9	—
二等	3.0	≤400	1.0	≤1/20 万	9	—
		≤200	1.8	≤1/10 万	6	9
三等	6.0	≤450	1.8	≤1/10 万	4	9
		≤350	2.5	≤1/8 万	4	6
四等	12.0	≤600	2.5	≤1/8 万	4	6

注:①水平位移监测基准网的相关指标,是基于相应等级相邻基准点的点位中误差的要求确定的。

②具体作业时,也可根据监测项目的特点,在满足相邻基准点的点位中误差要求前提下,进行专项设计。

③GPS 水平位移监测基准网,不受测角中误差和水平角观测测回数的限制。

表 14-4　水平角方向观测法的技术要求

等级	仪器精度等级	光学测微器两次重合之差/″	半测回归零差/″	一测回内 2C 互差 /″	同一方向值各测回较差/″
四等及以上	1″级仪器	1	6	9	6
	2″级仪器	3	8	13	9
一级及以下	1″级仪器	—	12	18	12
	2″级仪器	—	18	—	24

注:①全站仪、电子经纬仪水平角观测时不受光学测微器两次重合之差指标的限制。

②当观测方向的竖直角超过±3°的范围时,该方向 2C 互差可按相邻测回同方向进行比较,其值应满足表中一测回内 2C 互差的限值。

表 14-5　水平位移监测基准网测距的主要技术要求

等级	仪器精度等级	每边测回数		一测回读数较差/毫米	单程各测回较差/毫米	气象数据测定的最小读数		往返较差/毫米
		往	返			温度/℃	气压/帕斯卡	
一等	1mm 级仪器	4	4	1	1.5	0.2	50	≤2(a+bD)
二等	2mm 级仪器	3	3	3	4			
三等	5mm 级仪器	2	2	5	7			
四等	10mm 级仪器	4	—	8	10			

注:①测回是指照准目标一次,读数 2～4 次的过程。

②根据具体情况,测边可采取不同时间段代替往返观测。

③测量斜距,须经气象改正和仪器的加、乘常数改正后才能进行水平距离计算。

④计算测距往返较差的限差时,a、b 分别为相应等级所使用仪器标称的固定误差和比例误差系数,D 为测量斜距(千米)。

2. 垂直位移监测基准网

垂直位移监测基准网应布设成环形网并采用水准测量方法观测。起始点的高程宜采用测区原有高程系统,较小规模的监测工程可采用假定高程系统;较大规模的监测工程宜与国家水准点联测。垂直位移监测基准网的主要技术要求见表 14-6。水准观测的主要技术要求见表 14-7。

14-6　垂直位移监测基准网的主要技术要求

等级	相邻基准点高差中误差/毫米	每站高差中误差/毫米	往返较差或环线闭合差/毫米	检测已知高差较差/毫米
一等	0.3	0.07	$0.15\sqrt{n}$	$0.2\sqrt{n}$
二等	0.5	0.15	$0.30\sqrt{n}$	$0.4\sqrt{n}$
三等	1.0	0.30	$0.60\sqrt{n}$	$0.8\sqrt{n}$
四等	2.0	0.70	$1.40\sqrt{n}$	$2.0\sqrt{n}$

注:n 为测站数。

表 14-7　垂直位移水准观测的主要技术要求

等级	水准仪型号	水准尺	视线长度/米	前后视的距离较差/米	前后视的距离较差累积/米	视线离地面最低高度/米	基本分划、辅助分划读数较差/毫米	基本分划、辅助分划所测高差较差/毫米
一等	DS05	因瓦	15	0.3	1.0	0.5	0.3	0.4
二等	DS05	因瓦	30	0.5	1.5	0.5	0.3	0.4
三等	DS05	因瓦	50	2.0	3	0.3	0.5	0.7
	DS1	因瓦	50	2.0	3	0.3	0.5	0.7
四等	DS1	因瓦	75	5.0	8	0.2	1.0	1.5

注:①数字水准仪观测,不受基、辅分划读数较差指标的限制,但测站两次观测的高差较差,应满足表中相应等级基、辅分划所测高差较差的限值。

②水准路线跨越江河时,应进行相应等级的跨河水准测量,其指标不受本表限制,按跨河水准仪测量的规定执行。

三、沉降观测

测定建筑物、构筑物上所设观测点的高程随时间变化的工作称为沉降观测。沉降观测时，在能表示沉降特征的部位设置沉降观测点，在沉降影响范围之外埋设水准基点，用水准测量方法定期测量观测点相对于水准基点的高差，也可以用液体静力水准仪等专用仪器进行。从各个沉降观测点高程的变化中了解建筑物的上升或下降的情况。另外，测定一定范围内地面高程随时间变化的工作，也是沉降观测，通常称为地表沉降观测。

1. 沉降观测点的布设

沉降观测点应设置在能够反映建筑物、构筑物变形特征和变形明显的部位。标志应稳固、明显、结构合理，不影响建筑物、构筑物的美观和使用。点位应避开障碍物，便于观测和长期保存。沉降观测点分两种形式，图 14-1 所示为墙壁或柱子上的观测点，图 14-2 所示为埋设于基础底板上的观测点。

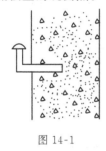 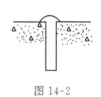

图 14-1 　　　　　　　　　　　　　　　图 14-2

2. 观测方法

沉降观测的观测方法视沉降观测点的精度要求而定，观测方法有：精密水准测量、液体静力水准测量、电磁波测距三角高程测量等。

垂直位移水准观测的技术要求见表 14-6 及表 14-7。

3. 观测成果整理

每次观测结束后，应检查记录中的数据和计算是否准确，精度是否合格，然后把各次观测点的高程，列入沉降观测成果表中，并计算两次观测之间的沉降量和累计沉降量，同时也要注明日期及荷重情况，如表 14-8 所示。为了更清楚地表示出沉降、荷重和时间三者之间的关系，可画出各观测点的荷载、沉降量、时间关系曲线图，如图 14-3 所示。

表 14-8　沉降观测成果表

观测日期	荷重/(吨/平方米)	观测点								
		1			2			3		
		高程/米	本次沉降/毫米	累计沉降/毫米	高程/米	本次沉降/毫米	累计沉降/毫米	高程/米	本次沉降/毫米	累计沉降/毫米
2006.03.15	0	21.067 1	0	0	21.083 5	0	0	21.091 4	0	0
2006.04.04	4.0	21.064 2	2.9	2.9	21.081 4	2.1	2.1	21.089 3	2.1	2.1
2006.04.15	6.0	21.061 4	2.8	5.7	21.079 3	2.1	4.2	21.087 5	1.8	3.9
2006.05.10	8.0	21.060 2	1.2	6.9	21.076 4	2.9	7.1	21.084 2	3.3	7.2

续　表

观测日期	荷重/(吨/平方米)	观测点								
		1			2			3		
		高程/米	本次沉降/毫米	累计沉降/毫米	高程/米	本次沉降/毫米	累计沉降/毫米	高程/米	本次沉降/毫米	累计沉降/毫米
2006.06.05	10.0	21.059 6	0.6	7.5	21.075 1	1.3	8.4	21.082 1	2.1	9.3
2006.07.05	12.0	21.058 3	1.3	8.8	21.072 0	3.1	11.5	21.080 2	1.9	11.2
2006.08.05	12.0	21.057 2	1.1	9.9	21.070 1	1.9	13.4	21.078 4	1.8	13.0
2006.10.05	12.0	21.056 0	1.2	11.1	21.069 2	0.9	14.3	21.077 2	1.2	14.2
2006.12.05	12.0	21.055 3	0.7	11.8	21.068 1	1.1	15.4	21.076 3	0.9	15.1
2007.02.05	12.0	21.055 2	0.1	11.9	21.067 4	0.7	16.1	21.075 8	0.5	15.6
2007.04.05	12.0	21.054 2	1.0	12.9	21.066 5	0.9	17.0	21.074 6	1.2	16.8
2007.06.05	12.0	21.054 1	0.1	13.0	21.066 4	0.1	17.1	21.074 4	0.2	17.0

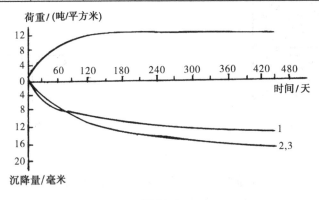

图 14-3

四、位移观测

建筑物、构筑物的位置在水平方向上的变化称为水平位移,水平位移观测是测定建筑物、构筑物的平面位置随时间变化的移动量。一般先测出观测点的坐标,然后将两次观测的坐标进行比较,算得位移量 δ 及位移方向 α。

$$\delta = \sqrt{\Delta x^2 + \Delta y^2} \tag{14-1}$$

$$\alpha = \arctan \frac{\Delta y}{\Delta x} \tag{14-2}$$

1. 三角形网法

三角形网法的技术要求见表 14-3、14-4 及表 14-5。

2. 交会法

用交会法进行水平位移监测时,宜采用三点交会,角交会法的交会角应在 60～120° 之间,边交会法的交会角应在 30～150° 之间,边长应采用电磁波测距。

3. 极坐标法

用极坐标法时进行水平位移监测时,宜采用双测站极坐标法,其边长应采用电磁波测距。

4. 准直法

有时只要求测定建筑物在某特定方向上的位移量,观测时,可在与其垂直方向上建立一条基准线,在建筑物上埋设一些观测标志,定期测量观测标志偏离基准线的距离,就可了解建筑物随时间位移的情况。在基准点上安置仪器,用基准线指挥移动活动觇牌,在活动觇牌上读数的叫视准线法;在基准点上安置仪器,测定观测点方向与基准线的水平角来确定水平位移的方法称为测小角法;用拉紧的金属线构成基准线的称为引张线法;用激光准直仪的激光束构成基准线的称为激光准直法。

测小角法的原理如图 14-4 所示,AB 为基准线,在 A 点安置经纬仪,在 B 点及观测点 P 上设立观测标志,测出水平角 β,β 角度值不应超过 $30''$。由于水平角 β 较小,则根据经纬仪到标志的水平距离 D,可用下式推算出 P 点在垂直于基准线方向上的偏离量 δ:

$$\delta = \frac{\beta}{\rho} D \tag{14-3}$$

式中:$\rho = 206\ 265''$。

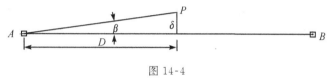

图 14-4

五、倾斜观测

当建筑物、构筑物受到不均匀沉降或其他外力影响时,往往会产生倾斜。测量建筑物、构筑物倾斜率随时间变化的工作叫倾斜观测。一般在建筑物立面上设置上下两个观测标志,上标志通常为建筑物、构筑物中心线或其墙、柱等的顶部点,下标志为与上标志相应的底部点,设建(构)筑物的高度为 H,测出上标志与下标志间的水平距离 ΔD,则两标志的倾斜率 i 为

$$i = \frac{\Delta D}{H} \tag{14-4}$$

倾斜率亦称倾斜度,ΔD 称为倾斜值。

1. 基础差异沉降法

建筑物、构筑物主体的倾斜观测,应测定顶部与其相应底部观测点的偏移值。对整体刚度较好的建筑物,其基础与主体的倾斜率是一样的,如图 14-5、14-6 所示。测出建筑物基础两端点的沉降差 Δh,则可采用基础差异沉降推算主体的倾斜值 ΔD。

$$i = \frac{\Delta h}{L} = \frac{\Delta D}{H} \tag{14-5}$$

$$\Delta D = \frac{\Delta h}{L} H \tag{14-6}$$

式中:i 为主体的倾斜率,L 为基础两端点的水平距离,H 为建筑物的高度。

2. 经纬仪投点法

用经纬仪把上标志中心投影到下标志附近,量取它与下标志中心的距离,即可测得与经纬仪视线垂直方向的倾斜值。

3. 垂线法

用铅垂线作为基准,在上标志处固定金属丝,下端悬重锤,将上标志中心投测到下面,可量出上下标志中心的倾斜值。

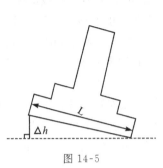

图 14-5

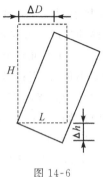

图 14-6

4. 倾斜仪法

倾斜仪是测量物体随时间而倾斜变化及铅垂线随时间变化的仪器。一般能连续读数、自动记录和数字传输,而且精度较高。倾斜仪常见的有水管式倾斜仪、水平摆倾斜仪、气泡倾斜仪及电子倾斜仪等。

六、裂缝观测

当建筑物受差异沉降或其他因素的影响,其墙、柱、梁、板等部位,可能会产生裂缝,测定建筑物上裂缝发展情况的观测工作叫裂缝观测。通过观测可测定裂缝的位置、走向、长度和宽度的变化。裂缝观测结果常与其他数据一起供探讨建筑物变形的原因、变形的发展趋势和判断建筑物的安全等参考。

裂缝观测时根据裂缝分布情况,选择其代表性的位置,在裂缝两侧设置观测标志,如图 14-7(a)所示,两侧标志的连线与裂缝走向大致垂直。定期测量两侧标志间的距离,测量建筑物表面上裂缝的长度并记录测量的日期,标志间距的增量即代表裂缝宽度的增量。如图 14-7(b)所示为在裂缝两侧设置的金属片标志,在标志上画竖线,若竖线错开,则表示裂缝在扩大。

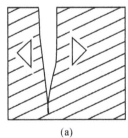

(a)

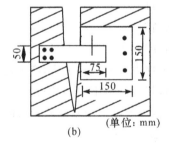

(b)

(单位: mm)

图 14-7

对宽度不大的细长裂缝,也可在裂缝处划一跨越裂缝且垂直于裂缝的横线,定期直接在横线处测量裂缝的宽度。还可在裂缝及两侧抹一层长约 20 厘米、宽度为 4~5 厘米的石膏,定期观测,若石膏开裂,表示裂缝继续扩大。

七、挠度观测

测定建筑物构件受力后产生弯曲变形的工作叫挠度观测。对于平置的构件,如图 14-8

所示,至少在两端及中间设置 A、B、C 三个沉降点,进行沉降观测,测得某时间段内这三点的沉降量分别为 h_a、h_b 和 h_c,则此构件的挠度 f 为

$$f = \frac{2h_b - h_a - h_c}{2D_{AC}}$$ (14-7)

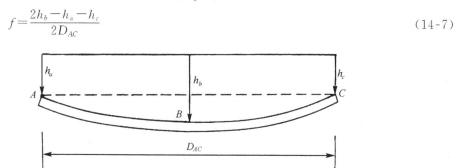

图 14-8

对于直立的构件,至少要设置上、中、下三个位移观测点进行位移观测,利用三点的位移量可算出挠度。高层建筑物的主体挠度观测,可采用垂线法,垂线一般设置于建筑物的垂直通道内或专用套管中,代表铅垂线的金属丝上端固定在建筑物的上部,下端悬重锤,使其自由悬挂,在建筑物的不同高度观测,测出各点相对于铅垂线的偏离值。如用激光铅垂仪观测则更为方便。

第四节 工业与民用建筑变形监测

一、监测项目

工业与民用建筑变形监测项目应根据工程需要按表 14-9 选择。

表 14-9 工业与民用建筑变形监测项目

项 目			主要监测内容		备 注
场 地			垂直位移		建筑施工前
基坑	支护边坡	不降水	垂直位移		回填前
			水平位移		
		降水	垂直位移		降水期
			水平位移		
			地下水位		
	地基		基坑回弹		基坑开挖期
			分层地基土沉降		主体施工期、竣工初期
			地下水位		降水期
建筑物	基础变形		基础沉降		主体施工期、竣工初期
			基础倾斜		
	主体变形		水平位移		竣工初期
			主体倾斜		
			建筑裂缝		发现裂缝初期
			日照变形		竣工后

二、观测要求

1. 拟建建筑场地的沉降观测,应在建筑施工前进行。变形监测采用四等监测精度,点位间距宜为 30~50 米。

2. 基坑变形监测的精度不宜低于三等。变形观测点的点位,应根据工程规模、基坑深度、支护结构和支护设计要求合理布设。普通建筑基坑,变形观测点点位宜布设在基坑的顶部周边,点位间距以 10~20 米为宜;较高安全监测要求的基坑,变形观测点点位宜布设在基坑侧壁的顶部和中部;变形比较敏感的部位,应加测关键断面或埋设应力和位移传感器。水平位移监测可采用极坐标法、交会法等;垂直位移监测可采用水准测量方法、电磁波测距三角高程测量方法等。基坑变形监测周期,应根据施工进程确定,当开挖速度或降水速度较快引起变形速率较大时,应增加观测次数;当变形量接近预警值或有事故征兆时应持续观测。基坑开挖开始至回填结束前或在基坑降水期间,还应对基坑边缘外围 1~2 倍基坑深度范围内或受影响的区域内的建(构)筑物、地下管线、道路、地面等进行变形监测。

3. 对于开挖面积较大、深度较深的重要建(构)筑物的基坑,应根据需要或设计要求进行基坑回弹测量。回弹变形观测点,宜布设在基坑的中心和基坑中心的纵横轴线上能反映回弹特征的位置;轴线上距离基坑边缘外的 2 倍坑深处,也应设置回弹变形观测点。观测标志应埋入基底面下 10~20 厘米,其钻孔必须垂直,并应设置保护管。基坑回弹变形观测精度等级宜采用三等。回弹变形观测点的高程,宜采用水准测量的方法,并在基坑开挖前、开挖后及浇灌基础前,各测定 1 次,对传递高程的辅助设备,应进行温度、尺长和拉力等项修正。

4. 重要的高层建筑或大型工业建(构)筑物应根据工程需要或设计要求,进行地基土的分层垂直位移观测。地基土分层垂直位移观测点位应布设在建(构)筑物的地基中心附近。观测标志埋设的深度,最浅层应埋设在基础底面下 50 厘米,最深层应超过理论上的压缩层厚度。观测标志应由内管和保护管组成,内管顶部应设置半球状的立尺标志。地基上的分层垂直位移观测宜采用三等精度,且应在基础浇灌前开始;观测的周期与建筑物的沉降观测相同。

5. 地下水位监测的监测孔(井)的布设应顾及施工区至河流(湖)的距离、施工区地下水位、周边水域水位等因素。监测孔(井)的建立可采用钻孔加井管进行,也可直接利用区域内的水井。水位量测宜与沉降观测同步,但不得少于沉降观测的次数。

6. 工业与民用建(构)筑物水平位移测量的变形观测点应布设在建(构)筑物的下列部位:建筑物的主要墙角和柱基上以及建筑沉降缝的顶部和底部,当有建筑裂缝时还应布设在裂缝的两边,大型构筑物的顶部、中部和下部。观测标志宜采用反射棱镜、反射片、照准觇标或变径垂直照准杆。水平位移观测周期应根据工程需要和场地的工程地质条件综合确定。

7. 工业与民用建(构)筑物沉降观测点应布设在建(构)筑物的下列部位:建(构)筑物的主要墙角及沿外墙每 10~15 米处或每隔 2~3 根柱基上,沉降缝、伸缩缝、新旧建(构)筑物或高低建(构)筑物接壤处的两侧,人工地基和天然地基的接壤处、建(构)筑物不同结构的分界处的两侧,烟囱、水塔和大型储藏罐等高耸构筑物的基础轴线的对称部位且每一构筑物不得少于 4 个点,基础底板的四周和中部,当建(构)筑物出现裂缝时布设在裂缝两侧。沉降观测标志应稳固埋设,高度以高于室内地坪(±0 面)0.2~0.5 米为宜,对于建筑立面后期有贴面装饰的建(构)筑物宜埋设螺旋式活动标志。高层建筑施工期间的沉降观测周期应每增加

1~2层观测1次;建筑物封顶后应每3个月观测1次,观测一年;如果最后两个观测周期的平均沉降速率小于0.02毫米/日,可以认为整体趋于稳定,如果各点的沉降速率均小于0.02毫米/日,即可终止观测,否则应继续每3个月观测1次,直到建筑物稳定为止。工业厂房或多层民用建筑的沉降观测总次数,不应少于5次,竣工后的观测周期,可根据建(构)筑物的稳定情况确定。

8.建(构)筑物的主体倾斜观测的整体倾斜观测点宜布设在建(构)筑物竖轴线或其平行线的顶部和底部,分层倾斜观测点宜分层布设高低点。观测标志可采用固定标志、反射片或建(构)筑物的特征点。观测精度宜采用三等水平位移观测精度。观测方法可采用经纬仪投点法、前方交会法、正垂线法、激光准直法、差异沉降法、倾斜仪测记法等。

9.当建(构)筑物出现裂缝且裂缝不断发展时,应进行裂缝观测。裂缝观测点应根据裂缝的走向和长度,分别布设在裂缝的最宽处和裂缝的末端。裂缝观测的标志应跨裂缝牢固安装,标志可选用镶嵌式金属标志、粘贴式金属片标志、钢尺条、坐标格网板或专用量测标志等。标志安装完成后应拍摄裂缝观测初期的照片。裂缝的量测可用比例尺、小钢尺、游标卡尺或坐标格网板等工具进行,量测应精确至0.1毫米。裂缝观测的周期应根据裂缝变化速度确定,裂缝初期可每半个月观测1次,基本稳定后宜每月观测1次,当发现裂缝加大时应及时增加观测次数,必要时应持续观测。

10.当建(构)筑物出现因日照引起的变形较大或工程需要时,应进行日照变形观测。变形观测点宜设置在监测体受热面不同的高度处。日照变形的观测时间宜选在夏季的高温天进行,一般观测项目可在白天时间段观测,从日出前开始定时观测,至日落后停止。在每次观测的同时应测出监测体向阳面与背阳面的温度,并测定即时的风速、风向和日照强度。观测方法应根据日照变形的特点、精度要求、变形速率以及建(构)筑物的安全性等指标确定,可采用交会法、极坐标法、激光准直法、正倒垂线法等。

习题十四

1.变形监测的变形测量点分哪几类?

2.变形监测的特点有哪些?

3.变形监测的基本要求有哪些?

4.工业与民用建筑变形监测项目有哪些?

5.某点的沉降观测数据如下表所示,试绘图表示沉降量与时间的关系。

观测日期	05.09.10	05.11.12	05.12.15	06.02.20	06.04.20	06.06.09	06.07.26
观测高程/米	7.343 2	7.336 3	7.332 1	7.325 4	7.317 3	7.311 6	7.303 5
观测日期	06.10.03	06.12.06	07.02.04	07.04.10	07.06.03	07.08.03	07.10.06
观测高程/米	7.297 8	7.292 7	7.288 6	7.284 9	7.282 0	7.281 2	7.280 1

6.在一建筑物上设了一变形观测点,通过三次观测,其坐标值分别为 $x_1 = 9\,929.089$ 米,$y_1 = 10\,211.976$ 米,$x_2 = 9\,929.076$ 米,$y_2 = 10\,211.980$ 米,$x_3 = 9\,929.064$ 米,$y_3 = 10\,211.975$ 米,求此变形观测点每次观测的水平位移量及总位移量。

7.由于地基不均匀沉降,使建筑物发生倾斜,现测得建筑物前后基础的不均匀沉降量为0.023米。已知该建筑物的高为19.20米,宽为7.20米,求倾斜量及倾斜率。

参考文献

［1］中华人民共和国国家标准. 工程测量规范（GB50026－2007）. 北京：中国计划出版社，2008.

［2］中华人民共和国国家标准. 国家基本比例尺地图图式第 1 部分 1∶500 1∶1000 1∶2000地形图图式（GB/T20257.1－2007）. 北京：中国标准出版社，2008.

［3］陈丽华. 土木工程测量学. 杭州：浙江大学出版社，2006.

［4］岳建平，陈伟清. 土木工程测量. 武汉：武汉理工大学出版社，2006.

［5］杨正尧. 测量学. 北京：化学工业出版社，2005.

［6］杨晓明，苏新洲编著. 数字测绘基础. 北京：测绘出版社，2005.

［7］邹永廉. 土木工程测量. 北京：高等教育出版社，2004.

［8］杨俊，赵西安. 土木工程测量. 北京：科学出版社，2003.

［9］林文介. 测绘工程学. 广州：华南理工大学出版社，2003.

［10］廖克. 现代地图学. 北京：科学出版社，2003.

［11］李德仁. 数字地球与"3S"技术. 中国测绘. 2003.2.

［12］陈丽华. 土木工程测量（第二版）. 杭州：浙江大学出版社，2002.

［13］梁盛智. 测量学. 重庆：重庆大学出版社，2002.

［14］胡伍生，沙月进. 交通土建施工测量. 北京：人民交通出版社，2002.

［15］邬伦，张晶，赵伟. 地理信息系统. 北京：电子工业出版社，2002.

［16］陈丽华. 测量学实验与实习. 杭州：浙江大学出版社，2010.

［17］王侬，过静珺. 现代普通测量学. 北京：清华大学出版社，2001.

［18］刘玉珠. 土木工程测量. 广州：华南理工大学出版社，2001.

［19］陈丽华. 建筑工程测量. 杭州：浙江科学技术出版社，2001.

［20］过静珺. 土木工程测量. 武汉：武汉工业大学出版社，2000.

［21］顾孝烈，鲍峰，程效军. 测量学（第二版）. 上海：同济大学出版社，1999.

［22］吕云麟，杨龙彪，林凤明. 建筑工程测量. 北京：中国建筑工业出版社，1997.

［23］覃辉，马德富，熊友谊. 测量学. 北京：中国建筑工业出版社，2007.